地震予測ハンドブック

計測機器を使わない

三一書房編集部編

三一書房

地球科学の全分野から提供された情報を総合することによってはじめて、われわれは真実を見出すことを望みうるのである。換言すれば、知られているすべての事実を最も妥当な関係になるように整理できる説明、したがって確実性の最も高い説明を見出すことを望みうるのである。さらにまた、科学のどのような分野からのものであっても、将来何かの新発見があって、われわれの現在の結論を変更せざるをえなくなる可能性があることを、常に意識していなければならない。

――A・ヴェーゲナー『大陸と海洋の起源』序文

（岩波文庫／都城秋穂・紫藤文子＝共訳）より

はじめに

この本は地震に関する最新の科学的成果に基づいたものではありません。むしろ日本のみならず何度も地震を経験している世界各地において、古くから人々によって語り伝えられた地震の前兆現象（宏観現象ともいいます）・観天望気を基にしたデータブックです。従って我が国の政府肝いりの地震予知連絡会議で出席されている学者の方々の言われる、いつ起きるかわからない大地震の確率〈パーセンテージ〉論とは対局にあります。

また本書は、大地震に先立って起こるさまざまな現象を科学的に解明することに主眼を置いていません。それよりもむしろ前兆現象と思しきことをキャッチするためのノウハウを知ってもらうための本です。簡単に言えば、地震の前兆を多くの先人たちのあらゆる知恵に学んで各個人が自身でそれを感じ取れるようになることを意図しています。

それらがなぜ起こるかという科学的な理屈の解明よりも、当面、まず自分の身の安全を確保するために、前兆をいち早くつかむにはどうしたらよいかを記述しています。誰でも命は大事です。理屈を解明し、知るのはその後でもいい、とにかく身の安全を確保するための知恵としてまとめてみました。国家プロジェクトとしての〈地震予知〉とはその点で決定的に違います。ですから、最新の地震研究の成果や、確率論などを期待される方にとっては、本書は全く役に立ちませんので、購入されることをおすすめしません。

我々は天気予報で「雨がふるかも」と言われれば、傘を持って外出します。そしてもし雨が降らなければ傘を使わなくてもすみます。持参する傘はぬれねずみにならないための道具です。本書で掲載している過去に記録された現象の数々は、いわば天気予報の「雨」に対して持っていく傘に当たると思います。

地震もまた雨と同じく、「近い将来において70％」とか「28％」の確立で起こる、と地震研究の権威に方々たちが発表されても、それは明日かもしれないし30年後かもしれない。しかし地震の被害を想像して、それを基に毎日緊張して構えて暮らしていたら、普通の人間だったらそれだけで心身が消耗してしまう。いくら用心しようと思っても、実際に地震が来る肝心な時に疲れていたのでは意味がありません。

ただ地震は雨と違い、起きた時の被害の大きさやその後の復旧作業の規模などは比べ物にならないほど重大です。ですからそのためには各個人が日ごろ周囲のあらゆる事象にさりげなく気を付ける習慣を持って、「何かおかしい」雰囲気をいち早くキャッチして、前兆に対して心構えを持つ必要があります。

本書では空の雲、動物、植物、人体などに前兆現象を分けて、それらの現象が起きてからおよそどのくらいの時間で地震が発生しているかという過去の記録もできる限り取り入れました。現代の地震研究では地震の揺れにはＰ波とＳ波があり、前者は早く、後者はその後にくる振動で、震源から遠いほど両者の発生する間の間隔は長くなり、それを利用した緊急有料警報が携帯電話などですでに実施されています。

とはいえ、その時間差はわずかなものであり、その一瞬に突然の大地震に対する心構えを持つのは容易ではありません。できることであれば、それよりもかなり前にその「肝心な時」を読者の方々が自らキャッチして、予め対応できるだけの余裕がほしい。

古来より世界有数の地震経験国である日本のみならず、中国やロシアやギリシャなどにおいては、地震予知は夢でした。それは現在でも変わりませんし、現に中国やギリシャなどでは既に地震予知に成功している例があります。ですが残念なことにわが国ではいまだ実現していません。思うにそれは地震の物理的原因の学術的調査のみに研究が偏り、肝心の被害をできるだけ抑えて、国民を一人でも救うということに研究の目的が置かれていないことが大きいと思われます。

日本でも、明治時代にイギリスの研究者ジョン・ミルンが来日して以降、科学的な地震究明の研究が行われ、戦前には寺田虎彦、藤原咲平、今村明恒、武者金吉などの学者研究者が、前兆現象の解明に努力してきましたが、そうした研究は地震学の分野では異端とされ、ある意味では迷信扱いをされてまともな研究とは思われていなかったし、現在でもそういう事態は残念ながらあまりかわっておりません。

東北大震災はそうした事態に冷や水を浴びせられる結果になりました。その上、原発事故が起こり、いまだにその終息に至っていないことは読者の方々もお分かりだと思います。しかしこの地震も明らかな前兆現象のあったことが、被災者の方々の証言で明らかになりつつあります。そして何よりも、この震災より約80年前にあった三陸海岸の大津波を記録した吉村昭氏の『三陸海岸大津波』に描かれたと同じ現象が地震前に起きていたこともいまや周知の事実となっています。

吉村氏は二〇一一年三月一一日の震災よりも2年ほど前に亡くなられているのですが、同著で描かれている地震や津波の前にも、すでにそうした経験を東北東部海岸の住民たちは持っていたのです。にもかかわらず先祖の警告を無視してしまったり、当面必要だからという判断で危険地域に市街を再建したため、今回の事態を招いてしまった。

本書はそれらの貴重な証言を基に、もしも大地震の兆候を捉えられれば、少しでも犠牲を少なくすることができるのではないか、という意図で編集されました。それらの中には現在の科学の水準で見れば〈非科学的〉と思われるような実例が含まれています。それらはたいていの場合、地震学の専門家の先生方から常に「科学的根拠に乏しい」と指摘されるようなことです。実例はたくさんあっても〈定量化〉されていない、とか、個人の身体感覚では客観性がないとか言われることも、我々はあえて本書で取り上げました。

しかし見方を変えれば、それらは現在の科学の水準では解くことのできない理由を持った事象である可能性があります。学者の方々には現在こそ最高の科学水準に達していると思い込んでおられる方が多いようですが、それが万能でないことは、原発事故をみただけでも明らかです。だからこそ過去に大地震の被害にあった人々が経験したことを記憶し、伝承・俚諺・ことわざとして残してきたのです。

前兆現象を捉えたいと現地調査まで手掛け、『地震なまず』（一九五七年）という本を書いた武者金吉氏は、この分野での記録を残した先駆者の一人であり、また一九九五年一月一七日の阪神大震災の直後、当時大阪市立大学の教授だった弘原海清先生が、いち早く学生たちと手分けをして聞き取り調査した前兆現象の記録は『阪神淡路大震災　前兆証言１５１９！』として地震の起きた半年後の一九九五年九月に東京出版から刊行されています。これは武者金吉氏についで前兆現象を捉え、あらためて地震研究の糸口にした稀有の本です。編集部ではこれに触発され、さらに世界に範囲を広げて前兆現象を集めてみました。

本書では、主に日本と中国、ロシアやヨーロッパなどで過去に発表された多くの、いわゆる《地震前兆現象》をいくつかのカテゴリーに分類して、その典型的表出形態、実例の場所と年月日、特徴などのデータを示し、読者の皆様が地震の前兆を捕えることができるようにと事典形式にしてみました。また、前兆と紛らわしい、地震とは無関係の現象や、単独で起きるような現象の見分け方もそれぞれの項目の最後に付けてあります。

なお、巻末に日本を含めた二〇世紀から現代までのM５以上の世界の大地震の発生年表を付けてみました。本書が来るべき地震に備えて、読者の方々の実際のお役にたてば幸いです。

三一書房編集部

『計測機器を使わない　地震予測ハンドブック』編集委員会

目次

【コラム】

【協力・資料提供】（五十音順）
群馬県立文書館／佐久間象山記念館／清水建設（株）技術研究所／集英社／長崎市出島復元整備室／日本社会事業大学付属図書館／読売新聞社

第一部　生物編

関東大震災　中央気象台の大時計
1923（大正 12）年 9 月 1 日午前 11 時 58 分、相模湾が震源の M7.9、最大震度 6 の関東大震災が発生。家屋倒壊・火災で全壊約 13 万戸、全焼約 45 万余戸、死者・行方不明者約 14 万名。写真は当日地震発生時刻で止まった中央気象台の時計塔。（提供：読売新聞社）

大地震前に生物（動物・植物）がいつもと違うような異常行動をとるという報告は昔から多数記録され、言い伝えとしても残されている。だが地震研究者のほとんどはこれを「後付けの理屈だ」「心理的な注目効果だ」「定量化できない」などの理由でこれを否定してきた。「生き物が異常行動をするのは大地震の前だけではない。通常は意識しなくても、それが偶然大地震前であったりすると、結果論的に異常行動と大地震を関係付けているにすぎない」といわれてきた。

しかし、一九九五年一月一七日の阪神淡路大震災以来、こうした生物の前兆異常と思われるものが客観的に観察され、直後に現場からの証言集として集められた。当時大阪市立大学におられた弘原海清教授が学生と共に災害地の神戸を中心に呼びかけた前兆異常現象の証言集『前兆証言１５１９！』はそれらの裏付けになるような、動物を含めた前兆現象を初めてまとめたものである。ここでは戦後一貫してそうしたデータを集めてきた武者金吉氏の『地震なまず』と弘原海清氏の『前兆証言１５１９！』（増補普及版）を参考にして、海外では中国で報告された多くの例とアメリカのスミソニアン国立動物公園での動物たちの異常行動で観察されている例をも含め、大震災前に動物たちが示した異常行動をまとめてみた。

第一章　哺乳類

津波・高潮などの水準標
(警告表示塔)

東京都江東区の東京メトロ南砂町駅北口付近。

上から順に1917年の高潮の際の水位／付近の護岸堤防の高さ／79年の台風20号の水害の水位／49年のキティ颱風時の洪水の水位／最下段が東京湾の平均満潮位。それよりも地表面が低い0ｍ地帯。かつて工場の地下水くみ上げで、地表面が1m半以上も沈下している。

哺乳類

で、わが国のみならず中国やヨーロッパなど海外の地震発生前の動物の異常行動でもっともよく観察されているのは、同じ事例を一つと数えてトータルすると、次のようになる。①イヌ（50）、②ネコ（34）、③ネズミ（26）、④ウマ（12）、⑤シカ（10）、⑥ウサギ（8）、⑥ウシ（8）、⑧ハムスター（7）、⑧ブタ（7）、⑧モグラ（7）

　中でもイヌが最多なのは、もっとも人間の生活に身近な動物で、いつも見られることが理由だと思われる。阪神淡路大震災の後で兵庫県の獣医師アンケートや日本愛玩動物協会の聞き取り調査で、イヌは26・2％、ネコは39・5％が異常行動を示したとの回答がよせられたという。イヌと比べるとここでは事例がやや少ないがネズミも同じである。また、④以下のウマ、シカ、ウサギ、ウシ、ブタは、日本より海外の方の例が多い。これには特に中国での事例が多いが、現在でも農村地帯での労働力や食料になっていることが大きい。また、ハムスターは日本でペットとして飼育されていることが多いので、事例として出てくるのであろう。

哺乳類の事例に共通することは、

一、普段と違って落ち着きをなくして不安に脅える。
二、餌を食べなくなる。
三、小屋・ねぐら・巣に入りたがらない。
四、飼育者の言うことを聞かず暴れる。
五、お互い同士で噛みあったり、喧嘩を始める。
六、いなくなる／姿を消す。

——などの点である。

　異常を感知して行動が変わる時間は、観察記録によれば、かなり前から直前までと幅がある。それからどの動物にも共通することであるが、①個体差、②種類、③環境（飼育状態など）によってかなりその発現が違う。個体差では同じイヌでも一方が異常行動を示しても他方は全くそういう行動をしないという例が、どの動物にも見られることである。

また環境や種類によってというのは、室内で飼われているイヌやいわゆる小型の座敷（室内）犬と、戸外の犬小屋で飼育されているイヌでは、地面に足を直接付けているせいか、戸外犬のほうが早く反応して察知が先になる傾向が見られる。これは地震発生の前に地面下の岩盤に大きな力が加わるために発生する電磁波を捉える能力が動物にあるためだろうといわれる。但し室内犬でも反応の早い個体もあり、外で飼育されていても反応のない個体もある。従って異常を確認するには、普段からの観察が重要となる。

アカエリマキキツネザル（15分前）

※いつになく奇妙な叫び声を上げる（アメリカ・スミソニアン国立動物公園での例）。

アライグマ（1日前）

※やたらと人を噛む（但し、常日頃の癖で噛むのは異常な行動ではない）。

イタチ（数日前、4日前、1日前）

※走り回る。

※暴れ回る。

※いなくなる・姿を消す。

例1.

【先行時間】4日前

【状態】普段現れないイタチが2匹も庭を走っていた。

【その他】地震後、見かけなくなった。

例2.

【先行時間】数日～1日前

【状態】隊を組んで移動し、人を怖がらなかった。

【その他】地震後は不明

例3.

【先行時間】数日前

【状態】昼夜の区別なく群をなして移動し、子をくわえて樹上へ上がったりした。

【備考】これは中国の例。

イヌ（2週間ほど前、3日前、2日前、1日と5時間前、1日前、18時間半前、前日夜、11時間前、9時間半前、当日朝、7～6時間前、5～4時間前、3～2時間前、1時間前、30分前、20～15分前、10分前、3分前、2分前）

※普段吠えないのが異様に、大変低く、けたたましく、腹痛のように夜通し遠慮がちに、いつまでも鳴く／吠える／唸る／騒ぐ（チリ、中国、ユーゴ、アメリカの例を含む）。

※狼のように、何かを見つけたように空を見ながら、また早起きして連夜、突然長鳴きやオオカミのように遠吠えをする（中国の例を含む）。

※何かを発見したように空を見上げてソワソワする／狂ったように吠える［中国］。

※布団の中で脅える／ガタガタ震えだす。

※かなしげに、苦しげに鳴き続ける（中国の例を含む）。

※落ち着かない／興奮する。

※非常に騒いで逃げたり外に出たがる／震えだし牙をむく／柵を跳び越えようとする。

※ただ事でなくむやみに悲鳴を上げる（中国の例を含む）。

※低い声で吠え（衣服のすそやそでを咥えて）家人を外へ連れ出す（旧ソ連、ユーゴの例を含む）。

※やたらと（家人に）噛みつき、地震が起きるまで止まらず（中国の例を含む）。

※ドアに体当たりする／雨戸を叩く／逃げ出そうとする／入り口に向かって吠える。

※急に逃走用の穴を掘る／庭などで穴を掘り続ける／床を掻きむしる。

※家人と一緒に寝たがる／布団の中に潜り込む／玄関に座り込む／人にまとわりつく。

※ふだん食欲のあるイヌが、餌を食べない（中国の例を含む）。

※散歩に行きたがらず、進もうとしない／小屋か

ら出ない。
※小屋に入らない／吠え立てて家に入らない。［イタリア］／小屋の外で寝る。
※外で飼っているイヌが家に上がってきたり、上の階に駆け上がる／家に帰りたがる。
※鳴き声で連絡しあうように次々吠える。
※しゃっくりを始める／咳き込む。
※姿を消す／いなくなる。
※倒れて苦悶し仮死する／元気がなくなる。
※凄い形相／困ったような顔をする。
※耳を立てて畳を見続ける。
※暴れ出す／余震の前に窓ガラスを蹴る。
※毛が抜ける。
※土を食べる。
※家人をしきりに舐める。
※鳴かなくなる。
※数匹が一か所に集まって吠える。
※飼い主の言うことを聞かない。［中国］
※鼻で地面を嗅ぎ頭を上げない。［中国］

※地面を引っ掻き、臭いを嗅ぎ、浅いくぼみに腹這いになる。［中国］
※母イヌが仔イヌを咥えて外にかけだす。［中国］
※群をなして輪になり、吠え立て鳴き喚く。［中国］
※連日街中をやたらと走り回る。［中国］

例1.

【先行時間】数日前
【状態】散歩が習慣でコースも決まっているが、ある日車道に出る手前の坂の中腹で止まってしまい、呼んでもこないので抱き抱えて車道へ出た。翌日は更に丘の上で止まり、その翌日は丘の見える手前で止まったばかりか、逆方向へと家人を導こうとした。
【その他】後で判明したことだが、この場所は断層の南西側で、北側の家は全壊した。

例2.

【先行時間】当日直前
【状態】いつも家人と同じ布団で寝るトイ・プードルが突然布団を抜け出して騒ぎ始めた。辺りは静かで何の物音もしなかった。

【その他】 外を走り回りワンワン吠えまくっているイヌを捕まえた時、地震が発生した。

【備考】 阪神淡路大震災の前。

《注意》

▼イヌが高い所や台などの上に行って眠るのも、低い所に湿気が多いためで、雨の予兆であることが多い。また狂犬病のイヌは、よく木片、石、ぼろ布などを飲み込む。こうしたことは大地震の前兆ではない。日常の行動と較べて判断する必要がある。

▼獣医学の研究では、野生に近い状態で飼われているイヌほど電磁波に反応しやすいという結果がでている。特に古い形質を残していてオオカミに近いシベリアンハスキーやパセンジなどが著しい反応を示した。それも震度5以上の地震前に吠える、暴れるなどの反応が表れたという。普通のイヌでは10％が異常を感知するということである。

▼イヌたちが震度5以上にしか反応しないということから、以上に上げたような多くの事例が観察されるのは当然のことかもしれない。

▼見知らぬ人や動物に対して多くが吠え立てて止まないのは、イヌの正常の行動である。

（伝承など）

▼イヌの遠吠えは火事・変事・凶事の兆しとされる（埼玉県）。

●一九七八年六月一二日の宮城県沖地震の際のイヌの異常行動発生時期の20例の調査では、10日以上前（０％）、４日以上前（５％）、３～２日前（10％）、１日前（10％）、当日直前（50％）、時期不明（25％）という結果が出ている。

イノシシ（1か月前、2週間前、1日前）

※市街地に現れる。

※姿を消す。

※人を襲う。

例1.
【先行時間】1日前
【状態】普段は山にいるのが、夕方街中で人通りも気にせずゴミを漁っていた。
【備考】西日本のある都市では市街地にイノシシが出る所がある。

例2.
【先行時間】前日夜10時頃
【状態】ふだん見かけないのが車道を横切った。
【備考】震源地から遠ざかろうとしたのか？

例3.
【先行時間】2週間前
【状態】いつもは正月にテレビが報道するイノシシが出てこなかった。
【備考】他所へ移ったのだろうか。

イルカ（4時間前）
※神経がおかしくなる。

※挙動がおかしい。
※海で大群が移動する。

例1.
【先行時間】1週間前
【状態】茨城県鹿嶋市の海岸で50頭を超すイルカが座礁した。東日本大震災の前。
【その他】二〇一一年二月のニュージーランドの大地震前日に百頭を超えるイルカが海岸に打ち上げられた。

例2.
【先行時間】半日前？
【状態】水族館でショーができないほど乱れていた（一九九五年阪神淡路大震災での例）。
【備考】普段は驚くほど統制のとれた動きをする。

例3.
【先行時間】4時間前
【状態】朝09時頃、大群が震源地方向から南西の方向へ集団で移動した。
【その他】一九六四年六月一六日の新潟地震の前。

ウサギ（4日前、1日前、5時間前、4～3時間前、直前8～7分前）
※金網を齧る／金網に掴まって立ち上がり、逃げようとする。
※小屋に入らない（中国の例を含む）。
※棲み処を移す。
※殺し合う。
※非常に震える。
※檻の中で一斉に暴れる。
※両耳をピンと立てて何かを聞き取ろうとしているように見える。［中国］
※敷き藁に潜り、じっと動かなくなる。

例1.
【先行時間】数時間前～直前
【状態】屋根に上ったり、小屋の外で出産した。
【その他】何となく落ち着きがなかった。

例2.
【先行時間】直前
【状態】驚き慌て、やたらと駆け、両耳をピンと立てたり、後ろ足で籠を蹴ったりした。
【その他】中国での例。

ウシ（2～1日前、5時間前、3時間前、2秒前）
※普段と違い悲惨な声で／産気づいたように鳴き叫ぶ（中国の例を含む）。
※飼育員を頭で押し倒す。［中国］
※人を近くに寄せつけない。［中国］
※お互い同士で争い合う。［中国］
※鼻を鳴らして逃げる。［アメリカ］
※子連れの牝牛がパニック状態となる。［ルーマニア］
※挙動が普段と違っておかしく支離滅裂となり、走り出したり、制御出来なくなる。［中国］

例1.
【先行時間】10日前～数時間前
【状態】落ち着かず、不安で、餌を食べない。やたらと走り回り、泣き叫ぶ。驚いて逃げ出して鳴く。

【備考】中国での例。ふだんのウシの挙動と全く違う。

例2.

【先行時間】1日前
【状態】夕方6頭の内の4頭が繋いだ横木を角で外し、2頭が地面を足で引っ掻いた。
【その他】一九七五年二月四日の中国遼寧省海城地震の例。

例3.

【先行時間】直前
【状態】10数分前に外を狂ったように走り回り、鳴き騒いだ。
【その他】地震を予期して、住民に家から外に出るよう叫んだ。

ウマ（10日前、1週間前、1日前、半日以上前、4～3時間前、2～1時間前、15分前、5分前、直前2秒前）

※縄を断ち切って小屋から逃げ出す。［中国］
※普段は大人しい観光牧場のウマがお互いに狂ったように走り回り、噛みあい、管理人に体当たりしたり、お互いにぶつかりあう。
※四肢で大きく空を切り、跳躍する。［中国］
※普段と違いやたらに飼い葉桶を齧る。［中国］
※30分ほど地面を引っ掻く。［中国］
※飼い主が小屋へ入れようとしても入らない。［中国］
※日中3～4時間もいつになく不思議な鳴き声を出す。［中国］
※騒ぎ立て、普段出したことのないような叫び声をあげる。［エジプト・中国］
※馬車のウマが止まって動かない。［イタリア］
※鼻を鳴らして逃げる。［アメリカ］
※普段おとなしいのが脚を踏み鳴らしていななく。［旧ソ連］
※門を外して小屋から狂ったように逃げ出す。［中国］

例1.

【先行時間】10日前～数時間前
【状態】驚いて走りだしたり、怖がって小屋に入ろうとしない。
【備考】中国の例。
例2.
【先行時間】10日前～数時間前
【状態】無理に小屋や囲いの中に入れると跳びはね、お互い同士で噛みあって喧嘩をする。
【備考】中国の例。

《注意》
▼ウシなどの大型や中型の哺乳類は耳の穴に昆虫などが飛び込んだりすると暴れ出す例もある。これは当然、前兆行動ではない。
▼病気のウマの場合は行きつ戻りつを繰り返し、しきりに体を横たえてはまた立ち上がり、転げまわることがある。壁にぶつかったり、円形に動き回り、自分を傷つけることがある。

オランウータン（直前10秒～5秒前）
※餌も食べずに猿山の頂上へいち早く避難する（アメリカ、スミソニアン国立動物公園での例）。
カバ（5～4時間）
※動物園にいるカバが騒ぐ。［ユーゴ］
キツネ（数日前、当日）
※人の姿も目に入らないほど、慌てて動き回る。
※そわそわして、吠えたり悲しそうな鳴き方をする。
例1.
【先行時間】1週間前
【状態】和歌山県古座町の宮の森の中でノギツネが竹を割るような音で泣き叫んでいた。
【その他】一八五四（安政元）年一二月二三日・二四日の安政東南海地震の前。
例2.
【先行時間】直前。

【状態】山から村へ駈け出して来た。
【備考】中国の例。

キリン（10分前）
※動物園でいつになく騒ぐ。

クマ（3～2時間前）
※野生の熊が興奮する。［ルーマニア］

クジラ（数日前？）
※ザトウクジラが海岸に座礁する。
※ゴンドウクジラが海岸に乗り上げる。

例
【先行時間】1週間前
【状態】茨城県鹿嶋市の海岸に体長2～3mのカズハゴンドウが54頭が打ち上げられた。
【その他】東日本大震災の前。

コウモリ（数日前～数時間前）

※普段見ない多数の群が飛び立つ。
※家に入り込んでくる。

例1.
【先行時間】直前
【状態】昼間飛び出して異常に飛び廻る。
【備考】中国での例。

例2.
【先行時間】数日前～数時間前
【状態】飛び出して震源地区から離れて行った。
【備考】中国での例。

例3.
【先行時間】7～6時間前
【状態】昼間（2時前後）か夜間（午後十一時頃）のいずれかに家の中へ入り込んだ。
【備考】中国での例。

《注意》
▼コウモリが一般に夕方から夜にかけて、次々と外に出て活動するのは晴れの予告で、地震とは無

関係の普通の行動である。

サル（2日前、3時間前、20分前、直前）

※驚き慌て不安がる。［中国］

※やたらと鳴き叫ぶ。［中国］

※餌を食べず怯える。［中国］

※飼育されているのが急に騒ぎ出す。［ニカラグア］

例

【先行時間】5～4日前

【状態】山でけたたましく泣き叫んで騒がしかった。温泉客が天変地異の前兆だと急いで帰宅した（当時の「時事新報」の記事）

【その他】一八八八（明治二一）年七月一五日の福島県磐梯山大爆発の前。

シカ（30時間前、10～9時間前、8時間前、3～2時間前、当日朝、30分前）

※突然小屋の中をむやみに走り回る。［中国］

※逃げ回る／脅える。［中国］

※小屋の門に体当たりして開ける。［中国］

※暴走し前脚の大腿骨を骨折。［中国］

※小屋内で互いに押し合う。［中国］

※小鹿が小突かれて死ぬ。［中国］

※群れを成して逃げる。［イタリア］

※運動場の中央に座って動かない。

例1.

【先行時間】数日～数時間前

【状態】驚き慌ててやたらと駆け回った。

【その他】ウシと似た行動をとる。

例2.

【先行時間】2時間前、直前

【状態】パニックになり逃げ回ったり跳ねたりして止らなかった。

【備考】一九六九年七月一八日渤海地震（M7.4）2時間前の天津市動物園での記録。

ジネズミ（5時間前）

※パニック状態となる。［ルーマニア］

ジャイアントハネジネズミ（当日午前中）

※午後のおやつを放棄して巣穴に籠る（アメリカ、スミソニアン国立動物公園での例）。

シャモア［ウシ科でカモシカの近縁でヤギと似る］（3〜2時間前）

※森へ逃げ込む。［ルーマニア］

ジャイアントパンダ → パンダ

ゾウ（5〜4時間前、当日、10分前）

※動物園でいつになく騒ぐ（ユーゴの例を含む）。

※地面を踏み鳴らす（アメリカ、スミソニアン国立動物公園での観察例）

例

【先行時間】当日直前。二〇〇四年一二月二六日、スマトラ沖地震の際。

【状態】地震と津波を予知して観光客を乗せたまま高台に避難したという報告がある。

【その他】スリランカでは野生動物たちの死骸が見つかっていない。被害を逃れたと思われる。

タヌキ（2日前、当日直前）

※走り回る。

※鳴き出す。

例

【先行時間】当日直前

【状態】ふだんはほとんど鳴かないのに突然大声で10秒足らずの間に10回ほど鳴き、木の周囲を走り回っていた。

【備考】仲間に知らせるためと、地面の微振動が怖くて堪らなかったのか？

（伝承など）

▼タヌキの鳴き騒ぐ時には地震がある（各地）。

チンパンジー（10分前）
※動物園で普段と違い騒ぎ、落ち着きがない。

テン（5日前）
※餌を獲ろうとしない。［中国］
※絶食し、地震後正常に回復する。［中国］

トラ（2時間前、直前）
※動物園で檻の中に入らない。［中国］
※元気を失う。［中国］

例
【先行時間】直前
【状態】気力がなくなり動かず、地上に足を屈して腹這い、尾を挟み込んで揺り動かさず、頭を持ち上げ瞳を凝らし、隔離しようとしたが指揮に従わず、餌を食べなかった。
【備考】一九六九年七月一八日の天津人民公園動物園の記録。

ヌートリア（4～3時間前）
※食欲がなくなり餌を食べない。［ルーマニア］

ネコ（3～2日前、1日前、18時間半前、11時間前、3～2時間前、1時間前、数10分前、30分前、直前）
※異常にうるさく裏声（奇妙な声）で、狂ったように（人声で喋るように）一晩中悲しく激しく鳴き通す。（発情期でない時に異常に鳴く。）
※いなくなる／逃げ出す／姿を消す／帰ってこない。
※驚き慌て、不安がって騒ぐ／暴れ出す／落ち着かない。
※階段や柱を駆け上り下りする／柱に飛びついて降りない。
※家中を歩き、走り回り、右往左往する。
※寝ている家人の上にのって起こす／家人の足などに噛みつく。
※外へ出たがる／玄関に体当たりする／部屋を飛

び出す。
※野良猫が目の色を変えて逃げる（イタリアの例を含む）。
※ベッドの下、本棚、押し入れの中などの部屋の隅や狭い所にはいって出てこない。
※うずくまって動かない。
※布団を出入りする／潜り込む／いつもと違う場所で寝る。
※外出したがらない。
※家に入りたがらない。
※ぐるぐる回る。
※口角炎になる。
※穴を掘る。
※空を見上げる／天井に向かって鳴く。
※毎日ネズミを捕る。
※家人の布団の周りを走る。
※不安げに家人を見つめ、まとわりついて離れない／目に一杯涙を浮かべる。
※いつになく興奮する。

※声が聞こえなくなる／異常に静かになる。
※臆病なのが逃げない。
※ネコ同士お互いに呼び合って外へ出ていく。
※いつになく異常に毛繕いを繰り返す。
※全身の毛を逆立て、尾を高く上げて逃げ出す。［中国］
※地震前に脅えて靴の中に体を隠す。［中国］
※母ネコが子ネコを幾度もいつもいる場所から寝台に運ぶ。［中国］

例1.
【先行時間】1か月前
【状態】口角炎になった。
【その他】10日前から押し入れの隅に入り込むようになった。

例2.
【先行時間】2週間前
【状態】異様な声で鳴き始め、部屋中を回っては時折ベランダから空を見上げていた。
【その他】家はマンションの5階。当日は発生2

時間半前から直前まで走り回って鳴いた。

例3.

【先行時間】7〜6時間前

【状態】路上で発情期の頃に鳴くような声で激しく鳴いた。

【その他】家人の布団に潜り込み、興奮して家人の手を噛んだ。

例4.

【先行時間】5時間前

【状態】蒲団の裾に寝ていたネコが突然起き上がり、戸を開けろとうるさく鳴いて、開けると外へ飛び出して行った。

【その他】地震後しばらくたってから戻って来た。

(伝承など)

▼地震発生前にネコは家から戸外へ飛び出す(宮崎県全域)。

▼ネコがしきりに外へ出たがる時には地震が起きることがある(各地)。

《注意》

▼ネコもイヌと同じく、普段めったにしない行動をとることで異常を感知していることを表現する。また行動でもお互いに相反する記録があり、個体や環境によって反応が違うことを認識しておく必要がある。例えば複数のネコを飼っていても、全てのネコが同じ反応をするわけではないので、注意が必要である。

▼ネコが電磁波に反応して目をしょぼつかせたり、電磁波の発生地点から逃げるように遠ざかる現象は確認されているようだが、生体のどの感覚器や組織が反応しているのかは未確認である。ただ前記のような事例があることは事実である。また、報告例でみると、震度5以上の地震の場合であることが多いのと、震源地の遠近は無関係の場合もある。

▼ある家では飼いネコが地震前に家中を歩き廻り、鼻、耳、目で何かを探し回り、体毛をやや逆立て、背中の筋肉を盛んに動かす。こうした行動

をとると、翌日と数日後に地震が発生した。もう一度は30分後のこともあったという。飼い主の指摘では、この三回の地震前兆予知でネコが当てた地震の震源地が海底であること。飼い主は海のない内陸の県の住人であるが、なぜ近隣の茨城や栃木で発生した地震には無反応だったのかわからないという。

ネズミ［ハツカネズミ・ダイコクネズミ・ドブネズミ］（3か月前、1か月半前、30日前、3週間前、20日前、1週間前、5～4日前、3～2日前、1日前、前日夜、数時間前、7～6時間前、3～2時間前、30分前、10数年前、直前）

※（突然）家から居なくなる／出てこなくなる／逃げ出す／飼育箱から出る。

※家の中、縁の下で、天井で、断続的に異常に動き、騒ぐ／狂ったように走り回り、棍棒で3回叩いて9匹も死ぬ（中国の例を含む）。

※大暴れする。

※街中や表の道路を群で走り人を恐れない／人影を気にしない（中国の例を含む）。

※会社のビルの中で急に増える。

※急に異常に静かになる。

※ネズミ取りで一度に6～40匹も獲れる。

※多数が下水道から逃げる。

※垣根の上や電線の上を走る（中国の例を含む）。

※体重半kgの極大のものが現れる（中国の例を含む）。

※子ネズミが現れる。

※多数現れ、ネコさえ恐れない。

※異常に餌を食べる。

※毛を逆立てる。

※多数が引っ越す。［中国での例＝親ネズミが子ネズミを咥えて移る］

※隠れ場所から逃げ出す。［イタリア］

※ネズミが出るので有名な料理店から姿を消す（江戸末期）。

※工場のラインを止める。

※うずくまって動かない。
※米俵に入る。
※ばったり捕れなくなる。
※普段は出ない小学校の部屋などに出る。
※多数で金切り声を出し、硬直症のように固まって動かない。［ルーマニア］

例1.
【先行時間】4〜2か月前
【状態】南葛飾（沖積地／4か月前）練馬区石神井（洪積地／2か月前）でネズミが集団移動した。
【その他】地盤の軟弱な所での方が地盤の固い所より感知するのが早いのだろうか？

例2.
【先行時間】10日前
【状態】2階の天井のネズミが夜になると異常なほどの騒ぎをした。
【その他】地震後は騒がなくなった。

例3.
【先行時間】1週間ほど前
【状態】江戸川の市川橋下の水道管を伝ってネズミが、昼間は人目につかぬように逃げ、人が邪魔をしても夢中で逃げ、夜も逃げた。これが見られなくなって2日後に地震発生。
【その他】一九二三年九月一日の関東大震災前。

例4.
【先行時間】1週間前
【状態】屋根裏でうるさく騒ぎ、眠れないほどだったが、2日前に姿を消した。
【その他】地震後は姿も見なくなった。

例5.
【先行時間】2日前
【状態】東京本所の米屋。いつもはネズミで困っていたが米蔵の網を食い破って中にいたネズミが押し合いへし合いしながら外へ逃げた。
【その他】関東大震災の直前。

例6.
【先行時間】1日前
【状態】毛を逆立てたネズミが鈍い動作でうろつ

いていた。

【その他】地震後は見かけなくなった。

●異常な行動に見えてそうではないという事例がある。倉庫に棲み付いたネズミが大雨で巣が水を被り、集団で逃げ出してきた（中国での例）。これは地震とはまったく関係がなかった。一つの実例のみでの判断はできないことに注意したい。

《注意》

ネズミは一般に夜活動し、人を恐れる。

（伝承など）

▼山津波の時は一番先にネズミが逃げる、それを見たら大急ぎで避難すること（香川県小豆島の土庄町）。

▼地震の前にはネズミがいなくなる（各地）。

●一九七八年六月一四日の宮城県沖地震（M7.4）の時のネズミの異常行動発生時期（13例）に従うと、10日以上前（23％）、4日以上前（23％）、3～2日前（31％）、前日（0％）、当日（0％）、時期不明（23％）とある。明らかにイヌやネコなどよりも反応が早い。

ハムスター（2週間前）

※奇声を発する。

※暴れて死ぬ。

※歯軋りする。

※しきりに車輪を回す。

※殺し合う。

※餌を溜め出す。

※巣に潜ったままで餌も食べない。

例1.

【先行時間】1週間前

【状態】雌雄6匹を2つの籠に分けて入れていたが、昼間は気が荒く、夜は暴れ回り、お互いに殺し合い、3匹が死んだ。

【その他】普段は仲もよくおとなしかった。

例2.

【先行時間】6時間前

【状態】いつもは大人しいのに突然奇声を発して暴れだし、籠の中を猛スピードで走りだしたり、開閉口に体当たりを繰り返した。

【その他】最大余震の際にも6時間前に同様の異常行動があった。

ハリネズミ（直前）

※いつもは夜間に活動するのが、日中出てきて動き回る。

パンダ（2時間前）

※頭を抱えて悲鳴を発する。［中国］

例

【先行時間】いつになく山から下りてきて、イライラと不安がった。

【状態】餌をあまり食べなかった。

【備考】中国のパンダ保護区での地震前の状態。

ヒツジ（1時間前、直前）

※小屋に入らない。［中国］

※一日中みじめそうに鳴く。［中国］

例

【先行時間】直前

【状態】オロオロと不安がり、みじめに叫び、草を食べなくなり、囲いに入ろうとせず、むやみに飛んだり跳ねたりした。

【その他】周囲が警戒して、地震発生時は全て戸外に避難した。

《注意》

▼放牧の群では暴風の来る前に非常に混乱してお互いに頭をぶつけたり、角を擦って喧嘩をし合う。これは地震前の異常行動とはいえない（とくにヒツジだけに限らない）。

ブタ（10日前、2〜1日前、16時間半前、10数時間前）

※豚舎から逃げ出し柵を壊したり小突いたりし、飛び出す。［中国］
※興奮して落ち着かず、やたらと走り回ったりする（イタリアの例を含む）。
※10数匹がお互いに噛みあう。［中国／イタリア］
※体重１００kgが狂ったように鳴く。［中国］
※１ｍほどの高さの柵を跳び越える。［中国］
※餌を食べず、垣根や門によじ登る。［中国］

例1.
【先行時間】10日前～1時間前
【状態】悩ましげで不安がり、餌を食べず、檻の中に入らず、或いは囲いの中で騒ぐ。
【その他】檻の中で数頭がひどく興奮してお互いに噛みあった。一八五七年イタリアのナポリでの地震前。

例2.
【先行時間】２日前
【状態】４か月前に生まれた仔ブタたちが小屋の中でお互いにむやみと噛み切りあい、ある仔ブタは尻を壁に押し付け、尾をしまいこんだままだった。
【その他】傷をおったブタが数匹いた。［中国］

例3.
【先行時間】直前
【状態】囲いの中でお互い同士小突きあい、叫び、突然驚いて柵を越えて逃げ出した。
【その他】これらの行動は地震前のウシやシカでも見られる。

《注意》
▼ブタに食欲がなく怠惰であれば長雨になることがある。冬季に柵を越えて逃げるのは湿度が増して温度が上がることの予兆である場合がある。またガツガツ食べ、よく眠り、皆で囲いを突き上げるのを好む。これらの行動は別に異常なものではない。

モグラ（15日前、１週間前、１日半前）

※畑地・墓地を荒らす。
※庭を掘り返し、植木を齧って荒らす。
※路上を走ったり、そわそわと辺りを歩き廻る。
※地表に出て死ぬ。
※冬など季節外れに出てくる。

例1.
【先行時間】4か月前
【状態】急に庭のいたるところをモグラが掘り返して穴を作っていた（地震後も続いた）。
【その他】地中の微震動や虫などと何か関係があるのだろうか?

例2.
【先行時間】1週間前
【状態】墓地のあちこちで土が掘り返されていた（地震後は一部でしか見られなくなった）。
【その他】土の中で大地の変化を感じ取ったか?

例3.
【先行時間】2日前
【状態】モグラの穴が今までにないほどたくさんできた（伊東市伊東北小学校）。
【備考】一九七八年一月一四日のM7・0の伊豆大島近海地震の前。

《注意》
▼モグラが夜、次々と外に出て活動するのは異常ではなく晴れの予告であることが多い。

モルモット（5時間前）
※非常に騒ぐ。

ヤギ（2分前）
※非常に騒ぐ。

ヤク［アジア、インド、中国西部、パキスタンなどに分布するウシの仲間］（2時間前）
※餌を食べずに転がる。［中国］

例
【先行時間】直前

【状態】地面に腹這って動かず、あやしても起き上がらず、青草を食べず地上に転がった。
【備考】中国の天津人民公園動物園での例。

ラマ（10分前）
※動物園などで普段と違って騒ぐ。

リス・シマリス（1日と7時間15分前、18時間30分前）
※冬眠中なのに起きて騒ぎ出す。
※殺し合う。
※猛烈に餌を食べる。
※硬直してしがみつく。
※木々の間を忙しく行き来する。

例1.
【先行時間】1か月前
【状態】飼育しているリスが、お腹が膨れるくらい異常に餌を食べ始めた。
【その他】直前には床を掘ろうとしていた。地震2日後に死んだ。

例2.
【先行時間】前日
【状態】冬眠中なのに起きて、異常に動き回り、籠から出ようと騒いだ。
【備考】騒いだ時は家人が夜中に起き出したほどだった。

例3.
【先行時間】前日夜
【状態】冬眠状態で食事時のみ起き出すのが、眠らず、落ち着かず籠から出たがった。
【その他】老齢とストレスで地震後12日目に死亡。

ラバ（直前）
※小屋に入らない。
※餌の草を食べない。
※落ち着かず騒ぎ廻る。

例
【先行時間】直前［中国］

【状態】 無理に小屋に引っ張って入れると両耳をピンと立て、フウフウと荒い息遣いをし、餌も食べずに夜まで騒いだ。

【その他】 翌日M7・8の唐山地震が発生。

ロバ［中国］（数日前、数時間前、直前）

※小屋に入らず、やたらと走って逃げだす。

※驚き怖がり、叫んで騒ぐ。

※突然暴走する。

ローランドゴリラ（10秒～5秒前）

※餌も食べずに猿山の頂上にいち早く避難する（アメリカ、スミソニアン国立動物公園での目撃例など）。

▼中国の地震発生が多い土地の俗言に「地震が来るぞ、ブタは小屋で騒ぐし、ニワトリは羽ばたく、イヌも吠える、家畜は小屋に入るのを嫌がり、ネズミはさっさと逃げ出した」というのがある。

その他、動物一般

※いつになく小動物が走り回る。

※トラとライオンが吠えあう。

※深夜まで動物が落ち着きなく動き続ける。

※家畜が小屋に入らず、餌も食べない。［中国］

※家畜がパニック状態になる。［イタリア］

※家畜が牧草地を離れ高地に移動。［アラスカ］

《注意》動物一般

▼気象変化の前兆としての動物の異常反応は地震前の反応と比べて、表れる形や程度が違うので、天気予報に注意すると気象による影響だと判断できる。

▼多くの動物は寒暖に従って冬眠したり目覚めたりする。これらは動物の自然界での正常な活動である。

▼野外で放牧されているウシ、ウマ、ヒツジなどの家畜は、トラ、ヒョウなどの猛獣が現れると不安で驚き慌てて逃げ出すこともある（海外の例）。

▼哺乳動物の多くは発情期間中には不安で焦燥に駆られ、食欲が減退する。お互いに追いかけあって柵や囲いを跳び越える。イヌ、ネコも発情期にはひどく泣き叫ぶことがある。

▼メスの妊娠期や哺乳期、あるいは母子を一時離したりすると、落ち着かずに荒々しくなり、ガツガツ食べたり塀を突き上げたり、煉瓦を齧ったりすることがある。

▼病気の家畜は、腹痛時には唸り声やうめき声、悲しむような声をあげる。また腹部を見まわしたり、不安げな動作をする。雌雄いっしょに飼育したものを分離して飼育したりする場合にもこうした行動は表れることがある。

▼悪弊のある動物の単体での動き、例えば繋がれることや乳搾りを嫌がったり、貧血やある種の代謝異常や栄養不良に罹った動物は壁や囲いなどを舐める。また神経が過敏な感覚で、興奮したりする。またその反対に魯鈍だと萎縮、狂暴、驚いたように跳び跳ねる、作業中に逃げ出す、壁に向かって衝突するなどのことがある。

▼夜間に動物の反応を見る時、普段はあり得ない光や音が動物を驚かせて異常現象を引き起こすこともある。外部の影響が動物の異常行動につながることもあるのに注意。

（伝承など）

▼大地震のある前には小動物の類が皆その棲み処から逃げ出す（各地での言い伝え）。

▼キツネやタヌキなどの穴居動物が穴から出てくる（山口県での言い伝え）。

▼夜間に動物が騒ぐのは地震の前兆（各地）。

【コラム】「地震」という言葉

日本は世界的にも古来たいへん地震の多い国である。遠く縄文時代の遺跡からも、住居跡に地震による土地の液状化の跡が出てきた例があり、記録のなかった時代でもそうした遺跡や、古墳時代の前方後円墳に断層が走っている例もある。

ところが興味深いことに、日本で「地震」を表現する言葉は古代には「なゐ(ない)」といわれ、「地震」という言葉が使われ始めたのは、古文書によると中世になってからで、それ以前には地震の表現はなかった。「地震」は後になって中国から伝えられた言葉であり、和語ではなかった。つまり、それまで我が国には「地震」という言葉はなかったのである。

では「地震」以前の「なゐ」、地震が起きる、の「なゐふる」の語源は何だったのであろうか。ものの本によると、大陸の中国東北部では土地・地面を「ナ」といい、樺太や黒竜江付近の住民も土地を「ナ」というのだそうである(朝鮮半島の「ナラ」は、どちらかというと土地よりも一定の面積の領土・国土の意味になるが、関連のある言葉であろうと思われる)。

「なゐ」の「ゐ」は「い」=居・地盤のことだったが、後になって「なゐ」だけで地震を表す言葉となったといわれる。そして「なゐふる」の「ふる」は振る、震るの意味として使われ、「なゐふる」は地震が起きる、の意味となった。

また、これとは別に「根揺り」=ネユリという言葉の転訛ではないかという説もある。この場合「根」は土地で「根居震」と書いて「ねゐふる」となり、後に「ふる」を省略して「なゐ」が「地震」の意味になったという。

まとめると、「なゐ」はもともと「地面」「土地」の意味があり、「なゐがよる」「なゐふる」で「地面が揺れる」=地震の意味で、後に動詞が省略されて「なゐ」が地震そのものを表す言葉となったといわれるが、現在でもこの言葉は、「(ひ)ない」「なえ」「なや」「にー」「ねー(い)」などの方言となって各地に残っている。

例を上げれば「ない」は千葉、富山、山梨、島根、広島、山口、愛媛、香川、高知、徳島、熊本、宮崎県、鹿児島、沖縄などの各県で、「なえ」は秋田、富山、山口、大分などに熊本、宮崎、鹿児島など、「ねー（い）」は鹿児島、沖縄などの県に、「なや」は広島、耕地、熊本、大分、残っている。一方「揺れ」からの派生語と思われる「ゆい」は佐賀、熊本各県、「ゆ（す）り」は東京都、熊本県、「ゆる」は長崎県の方言として残り、他の言い方では「りくれ」が伊豆諸島の八丈島に残っている。

我が国の地震の記録を長年にわたって収集し、膨大な資料をまとめた武者金吉は『地震なまず』（一九五七年）という本の中で「日本のような地震の多い国に地震を表す言葉がなかったのは、天体・天候現象（日蝕、台風、雷電）ほどに地震現象が頻繁にあるものではなかったために、関心を持たれなかったからではないか？」と書いている。

確かにそれも理由ではあるが、人口が集中している京都や江戸などの土地と、人口が分散している地方では記録の残り方に差があったことと、大きな被害をもたらす地震の起きる頻度は50～１００年と、一八世紀初めに起きた東海・南海地震などのように7時間の間隔をおいて起きた特別な例外の地震でもない限り、発生間隔が一般的に長い。「人間50年」といわれた一九世紀以前の平均寿命を考えると、震災経験の継承がつながりにくく、そうした地震に対する防災の知識が繋がりにくいこともあったであろう。

これに対して同じ東アジアの地震国・中国では、紀元前からの公式歴史書の中に地震の発生が記録されているばかりでなく、地震の測定器（感震儀）まで造られていた。紀元一世紀に後漢で宮廷につかえた学者で太子令・尚書などを務めた張衡（七八～一三九）は、当時の宮都であった洛陽で彼が作った地震計によって１００㎞も離れた甘粛の隴西地区で起きた大地震を感知するのに成功している（P．２２０参照）。

第二章　鳥類

江戸時代、オランダから伝わった地震予知器の模型
（長崎市出島復元整備室蔵）

上の馬蹄形の磁石に約 350 g の錘をつけた三角形の鉄の板が磁力で接着している。磁力で吊り下げておける限界近くの重さに設定してあり、大地震の起きる前触れで地磁気が変化すると、均衡が破れ錘を付けた鉄片が磁石から落下し、地震を予知する仕組み。（原資料　象山記念館）

鳥類

の前兆現象のおもな特徴には、次のようなものがある。

一、ふつうは比較的単独行動をとるのに、集団行動になるものが多い。
二、移動が数百～数千羽と大規模なものもある。
三、いつもは見かけない種類の鳥が突然現れる。
四、飼育されているいつもは仲のいい小鳥が籠の中で大喧嘩をして傷つけあう。
五、飼育されている鳥が餌を食べなくなる。
六、異常に鳴き騒ぎ、落ち着かず暴れたりする。
七、昼夜を分かたず鳴き続ける。
八、大群となって震源地から遠ざかる方向へ移動する。
九、普段は行かないような所へ集団で移動する。
十、籠などで飼われている鳥は逃げ出したがる。

――などが共通している。普段単独で行動し、つがいが単位で行動する大型の猛禽類は別として、大抵は同じ種類の仲間で集まって行動する。そしてスズメと同じ小鳥の仲間は、大地震の前などに、別の種類でも一緒に異なる鳥同士が混じって行動する例もある。例えばメジロやウグイスがスズメの群の中にいたりすることだが、同じ小鳥仲間という認識をしているのかもしれない。

《注意》
▼地震の規模に意識が集中しているためか、人が近付いても逃げなかったり、いつもは夜鳴くことのない鳥までが、この時だけは夜も鳴くので人も気がつきやすい。
▼鳥は幾つかの例外を除くと飛翔能力があるので、震源地からかなり離れた遠い地点でも逃避現象が目撃されている。阪神淡路大震災の前には、震源地から４００㎞以上離れた九州の熊本県でカラスの大集団が震源地から遠ざかる方向に飛んでいくのが目撃されている。
▼また震源地の近所で生活している鳥でも、安全

な所へ集団移動するため、ある場所ではその鳥が消えてしまったようにいなくなり、別の場所にはその鳥がたくさん現れるといった現象が起きる。カラスやスズメには特にこれが多い。

▼こうした移動の例では、「空が暗くなるほど、数万羽の鳥が西から東へ飛んでいた」「幅数十m、長さ数㎞の鳥の編隊が西南方向へと飛んで行った」などの記録がある。通常ではまずこういうことは起こらないので、似たような事態が起きていれば警戒が必要であろう。

▼集計した200のデータを整理して、もっとも事例の多いものから並べると、次のようになる。

【（　）内は例数】

①カラス（39）、②スズメ（18）、③ニワトリ（16）、④ハト（ドバト）（14）、⑤カモメ（10）、⑥キジ（9）、⑦ガチョウ（8）、⑧セキセイインコ（8）、⑨アヒル、カササギ、クジャク、ヒヨドリ、ムクドリ（6）（5例以下は省略）の順である。

以下、五十音順にそれぞれの鳥のとる前兆行動をあげておく。

アオサギ（3週間前）

※初めて姿を見せて、1週間前に姿を消す。

例

【先行時間】3週間前（震源地から200㎞以上離れた都市での例。）

【状態】今まで見なかったのが、どんどん飛んでくるようになった。

【その他】地震の1週間ほど前から見かけなくなった。

アトリ［スズメ科の小鳥］（12時間前）

※ふだんになく大群が現れる。

例1.

【先行時間】1日前～当日？

【状態】集団が天を覆って西南から東北へ移動した（『日本書紀』の記述）。

【備考】六七八年一二月二四日、推定で島原半島を震源地とする筑紫大地震の前。

例2.

【先行時間】前日
【状態】福岡県高木村（現・朝倉市）の渓谷上空で大群が現れ、行きつ戻りつして騒いだ。
【その他】翌一九二二年一二月八日に島原半島が震源のＭ６・９の大地震発生。

▼アトリは数百羽の集団をつくるが、単に移動してきただけで異常に興奮して飛び回る状態ではないのが普通である。彼らの行動が普通と違うかどうかを観察する必要がある。

アヒル（数日前、２日前、数時間前、４時間前、直前）

※ふだん河口にいるのが１羽もいなくなる。
※水に入らない。［中国］
※驚き慌てて狂ったように叫び鳴き、高く飛び上がり、巣・ねぐらに入らない。［中国］
※餌を食べない。［中国］
※籠に突き当たっている。［中国］

インコ（３〜２日前、２〜１日前、23時間15分前、前日夜、15時間前、５時間15分前、４時間半前、３時間半前、30分前、15分前、４分前、２〜１分前）インコは聴覚が極めて敏感である。

※昼夜の別なく興奮して大変騒いでけたたましく鳴く。
※籠の中で非常に跳びはねたり暴れる。
※籠に入りたがらない／落ち着きがない。
※籠から出て人の側へ寄って来る。
※羽毛が抜ける。
※長時間羽づくろいし、部屋中を激しく飛び廻る。

例1.

【先行時間】３日前
【状態】冬なのに毛が抜け始め、前日には尾っぽも１本になり、地肌が赤く見えるほど抜けた。
【その他】地震後２〜３週間で生え揃った。ふだんは真冬に毛が抜けることはない。

例2.

【先行時間】2日〜1日前

【状態】平時は朝と昼間しか鳴かないのが、地震前の2日間だけギャーッと声高に鳴いた。

【その他】地震後は平常に戻って可愛らしい声で鳴いている。

例3.

【先行時間】1日前の昼過ぎ

【状態】普段は仲のいい2羽のセキセイインコが暴れだし、喧嘩を始めた。

【その他】地震後は平常に戻って仲良くしている。

例4.

【先行時間】前日夜

【状態】いつもと違い長時間羽繕いをして、イライラが酷く感情をむき出しにして、部屋中を飛び回った。

【その他】余震前にも同じ行動をした。

ウグイス（半年前、1日前昼過ぎ、半日前の夜）

※普段来ないような所（都心の公園など）に珍しく来て鳴く。

※飼っているのが、夜、寝つかない（余震前も同じ）。

※他の小鳥と共に庭の樹上に留まっている。

※単独でなく十数羽の群が庭木や電線に来てしばらく留まる。

例1.

【先行時間】5か月ほど前

【状態】夏の午後2時間ほど、平常はハトとスズメしか来ない所で何度も鳴いた。

【その他】地震後は同じ時間でも鳴かなくなった。

例2.

【先行時間】前日

【状態】普段はスズメだけ来る庭の木にウグイス他十数羽が混合した小鳥の群が飛来した。

【その他】余震の起きた日も、その直前に近所で同じ鳥たちを見かけた。

ウコッケイ［烏骨鶏］（1か月前）

※普段はあまり鳴かないのが、メスが奇声を発したり、オスのような鳴き声をたてる。

※落ち着かない（覗くと短時間で平静になるが）いつになくおどおどしている。

例

【先行時間】1か月前

【状態】メスが奇声で鳴いたり、オスのような鳴き声をたてた。

【備考】余震の際にも、直前に鳴いた。

ウミネコ（1日前、17分前）

※多数が山に向かって鳴きながら移動する。

※普段群れているのがいなくなる。

エミュー（1日前の午前中）

※飼育舎から必死に出ようとして暴れ、首を挟んで死ぬ（10年間飼育で初の事故）。

オウム（3日前、1日前、直前5分前）

※日常おしゃべりなのが、異様に黙り込む（余震前にも同じ行動）。

※直前に激しく羽ばたく。［イタリア］

例

【先行時間】3日前

【状態】いつもよく喋るのが、異様なほど黙り込んでしまい、まったく無口になった。

【その他】大地震後にも喋らないなと思ったら余震があった。

オナガ（1週間ほど前）

※巣を離れて騒ぐ。

カクホウチョウ［角鳳鳥］（2〜1日前）

※抱卵中、多くは地震前に巣から離れ、飛び立つ際に卵を地面に落として割る。

カケス（1日前）

※山道などで普段は見かけない集団が現れる。

カササギ（数日前）カチガラスともいう。
※巣に入らない／帰らない。［中国］
※屋根や樹上・垣根の上に飛び上がる。［中国］
※巣の中でやたらと鳴き叫ぶ。［中国］
※数分間大声で鳴く。［中国］
※群をなして樹木の梢に留まる。［中国］

ガチョウ（数日前、2～1日前、3～2時間前、直前）
※巣に入らない（中国の例を含む）。
※驚き慌てる。［中国］
※首を長く伸ばし、狂ったように鳴き叫ぶ。［中国］
※垣根の上などに高く飛び上がる。［中国］
※動物園などで大声で鳴き喚く（中国での例を含む）。
※水に入らない。［中国］／水から上がり普段と違いガアガア鳴き立てる。［イタリア］

※山の斜面から飛び立ち、50ｍの高さをハクチョウのように舞い上がる。［中国］
※500ｍ以上も遠くへ飛ぶ。［中国］

カッコウ（16時間15分前、1時間15分前、当日直前）
※異常に鳴いて、盛んに騒ぐ。
※長時間つづけさまに鳴く。

カナリア（数日前、12～11時間前）
※籠の中でいつもと違いバタバタ騒ぎだす。

カモ［クロガモなど］（1か月前、10日前、1日前、4時間前）
※何時もいる場所（河川敷など）で数が激減する。
※ふだんいない海岸近くで海上に群れをなす。
※午前中、数千羽が川に浮く。
※昼間、半数以下になる。
※（海近くから内陸などに）眠る場所を変える。

例1.

【先行時間】1か月前

【状態】数百羽～数千羽の群が河口近くの川に浮かんでいた（震源地からの避難？）。

【その他】4日前になるとほとんどいなくなり、ユリカモメだけになった。

例2.

【先行時間】10日～3日前

【状態】いつもは数千羽いる川原のカモがまったくいなくなった。

【その他】地震後4日目に数羽、3週間後に元の数に戻っていた。

例3.

【先行時間】1日前

【状態】開けた海面に群れることはあまりないのが、午後海面に多数の群が浮かんでいた。

【その他】地震後は河口近くに少しずつ戻って来たようである。

カモメ（10日前、3週間前、1週間前、3日前、2日前、1日前、2～1時間前、直前）

※ふだんいない、海から離れたような所にも大群で現れる。［チリの例を含む］

※昼間、何千羽～何百羽の大群が集まり現れて飛びまわる。

※多数が平常いない市街地上空の都心の市場に現れる／公園やお堀の手すりに群がる。

※大群が震源地を離れる方向を目指す。

※集団が（餌を求めて？）土産物屋を襲う（海の魚が移動していなくなっている？）。

※大群がいつもいる場所、港湾などから姿を消す。

※驚いたように飛び廻り、直前に飛んだり走ったりする。［中国］

※いつもと違って整然と編隊で飛び去る。

例1.

【先行時間】18日～1週間前

【状態】見慣れぬほどの多数の大群が震源地から遠ざかるような方向へ飛んで行った。

【その他】海は近いが、それまでその付近で多数のカモメをみることはなかった。

例2.

【先行時間】4日ほど前

【状態】震源地から35㎞ほど離れた川の河口にいる多数のカモメがいなくなった。

【その他】震源地から遠ざかって、東の方へ移動したらしい。

例3.

【先行時間】1日前

【状態】海から離れた市内のビルに囲まれた公園に多数が飛来していた。

【その他】ふだんはそんなところにいないので、不思議に思った。

カラス（4～3か月前、2～1か月前、3週間前、20日前、2週間前、10日前、9～8日前、1週間前、数日前、5日前、4日前、3日前、2日前、1日前、当日朝、12～11時間前、10～9時間前、8時間前、6～5時間前、4～1時間前、3～2時間前、1時間前、30分前、15分前、2～1分前、当日未明～早朝、直前）

※鶏の卵を獲りに来るのが一羽もいなくなる／戻ってこない／姿を消す。

※数十羽が烈しく鳴き騒ぎ、奇声をあげる（喧嘩のような鳴き方）。

※数百羽が集団飛来して、震源地の反対方向へ飛び去る。

※異常に増えた大群が日を追って増え、群れて樹から木へ飛ぶ。

※日中1時間ほど、うるさく凶悪な物凄い声で、種々の変わった鳴き声で鳴き騒ぐ（中国の例を含む）。

※大群が飛来する／田圃に集まる／真っ黒に埋め尽くす／運動場に集まる。

※多数が群を成して／上空を飛ぶ／数千羽が空に舞う／湧きだすように飛ぶ。

※数千羽が震源地から遠ざかる方向へ飛ぶ（中国

の1例を含む)。
※群れて鳴く(直前にピタリと鳴きやむ)。
※いつになく多数の個体が寺などの屋上を埋める。
※生ごみを奪い合う/興奮して殺気立つ。
※鳴き方・様子が普段と違って落ち着きがなく、おかしい。
※一斉に大群で飛び立つ(中国の例を含む)
※竹藪や峠などに集まる。
※普段いないのが寺などに集まり、鳴いてその後いなくなる。
※夜なのに異常に脅えたように鳴く。
※無数の海鳥が陸上に飛来し、町の上空を飛び廻った(チリでの津波を伴う大地震前)。
※群が深夜移動する。
※暗闇の中で多数が鳴きながら飛ぶ。
※ごみ収集所にごみを出す日に普段と違って一羽も姿を見せない。
※ガードレールに列をなして帯状に留まる。

※集団が地上で留まって円を作る。
※無数が木や屋根に留まり、ある方向(震源地)を見ている。
※いつもの2倍以上に数が増える。
※不安そうに乱舞する。
※落ち着きがなく浮足立つ。
※地面一杯ザワザワ歩き、気味が悪い。
※大群が(まるで集会のように)草むらで騒ぐ。
※騒いで遠くへ飛んで行く。
※大型のカラスがいつまでも鳴く。
※人が近付き、追い払っても逃げない。
※普段やらない朝鳴きをする。
※集団が柿の実を食べる。
※大群が町を荒らす。

▼カラスに限ったことではないようだが、震源地となる場所からだけではなく、断層の走るところからも移動した記録がある。場所から発せられている何らかの前兆を捉えて動いているらしい。地

電流はわずかだといわれるが、それを捉える力があると考えられる。あるいは地中深く変化する微かな音か、発生する臭いをキャッチしているのだろうか。

▼カラスもまた場所によって集団をつくるが、それは普通ねぐらの近くでもない限り、数百・数千という多数ではない。彼らもまた縄張り争いなどで空中戦をしたり、仲間以外のはぐれガラスを追い払ったりするが、ふだんは数百羽にはならない。東京のような都会や地方でも彼らがねぐらとする場所は決まっていて、昼間は散開して餌を漁るが、夕方決まった場所や樹木へ戻ってくる。

▼一般的には平常、数十羽のカラスが一斉に鳴くことはあっても、数千羽の規模で異様な鳴き方をすることはまずないといってよい。カラスは春には子育てで緩やかな集団がバラバラになることがある。彼らの行動が異常な状態かどうかを確かめるには、ふだんの彼らの行動を注意して見ておく必要がある。特に数百・数千のカラスの集団移動は要注意。

（伝承など）

▼地震が起きる前にはカラスがいなくなる（富山県小矢部市）。

▼カラスが騒ぐと地震が来る（宮崎県串間市）。

▼カラスが早口で鳴く時には地震がある（各地）。

▼カラスのねぐらの森でカラスが鳴かない時は続いて地震が起こる（各地）。

カワラヒワ（1日前）

※1日中鳴いている。

キジ（1日前、15時間前、11～12時間前、7～6時間前、5～4時間前、3時間前、2時間前、1時間前、45分前、30分前、当日朝、15分前、10分前、5分前、4分前、3分前、2分前、1分前、直前）

↓　コウライキジ

※普段はあまり鳴かない野生のキジが、甲高く（朝から）鳴き騒ぐ。

※数十羽或いは1羽だけが非常に喧しく鳴き・飛ぶ（中国の例を含む）。
※飼育舎で400羽が鳴く。止まり木で激しく7〜8秒鳴く。
※何かに驚いて叫ぶ／逃げ出そうとする（中国の例を含む）。
※1か所に集まって固まる。
※群をなし、仲間同士で喧嘩し、何かに驚いたように集落の中まで飛んできた。

例1.
【先行時間】数か月前、1日前
【状態】いつになく人に近寄り、「ケーン」と凄い声で鳴いた。
【その他】4時間半前、1か所に集まって来た。

例2.
【先行時間】当日深夜
【状態】午前2時頃に鳴き声が聞こえた。
【その他】付近の禁猟区で繁殖しているのが鳴いた。

例3.
【先行時間】当日直前
【状態】地震発生数分前、近所の山麓で甲高く鳴いた。
【その他】地震以降は聞かなくなった。

例4.
【先行日数】当日直前
【状態】当日夜半、発光現象と思われる現象で昼のように明るくなり、どのキジも鳴いた。
【その他】中国浙江省。一八五七年二月四日、直後地鳴りが鼓の如く鳴り響き、地震が発生。

（伝承など）
▼地震時にキジが鳴くと津波が来ない／地震後にキジが鳴かないと津波が来る（宮城県）。
▼キジは春に鳴くもので、そのほかの時に鳴くと地震が来る（愛知県旭町）。
▼折々雷鳴に似たような音がすると、キジが鳴き出してすぐに地震が起きる（静岡県庵原郡蒲原

町)。 ↓ 海鳴り、地鳴りの項目を参照。
▼キジが朝鳴くのは晴れの兆し、夜鳴くのは地震の兆し(各地)
▼キジがしきりに(けたたましく/人家近くで)鳴き騒げば地震がある(山口県他各地)。
▼キジが巣を移す時には地震がある(各地)。
▼キジが3声続けて3度叫ぶと地震がある(福島県)。
▼キジが不時に鳴けば地震がある(愛媛県)。
▼キジの驚き声は地震のある前触れ(長野県)。
▼キジの鳴き声を伴う地震には不安がない(宮城県本吉郡)。
▼夜キジが鳴くのは地震の前兆である(各地)。
●キジが地震前に鳴くという伝承は中国でも日本各地にも共通してある。

キジバト(5時間前、直前) ↓ ハト、ドバト
※パニック状態になり、立て続けに鳴き続ける(ルーマニアの例を含む)。

キュウカンチョウ(数日前、1日前、24分前、11分前)
※非常に騒ぐ/うるさく鳴く。

例
【先行時間】数日前
【状態】飼育しているキュウカンチョウがバタバタ騒ぎ出すと必ず地震が来た。
【その他】カナリアでもその通りになった。

キンカチョウ(数日前)
※夜騒ぐ。
※寝ようとしない。

例
【先行時間】数日前
【状態】5～6年も飼育しているのが、夜になると平時と違い、騒ぎ立てて眠ろうとしなかった。
【その他】おかしいと思ってなだめたが、籠の中を飛び廻り続けた。

キンケイ（1日前、6時間前、20分前）
※いつも鳴かないのに急に鳴きだす。

クジャク（3日前、6時間前、11分前、5分前、直前）
※何日間か鳴き騒ぎ続ける（イタリアの例を含む）。
※巣に入らない。［中国］
※高く跳び上がる。［中国］
※飛び去っていく。［中国］
※むやみに籠に突き当たる。［中国］
※むやみに飛んだり跳ねたりし、驚きおののいて不安がる。［中国］

ゴイサギ（3週間前、2週間前、1週間前）
※珍しく家の庭やベランダにくる。
※ふだん来ない所へ姿を現す。

例1.
【先行時間】2週間前
【状態】いつも河口付近で夕方5～10羽飛んでいたのが、見かけなくなっていた。
【その他】地震後かなりたってから何羽かが戻って来た。

例2.
【先行時間】1週間前
【状態】付近では見かけたこともなかったのに、ベランダに来て糞をまき散らした。
【その他】糞害がひどく、対策を考えていたが、地震後は一度も姿を見せなくなった。

コウノトリ（30分前）
※興奮して舞い上がる。［ギリシア］

コウライキジ（10～5秒前）→キジ
※ふだんと違い、凄い鳴き方をする。

サギ（1週間前）
※珍しく飛来する。

※いつもいる所からいなくなる。

シギ（3週間前）
※珍しく飛来する。

シチメンチョウ（直前）
※いつもと違い落ち着かずに慌ただしく動き回り、餌を食べない。［中国］

ジュウシマツ（1日前、15分前、10分前）
※行動がおかしくなる（暴れる）。
※騒ぐ（一九七五年一月二三日の阿蘇地震の時の例）。

例
【先行時間】1日前
【状態】前日夜、突然狂ったように籠の網に体当たりするなど異常な飛び方をした。
【その他】地震で鳥籠がひしゃげ、その隙間から脱出した。地震後は弱っている。

シラコバト（数日前、直前）
※震源地から遠ざかるように飛んでいく。［中国］

シラサギ（1週間前、2～1日前）
※一団を成している（営巣地以外で大群を作ることは、あまりない）。
※川の上を飛び、落ち着かず行ったり来たりする。

例1.
【先行時間】1週間前
【状態】公園の溜池の中の人口島で、1本の低木を覆い尽くすほどの集団がいた。
【その他】普段は数羽いる程度なのに地震前は異常に多かった。地震後見られなくなった。

例2.
【先行時間】2～1日前
【状態】川の上を20～30羽、同じ場所を行ったり来たりして飛んでいた。
【その他】餌場への飛び方も平常のように目的がわからないメチャクチャな飛び方だった。

☜ P.62に続く

【コラム】旱魃と地震は関係があるか？

中国の地震研究書『宏観現象と地震』＊によると、紀元前三世紀～二〇世紀前半の間に千回以上の旱魃があり、その間に大きな地震が七百回以上発生し、その比率は約七割。特に華北と渤海付近ではＭ６以上の地震が70回以上発生、うち約六〇回の地震の2～3年前に旱魃が起きている。また中国で発生したＭ７以上の地震と旱魃では、震央地区で約2年前に旱魃が起きている（＊安徽省地震局編／邦訳一九七九年／共立出版刊による）。

一説に二〇世紀に中国で起きたＭ６以上の地震分析では、大規模な旱魃が起きて約2年後にしばしばＭ７以上の強い地震が発生し、旱魃面積に比例してＭも大規模になるという。また広範囲にわたる旱魃後にすぐ発生する地震のＭは小さく、大旱魃後2年前後以内に起きる地震のＭは相対的に大きいことが明らかになっている。

雨が降らない時期が長引くことと地震との因果関係はまだわかっていない。旱魃で地表の水の圧力が減少することが、華北のような地質構造の地域に地震を起こす可能性があるという説もある。

例として二〇世紀に中国で起きたＭ７以上の地震と旱魃地域との関係を上げると、表1になる。また、水害との関係をあげると、表2のような事例がある。

（また、それとは別に水害型地震と思われるものは、以上の他に次のようなものがある）

一五五八年封川地震　一七八二年零陵地震
一八五三年江華地震　一八八六年汕頭地震
一八九三年扶綏地震　一八九八年武宣地震
一九三六年霊山地震　一九五八年霊山地震
一九六〇年圻城地震　一九六二年田林地震

【気象要素】中国の場合、強い地震の季節的な分布は安定している。

①年間にアジア大陸上に二つの気圧変化の最大中心が現れる時期は、強い地震の発生頻度の最大な月と大体において一致し、すべて三～四月（低）

表 1

1963 年 4 月 30 日／青海省阿蘭湖／ M7.0 ／地震の 1 年前（1962 年）に大旱魃
1966 年 3 月 22 日／河北省・邢台／ M7.2 ／地震の 1 年前（1965 年）に大旱魃
1969 年 7 月 18 日／渤海／ M7.4 ／地震の 1 年前（1968 年）に大旱魃
1970 年 1 月 5 日／雲南省・通海／ M7.7 ／地震の 1 年前（1969 年）に大旱魃
1973 年 2 月 6 日／四川省・爐霍／ M7.9 ／地震の 1 年前（1972 年）に大旱魃
1973 年 7 月 14 日／西蔵・亦基台錯／ M7.3 ／降雨の資料なし
1973 年 9 月 29 日／吉林省・琿春東南部／ M7.7 ／地震の 3 年前（1970 年）に大旱魃
1974 年 5 月 11 日／雲南省・昭通／ M7.1 ／地震の 2 年前（1972 年）に大旱魃
1974 年 8 月 11 日／新疆・喀什西部／ M7.3 ／地震の 1 年前（1973 年）に大旱魃
1975 年 2 月 4 日／遼寧省・海城／ M7.3 ／地震の 3 年前（1972 年）に大旱魃
1976 年 5 月 29 日／雲南省・竜陵／ M7.5、7.6 ／地震の 1 年前（1975 年）に大旱魃
1976 年 7 月 28 日／河北省・唐山／ M7.8 ／地震の 3 年前（1972 年～ 75 年）連続的旱魃
1976 年 8 月 16 日／四川省・松潘—平武／ M7.2 ／地震の 1 年前（1975 年）に大旱魃

表 2

1654 年 7 月 21 日／甘粛省・天水／ M7.5 ／地震の 1 年前（1653 年）平地で数 m の洪水
1668 年 7 月 25 日／山東省郯城—莒県／ M8.5 ／地震の前、6 月から長雨が降り続いた
1679 年 9 月 2 日／河北省三河—平谷／ M8.0 ／地震の 1 年前 4 月～ 7 月断続的に大雨
1888 年 6 月 13 日／渤海付近／ M7.5 ／地震の 1 年前河北省で春雹害、5 月大雨、秋大水
1926 年　月　日／泉蘭の永昌／ M ??／地震の 5 日前（1626 年）
1927 年 5 月 23 日／甘粛省・古浪／ M8·0 ／地震の 2 年前（1925 年）河西の走廊水干害
1932 年 12 月 25 日／甘粛省・昌馬／地震の 1 年前（1931 年）甘粛・青海省一帯に干害
1966 年 3 月 22 日／邢台地震／ M7.5 ／地震の 3 年前（1963 年）華北平原大豪雨で洪水

と八～九月（高）である。＊

②秋の気圧変化は春よりも強烈であり、強い地震の発生頻度も八～九月が三～四月よりも大きく、このことは今後研究しなければならない現象である。

③十二月も強い地震の発生頻度が高いが、環流の変化は著しくない。また地震の発生頻度がもっとも小さいのは一月、六月、十一月である。

＊気圧変化の等圧線の二つの分布図は北緯30度～60度、東経90度～120度の地区で、一月が低く、月を追う毎にヘクトパスカルが増え、気圧の山は北緯40度～50度に9月末にできる。

日本の場合、旱魃と地震の関係でもっとも典型的な記録は、一二世紀後半に鴨長明が残した『方丈記』に記載された記事で、それによると、一一八一（養和元）年から翌年にわたって近畿一帯を襲った旱魃による飢饉と、一一八五（文治元）年の大地震が、中国の地震と同じく　飢饉――2～3年間隔――地震　というパターンになっている。

日本の場合、この他には左表のような例がある。

以上のようなデータがあるが、中国と日本では国土の大きさが全く違うので、天候の規模や影響力は日本とは全く違うと考えられる。また日本の場合、現在ではそれほどでないにしても、初夏の梅雨と晩夏の台風がほぼ毎年来襲するため、中国とは気候のパターンが違うので、単純な比較はできないであろう。また旱魃・飢饉・洪水・大雨・長雨がたとえあっても、その数年後に必ず大地震が起きているわけではない。前記のデータでもわかるように、その発生は不規則であり、そうした要素が必ず地震の引き金になるかどうかはまだ確定的なものではなく、地震を引き起こすかもしれない一つの徴候と考えられる。

■日本での旱魃と地震の関係

885（仁和元）年　旱魃―
887（仁和三）年　畿内大地震（間隔2年）

1093（寛治七）年　大雨・洪水―
1096（永長元）年　畿内大地震（間隔3年）

1181（養和元）年　旱魃・飢饉―
1185（文治元）年　畿内大地震（間隔4年）

1360（正平一五）年　飢饉・旱魃―
1361（慶安元）年　畿内大地震（間隔1年）

1496（明応五）年　諸国大旱魃―
1498（明応七）年　太平洋岸大地震（間隔2年）

1602（慶長七）年　風雨・洪水―
1605（慶長十）年　関東で大地震（間隔3年）

1609（慶長一四）年　東国西国洪水―
1611（慶長一六）年　東北大地震（間隔2年）

1674（延宝二）年　畿内洪水―
1677（延宝五）年　東北で大地震（間隔3年）

1701（元禄一四）年　大旱魃―
1703（元禄一六）年　関東・東海で地震（間隔2年）

1704（宝永元）年　関東～四国洪水―
1707（宝永四）年　東海～九州地震（間隔3年）

1767（明和四）年　東海で洪水―
1771（明和八）年　江戸で大地震（間隔4年）

1848（嘉永元）年　東南海で洪水―
1854（安政元）年　東海・南海地震（間隔4年）

1886（明治一九）年　旱魃・渇水―
1891（明治二四）年　濃尾大地震（間隔5年）

P.57からの続き

スズメ（2週間前、1週間前、15日前、4日前、3日前、2～1日前、12時間前、3時間前、2時間前、30分前、10分前、5分前）

※一羽もこない／いなくなる／しめ飾りの稲の籾を食べに来ない。
※無数で（何十羽～数千羽も）整然と群れを成して飛び廻る／電線（ベランダ）に留まり、鈴なりになる／家の屋根や樹木を真っ黒にする（中国の例を含む）。
※数百羽が鳴く。大群で草むらに押し寄せ、騒ぐ。
※屋根や木を埋め尽くす。
※大群が震源地の反対方向へ飛び去る。
※千羽ほどが震源地から離れた方向へ飛ぶ（中国の例を含む）。
※ねぐらを探しに来る。
※むやみやたらと飛び交い、鳴き叫ぶ。［中国］
※コメを食べようとしない。［中国］
※巣に帰らない（離れる／飛び出す）。［中国］
※せわしなく動く。
※いつもくる群が庭に降りてこない。
※脅える。
※いつになく多数が田畑や道路などで円陣を作る。
※注意力が集中せず容易に捕まえられる。［中国］

例1.
【先行時間】1か月前
【状態】川の堤防にいつもの10倍以上の数で集まっていた。
【備考】10数年間で初めての光景だった。地震当日以後は普段の状態に戻った。

例2.
【先行時間】2～1日前
【状態】電線に何十羽～何百羽が声もなく肩を寄せ合うようにびっしりと身じろぎもせず整然と留まっていた。
【その他】鳴き声もなく無気味だった。

例3.
【先行時間】前日夕方

【状態】40～50羽が路上に直径40㎝くらいの密集円を作ってひしめいていた。
【その他】近づくと一斉に飛び立ち、再び15mほど先に同じ円陣を作った。
●スズメの、いつもは見ないような数百、数千羽での集団移動には要注意である。

（伝承など）
▼地震の起きる前にはスズメがいなくなる（富山県小矢部市）。

《注意》
▼雨が降る前などにスズメは特に激しく騒ぎ、ひどく鳴きたてることがある。これは異常な行動ではない。

セキセイインコ（1日前）→　インコ
※前日まで元気だったペットショップのセキセイインコが急に弱る。

ソウシチョウ［想思鳥］（1週間前）
※水浴びをしない（地震後はいつも通りするようになる）。

タカ（直前）
※山の巣から驚いて飛び出す。

ツグミ（24日前）
※無数が鳴き騒ぐ。

ツバメ（直前）
※巣に帰らず、驚いて鳴き叫び、でたらめに飛ぶ。［中国］
※前日、巣を捨てて飛び去る／屋根の下に避難場所を求める。［中国／イタリア］
※運動場に沢山集まる。［台湾］
※渡ってきても巣を作ろうとしない。
※いつもと違ってやってこない。

《注意》

ツバメが低空を飛んだり、ウミツバメが大群で海岸に飛来すると風雨が来る予兆であるという。これは地震前の異常行動とはいえない。また気圧が低下して湿度が増えると、ツバメの餌の多くの昆虫が水蒸気で湿り、低くしか飛べなくなるので、ツバメも低空を飛ぶことになる。

ツル（数日前~当日）
※ふだん姿を見せないのが飛来する。

ドバト ↓ ハト（ドバトはカワラバトを品種改良したもの）。

トビ（1か月前、3週間前、2週間前、10日前、1日前、6~5時間前）
※数十羽が乱れ飛ぶ。
※普段見かけないのが飛んでくる。
※いつもと違って不自然に騒ぐ。

例

【先行時間】3週間ほど前？
【状態】集団が群れながら無茶苦茶な飛び方をしていた。
【その他】その後ある方向（震源地）から離れるように飛び去った。

ニュウナイスズメ（15分前、直前）
※籠の中でやたらと飛ぶ。［中国］
※籠を突きすぎて死ぬ。［中国］

ニワトリ（2週間前、10日前、数日前、4日前、3~2日前、1日前、数時間前、6時間前、5~4時間前、3~2時間前、1時間前、4分前、2分前、直前）
※樹・梁上・屋根などに高く飛び上がって留まる（中国の例を含む）。
※驚いて騒ぎ続ける／一斉に鋭くけたたましく鳴いて止まない（中国の例を含む）。
※巣・ねぐら・小屋に入らない／出たがる／戻

らない（中国、イタリアの例を含む）。
※餌を食べない。
※夜鳴きをする／真夜中から鳴き始める／平常より早く鬨《とき》を作る（中国を含む）。
※産卵量が極端に減る／3分の2に減る（中国の例を含む）。
※雌鳥が鬨を告げる雄鶏のように鳴き叫ぶ。［中国］
※元気がなく、悲鳴を上げる。
※籠の中にいるのが籠を引き摺って逃げる／籠の中で鳴き叫ぶ（中国の例を含む）。
※雌鳥が抱卵を止める。［中国］
※産む卵が全部双子（1つの卵の中に黄身が2つ）である。
※雄鶏が・普段より早く鳴き始める（中国の例を含む）。
※羽毛が抜け、羽根が抜け落ちる。
※複数のニワトリが全部、鳴くのをピタリと止める。

例1.
【先行時間】2週間ほど前
【状態】長年飼っているのが元気がなく柵を越えられなくなり、羽根が抜け落ちた。
【その他】老衰かと思ったが、地震後元気になり、柵から出て元のように動ける。

例2.
【先行時間】10日ほど前
【状態】利根川付近の村でニワトリが塒に入らず梁の上に上がるので飼い主が困った。
【その他】一八五四（安政二）年江戸安政大地震の前（赤松宗旦『利根川図志』）。

例3.
【先行時間】5日前
【状態】いつものようにスーパーで買った鶏卵1パック（10個入り）すべてが双子だった。
【その他】（震源地から）50㎞離れた都市のスーパーでの経験。

例4.

【先行時間】3時間半前
【状態】いつもは朝方6時ちょうどに鳴くのが、当日それより4時間前から鳴き続けた。
【その他】(地震1日前に)普段より早く鳴いた例はこれ以外にもある。

例5.
【先行時間】当日?
【状態】ニワトリがバタバタと樹上に跳び上がったので、人々は驚いた。
【その他】一七七一年四月二四日の八重山「明和大津波」の際。

《注意》
●ニワトリの行動では普通、次のようなことがよくある。これらの行動は異常ではないので、こうした常態をよく見ておくことが異常を見分けるカギになる。注意しておきたい。
▼雨が降りそうな時、蒸し暑い時には巣に入りたがらない。
▼長雨が上がる時は湿気が減って気分がいいのか、外へ出て餌を漁る。
▼雄鶏は樹上などに上がり、鬨《とき》を作って晴れを予告する。
▼イタチやヘビなどが現れた時、小屋でバタバタと羽根を打ち、悲しげに鳴き続けることがある。
▼個体の癖によっては羽根を食いちぎったり卵を食べたりする。
▼平時や曇天や雨天には高所や樹上に上がる習性がある。しかも鳴き方は普通で驚いた様子ではない。

(伝承など)
▼ニワトリが不時に鳴くと地震がある(愛媛県ほか)。
▼ニワトリが夜中に騒ぐのは地震の兆しである(長崎県)。

ハクセキレイ(数日前)

※数千羽が姿を消す。

ハクチョウ（10日前、2時間前）
※岸から遠く離れ、水に入らない。［中国］
※水から離れた。［中国］

ハト・ドバト（9日前、1週間前、数日前、5～4日前、3～2日前、1日前、12～11時間前、数時間前、3～2時間前、30分前、直前）
※一斉に飛び立つ／いなくなる。
※巣から離れて逃げ出す（中国の例を含む）。
※数羽が集まって、驚き慌てて大騒ぎする（中国の例を含む）。
※巣に帰らない／居所を変えたがる（中国の例を含む）。
※数百羽が群がり来る。
※驚いて飛ぶ。［中国］
※焦り不安がる。［中国］
※一か所に固まる／一羽残らず樹上にいる。

※夜空を飛び、地面に降りない。［中国］
※パニック状態になる。［ルーマニア］
※いつも来ている所へ来なくなる。
※イエバトの大群がうごめく。
※長い時間鳴き止まない（実例では5分以上の報告がある）。
※他の鳥と共に100羽以上が一斉に大きく鳴き始め、むやみに飛び廻る。［中国］
※むやみに籠の中で暴れて突き当たる。

例1.
【先行時間】1週間～数日前
【状態】マンション4階のベランダでいつも糞をするハトが、まったく来なくなった。
【その他】糞害で悩んでいたので驚いた。地震2週間後に姿を見せた。

例2.
【先行時間】1日前
【状態】田圃に数百匹の黒く見えるほどの群が飛来して必死で草を食べていた。

【その他】こんな大群を見たのは初めて。余震の前日も同じ。以後は見られなくなった。

例3.

【先行時間】前日夕方

【状態】いつもいる公園のハトが1羽もいなくなった。

【その他】2週間ほど後に元通りに戻っていた。

●いつも見かけるハトは集団で行動していることが多い。神社や寺院はもとより都会の駅などでは比較的まとまった集団を成しているので、明らかにふだんの状態と違う異常な態度との区別・見分けての判断が必要である。またハト以外の動物やその他の異常も同時にチェックすること。

《注意》

▼ハトは視聴覚反応で突然跳び上がることも、空に旋回する猛禽類などの天敵に気付いたためであることもある。また、食物を求めて飛び廻り、空にはばたくのは正常な行動である。観察が不注意だと見損なう。

▼ドバトの異常反応と地震発生との相関性はきわめて顕著であることが中国での研究で判明している。すなわち、

①震央からの距離がほぼ同じ地震では、マグニチュードが大きいほど、ドバトの異常反応は強いし、持続時間は長い。『宏観現象と地震』によれば、

②マグニチュードがほぼ同じ地震では、震央に近いほど、異常反応の強度が大きい。

③大地震に対しては、小地震に対するよりも異常反応の表れる時間が早い。

ヒガラ（1日前）

※いつもいるのが姿を消す。

例

【先行時間】1日前

【状態】いつも山にいるのが、まったく姿を見せなかった。

【その他】ゴジュウカラ、シジュウカラ、マガラもいなかった。

ヒバリ（1日前）
※季節外れに鳴く。

ヒヨドリ（3週間前、2週間前、1週間前、2日前、1日前）
※無数で群れを成す／電線上をびっしり埋める。
※多数で樹木や屋根際を覆う。
※百羽以上が樹上や電線、鉄塔上から震源地方向を見る。
※数千羽がまとまって一方方向へ避難する。
※いつもいる所から姿を消す／来なくなる。
※狂ったように舞い降りる。
※池に飛び込んだりする。

例1.
【先行時間】3週間前
【状態】夕方4時半前後に、市街のビルの間の公園とその周囲の樹木、屋上のアンテナ、電線などに真っ黒になるくらい千羽以上も集まっていた。
【その他】地震の5日くらい後まで集まっていた。

例2.
【先行時間】2日前の夕方
【状態】電柱3本ほどの間の電線に隙間なしの集団がびっしりと留まっていた。
【その他】スズメが1日前に同じ状態だった。

フクロウ（直前）
※珍しく鳴く。

例
【先行時間】当日直前
【状態】十年ぶりに近所のお宮の森で、つがいで鳴く声を聞いて目が醒めた。
【その他】震源地から250㎞の都市で、普段あまり鳴き声を聞かないので珍しかった。

フラミンゴ（直前？）

※いつになく一か所に集まる（アメリカのスミソニアン国立動物公園での目撃例）。

ブンチョウ［テノリブンチョウ］（数日前、2日前、1日前）

※大変騒いで鳴く。

※暴れる。

例

【先行時間】数日前

【状態】オスの成鳥が数日前の夜から急に騒ぎだし、鳥籠の中で飛び廻った。

【その他】地震当日まで続いた（2日前から騒いだ例は他にもある）。

ホオジロ（当日朝）

※ふだんと違って数十羽が集まる。

ホトトギス（4〜3日前、当日直前）

※直前に飛び去り、地震後に戻って来る。

※一晩中鳴き続ける。

※いつも来るのがまったく来ない。

ホロホロドリ（10分前）

※飼育中の数羽がすべて、いつもと違う異常な鳴き方をしながら小屋の中を飛び廻る。

ムクドリ（10日前、5日前、3日前、2〜1日前、9時間前、8〜6時間前）

※集団・大群が震源地方面から飛来する。

※数百羽が電線など一か所に集まって鳴き、飛びまわる。

※大群が飛び廻って大騒ぎする。

※路上にうずくまって簡単に捕まえられ、池の側へ連れて行くと水を飲み、飛び立つ。

※数百羽が池や川などで水を飲む。

※いつもいる所からいなくなる／まったく姿を消す。

例1.

【先行時間】10日前
【状態】夕方4時頃、何千羽もの大群が押し寄せ、けたたましく鳴き騒いだ。
【その他】震源地から50㎞ほどの都市の住宅地。これと似た例は多く報告されている。

例2.
【先行時間】3日前
【状態】（震源地から）450㎞ほど離れた所で朝、庭に数百羽の大群が押し寄せ、池で水を飲んでいた。今までこんなことはなかった。
【その他】庭の木が黒くなるほどだったが、1時間ほど後に飛び去った。

例3.
【先行時間】2日前
【状態】一九七八年六月一〇日夕方6時頃、後の震源地方向から南の方角へ数千羽以上の鳥の大群が長さ数百m、幅も40～50mの大集団で飛んで行った。ムクドリのようだった。
【その他】2日後の六月一二日午後五時一四分、M7・4の宮城県沖地震発生。

《注意》
▼ムクドリは春～秋に大集団を作り、都会などでも街路樹に無数に留まり、昼間は数匹ぐらいのグループに散って餌を漁る。夕方再び決まった樹木やビルの屋上などに帰って集団で眠る。これは彼らの平常の行動であり、いわゆる前兆の異常行動とは違うから、毎日の彼らの行動パターンを知っておかないと、異常かどうかは判別できないので、注意が必要である。実際に秋など都会でも電線に数百羽がびっしりとくっつきあいながら留まり、電線がしなるくらいに見えていることがあるが、これは彼らの普通の行動である。従って、日常での何気ない観察が欠かせない。

メジロ（2日前、1日前、9～8時間前）
※全く姿が消える。
※無数で群れを成す。

※いつもの群でなくわずかに数羽だけ来る。
※飼育しているのが鳴かなくなる。
※鳥籠の中で普段と違い鳴き騒ぐ。

例1.

【先行時間】2日前

【状態】毎年初めに庭へ餌をついばみに来るつがいが、ぱったりと姿を消した。

【その他】蜜柑の皮を千切ってやっていた。地震後また来るようになった。

例2.

【先行時間】1日前

【状態】見慣れた樹木に見慣れないほどの群をなして留まっていた。

【その他】スズメもヒヨドリも一緒だった。

モズ（3週間前、12日前、1週間前、2日前、1日前）

※いつになく集団で来て異様な声で鳴く。
※大群が震源地の反対方向を向いて留まる。

※いつもいたのがいなくなる。
※ふだん見られない大群舞をする。

例1.

【先行時間】約2週間前

【状態】電線に最初2羽で飛んできて留まったが、前日には40～50羽の群になっていた。

【その他】糞害がひどかった。地震3日後には2～3羽になり、他の仲間は飛び去った。

例2.

【先行時間】1日前

【状態】夕方、市街地の公園で大群をなして樹木や電線に留まり、異様な声で鳴き続けた。

【その他】留まりきれない鳥は空中で乱舞していた。地震後はいなくなった。

ヤマドリ［キジの仲間］（1日前、直前？）

※不時に鳴く。

ヤマバト（当日、3～2時間分前）

※普段と違って立て続けに鳴く。
※いつも餌を食べに来るのがまったく来ない。

ユリカモメ（1週間前、3日前、2日前、1日前）
↓　カモメ
※いつになく攻撃的になる。
※いつもいる所からいなくなる。
※大群が移動する。

ヨタカ（2週間前）
※夜間11時頃から午前4時頃まで毎晩鳴く。

その他の鳥（6週間前、1か月前、2週間前、1週間前、17日前、10日前、5～4日前、3～2日前、27時間前、1日前、17時間半前、12時間前、5時間～4時間前、3～2時間前、当日、30～20分前、20～15分前、7分前、3～2分前、直前）
※無数の小鳥が烈しく甲高く囀る／鳴き続ける。
※（ふだん見かけない）鳥が異常に鳴く／数十羽が一斉にうるさく鳴く。
※無数の鳥の群が・飛んで現れ、消える。
※ふだん見かけない何十羽の鳥が電線を埋める。
※数百羽が電線に群がる。
※大群が飛び去る。鳥がいなくなる。大群が消える。
※無数の海鳥の集団が見られる／無数の海鳥の集団が現れる。
※数百羽ほどの渡り鳥がいつもいる所からいなくなる。
※近所の枯木などに種々の鳥が留まり、すごく騒いで30分ほどでいなくなる。
※小鳥が花の苗を食べる／見知らぬ鳥が植木鉢の花などを食べる。
※道路などに野鳥の糞が異常に多い／野鳥の糞を見かけなくなる。
※大型の鳥がベランダにくる／鷲のような鳥が近付く。
※見知らぬ鳥がガラス戸をつつく。

※鳥の群が森に集まる。
※鳥の大群が（震源地と反対方向の）川の上流を目指す。
※親鳥が仔鳥を置いて飛び去る。
※数千羽の鳥が（震源地と反対の方向へ）飛ぶ。
※群が円型を作る。
※籠から逃げ出した小鳥を捕まえると悲しげに鳴く。
※鳥がいなくなる。
※木々の野鳥が一段と騒がしくなる／群をなしておおいに鳴く。
※夜通し非常に鳴く。
※群れをなして町の中を飛び廻り、通行人にぶつかりそうになる。
※見知らぬ鳥が沢山鳴きながら飛び交う／普段見かけぬ鳥がいつの間にか現れる。
※檻の中で飛び廻り、水入れの中で暴れる（イタリアの例を含む）。
※鳥が群をなしてパニック状態になる。［ルーマニア］
※鳥が群をなして騒がしく空中で円を描く。［アラスカ］
※動物園の鳥が鳴き出す。［ユーゴ］

《注意》
▼台風が発生して接近している場合など、海鳥の大群が驚いたように陸に向かって飛び去ったり、疲れて船上や海面に落ちたり休んだりすることがある。
▼鳥の仲間では例えばガン・ツバメ・ツルなどのように、季節の寒暖に従い、長距離の渡りをしたり生活場所を移動したりする種類があるが、これらは鳥類の自然界での正常な活動である。
▼一八二二年と三五年の津波を伴う南米チリの大地震前に、無数の海鳥が陸に飛んできて町の上空を飛び廻ったという記録がある。また一八八七年二月のリヴィエラの大地震の全夜にはいろんな鳥たちが飛び廻り、恐怖におののくような叫び声を

あげた。このような徴候はイタリアの百か所以上で観察されている。

▼渡り鳥が季節の変化に応じて移動して生活圏を変えるのは、正常な行動である。また海鳥が大群で陸に向かって早いスピードで飛び去ることや、付近の海域に台風が発生した時など、ひどく疲れて船上や海面に落ちたり、船上で休んだりするのも異常ではない。

（伝承など）

▼地震の前には鳥は木にとまっている（福井県勝山市）

▼地震の後に鳥（ウ・スズメ）が鳴かないのはその後に来る大地震の前兆である（岐阜県）。

▼大地震後、沢山の海鳥が群れて飛んでくる（津波襲来を示唆する沖縄県八重山の明和大津波の後、残されている言い伝え）。

▼天空を飛び交い舞い飛ぶ鳥類の姿が見えなくなると地震がある（福島県飯坂）。

▼鳥が早口で鳴く時には地震がある（各地）。

▼空を飛ぶ鳥の姿が全く見えなくなる時には地震がある（各地）。

【コラム】動物たちの地震予知のメカニズム

現在までに指摘されている地震予知のメカニズムには次のような推論・学説がある。

■電磁波説

地震に先立つ地殻変動で、岩石に含まれる石英が破壊されると、ピエゾ電気という特殊な電気が発生する。これに対して野生の生物が感応して異常行動をとる。

■帯電エアロゾル説

地下の岩盤の花崗岩に含まれる石英が地殻の変動で摩擦を起こすとピエゾ電気を発生し、地中で静電気を帯びた微粒子（エアロゾル）が出来て、大気に広がり、それに伴って発生する大量のプラスイオンが動物の異常行動を生む。それは、高濃度の帯電エアロゾルが神経伝達物質セトロニンを増して、中枢神経を害し、頭痛や嘔吐、神経過敏症などの「セトロニン症候群」を引き起こすことと関連している。

また、帯電エアロゾルが空気中の水蒸気と結びつき、渦巻き状の「地震雲」を形作ること。また帯電エアロゾルは大気のチリに衝突して空が発光すること。大気中に大量発生した帯電エアロゾルが青い光を散乱させ、月や太陽が赤く見えること。そのために朝焼けや夕焼けが異常に赤くなること。

■イオン濃度説

地震前に生じた大地の細かな亀裂が大気中にラドンを放出し、それがイオン濃度を急激に高める。動物は我々の感知しないメカニズムを通じてイオン濃度を感知している。

■P波感知説

地震が発生すると、伝わる速度が速くてエネルギーが小さい「P波」がまず到着して、小さな縦揺れが発生するその後、速度が遅くてエネルギーが大きいS波が到着し、大きな力を持つ横揺れが発生する。動物たちはこの微弱なP波を、人間よりも早く感知しているのではないか。だが、地震の何日も前にそうした異常行動を見せることがあるのは、P波感知説では説明できない。

■その他の説

地面の傾きや地下水の変異、微かな振動、電磁気的な変化、熱（マグマの沸きたち）、ガスなど、何らかの手がかりを感知して避難行動へと駆り立てているのでは。すべての脊椎動物は身に降りかかる危険に対して逃走本能を持っているから。

＊単純に考えて、脊椎動物たちだけでなく、無脊椎動物、昆虫や貝などもまた、地震予知の能力（事前に逃げるなど）を持っていること——これら高等動物から下等動物までが一斉に逃げる——は、もっと原始的な部分で人間が失ってしまった感覚を彼らがもっているからではないかと思われる。広く考えて、生物が「危険であること」を察知するのは、人間でいうところの「虫の知らせ」とか「第六感」とかいうものと近いメカニズムではないかと考えられる。五感で捉え得ないものを捉える能力ではないだろうかと思われる。

【コラム】日本の大地震発生の月日別頻度

あまり科学的なデータではないが、大地震の年表作成にかかっている時、主な被害地震（原則として死者1以上、又は家屋などの全壊〔潰〕1以上、又は津波規模1以上の）月別と日別の発生頻度を調べた。旧暦を新暦に直し参考までにデータを取ってみた。これは地震の記録がある6世紀から現在までのトータルである。

まず、月別の頻度数の順位を見てみると、次のようになる。（　）内はデータ数。

①八月（170）、②五月（147）、③三月（146）、④一一月（137）、⑤九月（136）、⑤一〇月（136）、⑦七月（135）、⑧一二月（131）、⑨六月（129）、⑩一月（121）、⑪二月（110）、⑫四月（109）

次に、日別の頻度数の順位をとってみると、次のようになった。まず、日別で頻度の多い日の順位（⑮位まで）。カッコ内はデータ数。

①一二日（66）、①二六日（66）、③四日（63）、③二〇日（63）、⑤二七日（61）、⑥一日（60）、⑦二一日（58）、⑧八日（57）、⑧二八日（57）、⑩一〇日（56）、⑪一三日（55）、⑪一四日（55）、⑪二三日（55）、⑭一八日（54）、⑮三日（53）、⑮七日（53）、⑮一六日（53）、

次に、日別で頻度の少ない日の順位（⑬位まで）。カッコ内はデータ数。

①三一日（28）、②二九日（37）、③一五日（39）、④二日（42）、⑤一九日（43）、⑥一七日（45）、⑦二四日（46）、⑧二五日（47）、⑨六日（49）、⑨三〇日（49）、⑩九日（50）、⑪五日（51）、⑪一一日（51）、⑬二二日（52）、

しかし、ためしに阪神淡路大震災（一月一七日）と、東日本大震災（二〇一一年三月一一日）をこれに照らし合わせてみると、ほとんど当たっていないので、確率が高いとは言い難い。データとしては面白いが、確率的にはあまり役立つとは言えないだろう。旧暦で換算して出すとまた結果は違って、もう少し確率の高いものになるかもしれない。

第三章　魚類、貝類、両生類、甲殻類ほか

立石神社
（千葉県富津市篠部所在）

元禄地震（1708 年）当時の江戸（現・東京）湾に津波侵入の際、石材を積んで航行中の船が押し流され、富津岬の海岸から 1.7㎞ほど内陸の東側の水田に座礁した場所。当時船が積んでいた石材で作られた神社。北（写真の左）側は用水を隔てて微高地になっており、南側は現在も水田地帯。古くはこの水田の部分を川が流れていたらしい。

魚類や軟体動物

など水中にすむ生物は海底の地殻変化をいち早くキャッチする独特の能力を持っているようである。このリストで顕著なのは、特に海底で生活する生物、カレイやヒラメ、イカやタコ、エビやカニなどの動静である。

これらの生物に共通しているのは、普段の状態では直接地面に体を付けて生活しているとか、砂の中に潜っているとか、穴を掘ったり岩陰で生活しているというような生態を持つものが多いことである。

また、普段は海中の中層や下層で遊泳して生活している魚類、アジやイワシなどが、海底での異変を感じるのか、地震の前に海の上層に上がってくる場合も多い。

さらに顕著なのはいわゆる深海魚がこうした地震などの天変地異の際に上層へ現れることである。このタイプでもっともよく知られているのは、リュウグウノツカイという、数メートルにも及ぶ大きな深海魚が地震の前に捕獲されている例である。これは二〇一一年の東日本東北大震災の前にも発見されている。

戦前の物理学者・寺田虎彦（一八七八〜一九三五）は関東大震災の調査の際、相模湾の漁港に水揚げされた漁獲の多寡を調べ、魚類が事前に地震を予知して移動したり、ふだんと異なる行動をとることを数字で証明して見せた。

魚博士で知られた末広恭雄氏の研究では、地震前の魚類などの異常生態として、次のような例があげられている（ここでは主に末広氏の『魚と地震』ほか、著作を参考にした）。

魚類などの異常行動の分類

イ、今までいた魚が、ある水域から全くいなくなる。

ロ、海岸や川の河口などに多くの魚が集まってくる。

ハ、多くの魚が水面に群がり、盛んに跳ねたりする。

ニ、通常では姿を見せない魚が突然現れる。

異常な生態

A、異常な移動をする

（イ）集合の例

①大漁（イワシ、アユ、フナ、海水魚など）

②異常集合（ウナギ、ウグイ、海水魚など）

（ロ）逃避の例

①平常の棲息地から出る（ウナギなど）

②海から川へ逃げる（イワシなど）

③水中から陸へ逃げる（カニ、スッポンなど）

④漁場から逃げる（不漁／カツオ、キス、タコ、ブリ、マグロ、汽水の魚など）

⑤潜伏する（タコなど）

⑥海底から離れる（アワビ、サザエなど）

⑦震源地から遠ざかる（コイなど）

B、普段と異なる出現

①時期外れの出現の例（アユ、ウナギ、サバ、サンマなど）

②通常いない所に出現の例（イワシ、イワナ、ウナギ、サバ、フナ、深海魚、沼底の魚など）

C、異常な行動をする

①常になく騒ぎ立てる（コイ、ナマズ、ボラ、他、淡水魚など）

②水上に跳躍する（コイ、ナマズ、フナなど）

③水面に浮きあがる（コイ、フナ、ボラなど）

④水面から沈みこむ（コイ、海水魚、水槽の飼育魚など）

D、大量死

イワシ、ウナギ、コノシロ、ボラ、海水魚、淡水魚など

E、大量繁殖

ナマズなど

魚類などが地震前に異常な生態を始める先行時間

（統計による一般的なもの）

①数か月前　ウナギ、サンマ、ハガツオなど

②数十日前　ウナギ、マグロなど
③約1か月前　ウグイ、ウナギ、ナマズ、海水魚など
④約20日前　ウナギ、ボラなど
⑤約10日前　イワシなど
⑥数日前　アワビ、イワシ、ウナギ、エビ、カニ、サザエ、サヨリ、深海魚、ドジョウ、ナマズ、ハゼ、マス、海水魚
⑦約1日前　アユ、イワシ、ウナギ、クロダイ、コイ、コノシロ、サバ、スズキ、ナマズ、フナ、ボラ、マス、海水魚、淡水魚
⑧数時間前　イワナ、ウナギ、カツオ、海水魚、コイ、深海魚、タコ、淡水魚、フナ、メヌケなど
⑨10数分前　キンギョ、コイなど
⑩数分前　コイ
㊟　以上のデータは個体や状況、環境などによって異なる。

異常行動の目撃例の多い魚などの事例数（カッコ内はその数）

①海水魚一般（23）、②ウナギ（22）、③イワシ（15）、④コイ（13）、⑤ボラ（11）、⑥フナ（10）、⑦ナマズ（8）、⑧アユ（7）、⑨淡水魚（6）、⑩ウグイ（5）、⑪サバ（5）、⑫マス（5）、⑬カツオ（5）、⑭イワナ（4）、⑮カニ（4）、⑯タコ（3）、⑰スズキ（3）、⑱深海魚（3）、⑲アワビ（2）、⑳エビ（2）、以下、キンギョ（2）、クロダイ（2）、コノシロ（2）、サザエ（2）、サヨリ（2）、サンマ（2）、ドジョウ（2）、タコ（2）、ハガツオ（2）、ハゼ（2）、メヌケ（2）、イカ（1）、ウミヘビ（1）、ギギ（1）、キス（1）、スッポン（1）、ババガレイ（1）、ブリ（1）、水槽の海魚（1）
（末広恭雄『魚と地震』一九五七年／新潮社、『魚の博物誌』一九七一年／雷鳥社、によるデータに他の資料を付け加えて作成）

種類別の事例（今村明恒、末広恭雄、武者金吉の

報告、『阪神淡路大震災の前兆現象1519！』の報告その他を参考にした）

【魚類・軟体動物（貝類、イカ、タコ等）・両生類（カエル等）・甲殻類（カニ、エビ）を含む】

地震前の魚類をはじめとする海水や淡水の中の生物の反応には、以下のようなものがある。

アイナメ（数日～1日前？）

※大漁捕獲される。

例

【先行時間】数日前

【状態】平常は漁場によって漁獲物の種類がほぼ一定している。

【その他】当日は様々な魚が同時に獲れた。

アカエビ（数日前～1日前）

※大漁捕獲される。

例

【先行時間】数日前

【状態】深海性のアカエビがイワシ大敷網や手繰網に大量にかかった。

【備考】一九二七年三月七日の丹後地震の前。深海性の生物が地震前にはよく釣れたり、現れることがある。

アサリ［貝類］（2日前）

※いつになくたくさん捕れる。

※いつになく全然獲れない。

アジ（2週間前）

※いつになくよく釣れる。

※いつになくまったく釣れない。

アブラコ（数日～1日前）

※普段と違って大漁捕獲される。

アユ（5～4日前、半日前、4～3時間前、2時

間前）
※例年になく大漁となる。
※季節外れに多数獲れる。

例

【先行時間】１日前

【状態】酒匂川で平常と全然違い午前中まったく釣れず、午後驚くほど連続的に釣り上げた。

【その他】翌日の関東大震災の大地震で付近は崖崩れを起こした。しばしば地震直前または地震前後に、いつになく大漁に釣れる例は川魚でも海の魚でも見られる。

アワビ［ミミガイ科の貝］（５〜４日前）
※沖に移動する。
※海底から離れる／浅い所に移動する。
●魚の水揚げの減少と同時に、アワビやサザエが海底を遠くへ離れるという報告がある。

イカ［頭足類／アオリイカ・スルメイカなど］（７日前、５日前、３〜２日前）
※空前の大漁で10数倍も獲れる（過去最大の漁獲量）。
※以前の大地震当時と同じく海岸に多数浮き上がる。
※普段獲れない種類が獲れる。
※ふだん漁獲のある所で全く不漁である。

例1.

【先行時間】数日前

【状態】一九九五（平成七）年一月上旬、紀伊水道の徳島県側でアオリイカが例年の10倍の漁獲高を上げた時、古老たちは「地震でも来るのでは」と心配した。

【その他】一七日の阪神淡路大震災の数日前。

例2.

【先行時間】３〜２日前

【状態】一九六四年六月上旬、福井県沖の日本海でかつてなかったイカの不漁。

【その他】同月一六日新潟地震発生。

（伝承ほか）

▼スルメイカが大漁の時には地震に気をつけよ（徳島県宍喰町）。

㊟これは南海地震の前などにスルメイカが豊漁だったことから伝えられている言葉である。阪神淡路大震災の前にも同じことが起きた（同様の報告は複数ある）。

●サンマ漁の船でサンマはまったく獲れず、イカが未曽有の大漁だったという例もある（一九三八年一月上旬、静岡県伊豆半島東岸付近。その後一一日零時頃紀州田辺地震発生）。

イセエビ［甲殻類十脚目イセエビ科］（2日前）

※大漁捕獲される。

※海岸に上がって死ぬ。

例

【先行時間】数日前～当日

【状態】志摩半島沿岸で一九四六年一二月二一日の南海道地震前、イセエビが大漁だった。

【その他】和歌山ではイセエビが海岸に上がって来て死んでいた（阪神淡路大震災の前）。

イナ　↓　ボラ

イワシ［カタクチイワシ、セグロイワシ、マイワシなど］（2～1か月前、3～2日前、1日前）

↓　カタクチイワシ

※海面を泳ぐ（チリの例を含む）。

※動きがおかしい。

※大群が川をさかのぼる／海岸や港湾に押し寄せる。

※大漁となる（岸から近い沖合で子供でも30～40匹も釣れる）。

※腹の中に泥がある。

※稚魚が大量に獲れる。

例1.

【先行時間】 数日前〜当日

【状態】 一八五六（安政三）年八月二三日の三陸沿岸大津波前、大量に海岸へ押し寄せ、時には塊となって網に入ることもあった（同様の報告は一九二三年九月の関東大震災の前の八月に品川で目撃されている）。

【備考】 一八五四（安政元）年〜五七年には10回ほど大地震（京都・畿内・全国・東海道・江戸・陸中・駿河・京都・京都・京都）が続いた。

例2.

【先行時間】 数日前〜当日

【状態】 一九二三（大正一二）年の関東大震災前、神奈川県の海岸へ大量に押し寄せ、川を大群がさかのぼったという。

【その他】 同じことが一九三三（昭和八）年の三陸海岸大津波前、大量にイワシが押し寄せ大漁となり、津波後にはイカが大漁という前例があり「イワシでやられてイカで助かる」という言葉が残されている。

イワナ（12時間前）

※異常に多く釣れる。

例

【先行時間】 当日直前

【状態】 晴天であまり釣れないのが、その日に限ってよく釣れ水中に魚影が見えた。

【備考】 一九四六年一二月二一日の南海道地震前。普段は隠れて姿を見せない魚である。

ウグイ（1時間前）

※いなくなる・姿を消す。

※普段いない場所に現れる。

例

【先行時間】 1か月ほど前

【状態】 盛夏の頃から15㎝ほどのウグイが山間の小川に集まり、ウナギも多数出現。

【備考】 平常は水もほとんどなく魚類もいないの

で、珍しいことと思った。

ウナギ（3か月前、1か月前、20日前、4～3日前、1日前）

※巣穴から出る／港近くの河岸の岸壁の石の隙間から多数が首を出す。

※海岸に多数押し寄せ、投げ網でバケツ3杯もとれる。

※山間の小川に多くみられる／異常に多く現れる。

※飛んだり跳ねたりする。

※多数が川をさかのぼる。

例

【先行時間】数日～当日

【状態】一八五四（安政三）年と一九三三（昭和八）年の三陸海岸大津波の際、無数のウナギが海岸に押し寄せ、子供が手掴みしたり、200匹以上捕獲した人もいた。昼間も砂浜の穴からウナギが体を半分ぐらい突き出し、鳥までが砂を掘って食べていた。

【その他】これと反対に一九二三（大正一二）年九月一日の関東大震災前、千葉県姉ヶ崎では用水堀の多くのウナギがすべてどこかへ逃げて1匹もいなくなったという。

（ウナギの異常行動については末広恭雄氏の『魚と地震』を参考にした。）

ウミヘビ［海蛇／無足魚類］（直前）

※川をさかのぼる（一八九一年の三陸大津波前の例）。

エノハ［アマゴ、ヤマメの地方名］（5～4日前）

※普段あまり獲れないこうした魚が獲れる。

エビ（1か月前、7日前）

※1か月ほど前から不漁。

※海岸で異常に多く現れる。

※普段獲れない種類が獲れる。

カタクチイワシ［セグロイワシ］（5日前、1日前、当日） → イワシ
※大群が海岸や湾の奥に現れる。
※いつになく大漁になる（地震後はまったく漁獲なし／一九二三年の関東大震災前後）。
カツオ（1日前、4～3時間前、3～2時間前）
※海岸近くに押し寄せる（チリの例を含む）。
※常になく大漁となる。
※ふだん獲れない所で獲れる。
※ふだん獲れる漁場で例年になくまったく不漁である。
例1.
【先行時間】当日
【状態】一九二三（大正一二）年関東大震災直前、千葉県館山市沖ノ島付近で普段獲れない所で大量に獲れた。沖合5㎞あたりで竿を下ろせばすぐ釣れる状態だった。
【その他】沖ノ島と鷹島はこの地震で隆起し、現在は陸と繋がっている。
例2.
【先行時間】1日前～当日
【状態】一九四六（昭和二一）年一二月二一日の南海道地震前、三重県尾鷲市付近でカツオの大漁捕獲があった。
【その他】同地の漁師は一九四四（昭和一九）年の東南海地震の経験から、また地震があると予言し、果たしてその通りになった。
●紀伊や四国でハガツオを「ナイ」または「ナエ」というのは、かつて地震や津波の前にハガツオが獲れたので、地震の古称である「ナイ」「ナエ」をハガツオに付けたのかもしれない。
カニ（4か月前、4週間前、2日前、22時間前、8～7時間前）
※いつもは港湾のテトラによくいる小さな赤いカニが1匹も姿を見せない。

※数十匹が浮かび上がる。
※陸上に向かって移動する。
※漁期でない時に水深20～30mで大量の捕獲がある。［中国］
※家屋の棟木に這い上がる。［中国］
※1km足らずの間に陸地に10数匹のカニが出る。
直前の5～6時間前にはすべて姿を消す。

例1.
【先行時間】 4か月前
【状態】 数十匹の赤い小型のカニが海岸線から100m陸上まで30分位で這い上がって来た。
【その他】 これと似た例で毎晩無数のカニが足の踏み場もないほど上がって来る例がある。

例2.
【先行時間】 一九二三年九月一日の関東大震災の2日前
【状態】 横浜市の海岸でカニが陸に向かってゾロゾロ這っていた。
【その他】 横須賀市でも防波堤に無数のカニが這い上がり、1時間に数百匹獲れた。

（カニの異常行動に関しては末広恭雄氏の『ナマズ地震感知法』を参考にした。）

カレイ ［ババガレイなど］（3か月前、2週間前、数日前、2日前～当日）
※普段と違い全く釣れないか、少ししか釣れない。
※飼育しているカレイが跳び上がり、水槽の蓋を吹き飛ばす。

例
【先行時間】 阪神淡路大震災の2日前
【状態】 4日前まで2ケタ獲れていたが、2日前には一匹も釣れず餌さえ取られなかった。
【その他】 震源地から約35kmの海岸で、その他の魚も全く釣れなかった。

カワフグ（2日前）
※全く姿を消す。［中国］（カワフグは長江〈揚子江〉や黄河の汽水域に棲むフグ。）

ギギ［ナマズ科の淡水魚］（10～3時間前）
※いつになく大漁になる。
例
【先行時間】当日直前
【状態】平常1日で4～5匹なのに、この日に限り正午過ぎまで8kg近く釣り上げた。
【その他】一九〇九年八月一四日午後三時半過ぎ、姉川地震の直前。

キス（数日前～当日）
※まったく釣れなくなる。
例
【先行時間】数日前～当日
【状態】一八九一（明治二四）年一〇月下旬、愛知県熱田海岸でいつもと違ってまったく不漁だった。従来の経験から地震を予想。
【その他】同月二八日、濃尾地震（根尾谷断層が動いた）発生。

キュウリエソ［深海魚］（？）
※海岸に大量に打ち上げられる（二〇一二年六月隠岐での例）。

キンギョ（5日前、3日前、1日前、7～6時間前、1時間前、直前2分前）
※跳びはねたり、水面ジャンプする／水槽から飛び出す。
※一斉に浮き上がる／鼻上げ状態になる。
※餌を食べない。
※動きが普通と違い、おちつかない。
※暴れ出す／異常に元気に泳ぎ廻る。
※水槽のガラスに体当たりする。
※腹を見せて泳ぐ。
※一斉に池の底に沈み、浮かび上がってプカプカ漂う。
※一か所に固まって動かない。
例1.
【先行時間】3日前

【状態】一切餌を食べず、泳ぎも少なくなった。南米産の熱帯魚は変化がなかった。
【その他】水質・水温をチェックしたが異常はなかった。地震後は元に戻った。

例2.
【先行時間】3〜2時間前
【状態】飼っている水槽が急にやかましくなったので起きると、水面で暴れ、藻が空気ポンプに絡んでいた。
【その他】ポンプを水中から取り出したが、水面ギリギリのところで盛んに動いていた。

キンメダイ（1日前）
※好漁場なのに全く釣れず、地震2日後から3〜4日は異常に釣れる。

クーリーローチ〔熱帯魚〕（1日前〜当日）
※暴れ出す。

グッピー〔熱帯魚〕（1日前〜当日）
※固まって震源地とは反対の方を向く。余震の際にも同じ状態になる。

クラゲ〔腔腸動物〕（2〜1日前）
※見かけないエンドウ豆大の大群が出る。〔中国〕
※河口付近で突然に増加する。

《注意》
クラゲは夏の盛りから終わりにかけては平時でも大量に発生することがある。

クロダイ　→　チヌ

コアジ（数日前〜当日）　→　アジ
※いつもならよく釣れるところで全く釣れない。

コイ（5日前、1日前、9時間前、5〜4時間前、4〜3時間前、1時間前、15〜10分前）

※常になく浮き上がり、跳びはねる。
※落ち着かぬ様子で、超スピードで泳ぎ回る／異常な勢いで川をさかのぼる。
※池や沼、釣り堀センターや養魚場などで数百匹が暴れ騒ぐ。
※いつもいる所からいなくなる／姿を消す。
※餌を食べず泳がずじっとしている／水中で皆が同じ方向を向く。
※池の中層／一番深い所に集まる（平常に見られるのと違い、水深のある場所の場合）。
※池沼、河川などでいつになくたくさん釣れる。
●一九二三年の関東大震災、三三年の鳥取大地震、四八年の福井大地震の2か月〜直前まで、大量に浮上する、頻繁に水中で躍動する、水面に跳び上がる、あるいは深い所にかたまって留まり、一方向を向き集団で静止している、などの例がある。

（伝承など）

▼コイが一度に水面に跳び上がる時は地震の前兆である（各地）。

コッピー［熱帯魚］（数日前〜当日）
※水槽の底で動かない。

コノシロ（12時間前）
※数百匹が海岸近くに突然現れる。
※海岸近くで多数が浮き上がって死ぬ。

例
【先行時間】 16日前
【状態】 夕方時半、震源地から4㎞の漁港で今までにない異常な多数が群れていた。
【その他】 背中が月光に照らされ、漁港の水面に氷が張ったように見えた。

サケガシラ［深海魚］（4か月前）
※定置網に入る／漂着する。

サザエ［巻貝］（5～4日前）
※沖に移動する。
※海底から離れる／浅い所へ移動する。
※岩などへの吸着力が普段よりも強くなり、剥がせない。

サバ［ホンサバなど］（10日前、12時間前、当日）
※水面で多数が跳ねる。
※全く姿を消す（漁獲量が減少し収穫なし／中国の例を含む）。

例
【先行時間】数日前～当日
【状態】一九三三（昭和八）年三月、青森県八戸市金浜海岸で今まで釣れなかったサバが初めて釣れた。同月三日、三陸海岸大津波が襲来。
【その他】岸から近い沖合で簡単に釣れるほどだったという別の記録もある。

サメ（数日前～当日直前）
※突然群れを成して現れ、上になり下になりして跳ねる。［中国］
※まったく釣れなくなる（一九三三年三陸海岸大津波前）。

サヨリ（6日前、5日前、3～2日前）
※快晴に大群が海岸に押し寄せる（一九三九年五月一日の男鹿半島大地震6日前）。
※いつになく大漁となる（一九四六年南海道地震前の三重県熊野灘沿岸の例）。

サワラ（10日前）
※他所へ移動するのか、まったく姿を消す。［中国］

サンマ（3か月前、2か月前、5日前）
※いつもよりも早い時期に漁獲がある。
※漁獲期に全く漁獲がない。

シイノハ［スズキ目、ヒイラギ科ヒイラギの地方

名」（5～4日前）
※普段獲れないのが漂着するのか漁網にかかる。
シギウナギ［深海魚］（3日～当日）
※いつになくこうした深海魚が獲れる／浅い海に現れる。
（一九三三年三月三日の昭和三陸地震当日、小田原の漁師が捕獲し末広恭雄氏に届けた。）
シタメ［レンギョ、レンコの別名。ハクレン＊ともいう］（2日前）
※水面に漂い浮いて動かず、地震直前水面で跳ねる。［中国］
※岸に跳ね上がる。［中国］
▼ハクレンは中国原産の淡水魚。日本にも持ち込まれ、利根川（茨城県五霞町と境町の町境付近が有名）などにも棲息する。六～七月頃の産卵期に水面に跳び上がる動作を繰り返すことで知られる。これは例年の行動で、地震の前兆とは違う。

一種のよく知られた習性なので注意を要する。
シマドジョウ（直前）↓ ドジョウ
※態度が普段と違い、動きがおかしい。
※姿を消す（水槽での飼育などの時には、底に敷かれた小砂利や砂の中に隠れる）。
※暴れて死ぬ。
シャコ（1日前？）
※大量に浮き上がってくる（阪神淡路大震災の前。淡路島の例）。
深海魚［水深200m以上の海に棲む魚、チョウチンアンコウやネミクチス・アヴォゼックなど］（5日前、3日前、4時間半後）
※ふだんと違い、浅い海へと移動し、海面を漂う（震源域の異常を感じて逃げる？）。
※漁師のクモ網にかかる。
スズキ［セイゴはスズキの若魚。次にフッコとな

る」（1日前、20時間前、12時間前）
※いつになく釣れて大漁となる。
※全く釣れず。

スマトラ〔熱帯魚〕（当日）
※飼育の水槽の中で藻の間や岩の隙間などに隠れる。

セイゴ（数日前～当日）
※全く釣れない。

タイ（10日前、20時間前、1日前）
※いつになく大漁になる（淡路島の例。阪神淡路大震災の1日前）。
※大型のものが普段と違い豊漁となる。

例
【先行時間】数日～当日
【状態】一九三三（昭和八）年四月末～五月一日、秋田県男鹿半島北浦町でタイの大漁捕獲があった。一日男鹿地震が発生。

【その他】平常は漁場により漁獲物の種類がほぼ一定しているが、当日はいろいろな魚が同時に釣れた。

ダイオウイカ（2日前）
※深海性で大型のダイオウイカが獲れる／船から目撃される。

例
【先行時間】2日前
【状態】一九六八年五月上旬。小田原市の海岸で体長6ｍのダイオウイカが獲れた。
【備考】2日後の一六日、十勝沖地震が発生。
●同様に一九八〇年六月二九日伊豆川奈沖地震の4時間ほど前に目撃されている。

タウナギ〔タウナギ目タウナギ科タウナギ属〕（数日～当日）
※いつになく活発に動く（水面と水底を落ち着きなく活発に往復）。

タカアシガニ（16～15日前）
※深海性の大型カニが獲れる。
《注意》
春の産卵期には浅海に移動する習性がある。

タコ（6日前、1日前）
※海岸に近づく（チリの例を含む）
※酔ったようになって上陸する。
※酔ったように水上を漂う。

例
【先行時間】1日前～当日午前10時頃まで
【状態】秋田県八森村・男鹿中村でタコが続々酔ったようになり陸へ上がって来た。
【その他】当地では平素タコは獲れない。当日一九三九年五月一日男鹿地震発生。

ダボハゼ（5日前）
※ふだんとはまったく違って、異常なほど多数が海岸に群がる。

タラ（6時間前）
※まったく釣れなくなる（一八九六年三陸海岸大津波前の例）。
※死魚が多数浮かぶ。

例
【先行時間】当日地震直前
【状態】漁師が漁場近くでタラ科の深海魚が多数死んで浮かんでいた。
【その他】何かあると思って陸に戻ったら、間もなく関東大震災が発生。

チヌ［クロダイの異名］（9日前、数日前～当日）
※大型のものがいつになく数十匹も釣れる。

テング［スズキの仲間の俗称。新潟では「タツ」］（数日前～当日）食用魚ではない。
※1匹も釣れない。

トコブシ［巻貝］（1か月ほど前）
※海岸近くでいつになく沢山獲れる。

ドジョウ（4～3日前、6～5時間前、2時間前、5分前、直前）**↓**　シマドジョウ
※いつになく活発に上になり下になり動き、不安なのか止まらず落ち着かない。［中国］
※突然潜ったり浮きあがったり、上下にごった返して泳ぎだす。［中国］
※下水で一斉に跳ねる。
※水槽から飛び出して死ぬ。［中国］
※水を落とした田から多数が現れる（一八九一年愛知県丹羽郡での濃尾地震前の例など）。

例1.
【先行時間】1週間前
【状態】水槽で飼っていたが姿が見えなくなった。地震後には水槽で泳いでいた。
【備考】恐らく底に敷いた砂利の中に隠れていたらしい。同居のナマズも同じだった。

例2.
【先行時間】1日前？
【状態】キンギョと共に飼育しているのが、狂ったように上下運動を繰り返していた。
【その他】呼吸も異常に速く、体の表面も青白くなっていた。地震後は元に戻った。

●ドジョウは「天気魚」とも呼ばれ、活動には天候や水温と関係があるといわれる。通常でも上記のような兆候を見せることがあるので、他の事象が現れているかどうかを注意しておく必要がある。ドジョウだけの単独行動での判断はできない。

トビウオ（数日前～当日）
※（ハマトビウオが）異常に豊漁となる。

ナマコ（棘皮動物／3～1日前）
※全く獲れない（一九三三年三陸海岸大津波前の例など）。

ナマズ（20日前、10日前、5～4日前、3日前、2日前、1日前、3～2時間前、1時間前）

※飼育されている水槽を割る／暴れ回る／騒ぐ。

※普段水底にいるのが、水面に上がってきたり、泳ぎまわる。

※異常に激しく動き、のたうつ（池で餌をもらうコイの上に乗ったりする例）。

※今まで獲れなかったのが急に獲れ出す・容易に大漁になる。

※夜行性なのに、昼間水面でいつになく跳ねる。

※まったく姿を消す。

※異常繁殖する（産卵期は5～6月／関東大震災の1か月前の川崎市、川口市での例）。

※川の中央と岸に多数集まる。

※ウナギ漁でウナギが全くかからず、ナマズばかりかかる。

例1.

【先行時間】1か月前～当日

【状態】川口市や川崎市で多数の子ナマズが繁殖。元来水底で動かないのが、川の真中や岸でウヨウヨしていた。この時だけの現象だった（古老によれば地熱の上昇が原因とも）。

【その他】前日、池の中で暴れ水面に跳び上がっていた。

例2.

【先行時間】1日前～直前

【状態】池のナマズがいつになくコイのように跳ねたのが目立った。

【その他】翌日、一九二三年九月一日の関東大震災発生。

●ナマズ研究の先駆者で、東北大学理学部生物学教室で教鞭をとった畑井新喜司博士（一八七六年～一九六三年）の研究では「ナマズが異常な動きをするようになってから8時間後に地震が発生する／反応の強弱は地震の振幅の大小に比例せず、震源地の距離に比例する／実験用ナマズは水槽の電圧の最高時でなく、それまでに急速に達する時、または急下降する時に動く／地震前の地電流が影響して、地震発生の数日~数時間前に暴れるのではないか?」とコメントしている。但しナマズにもかなり個体差があることが知られている。

（伝承など）

▼ナマズが髭を動かすと地震が起きる（山梨県、長野県、愛知県、宮崎県）。

▼ナマズが水面に浮かぶ（騒ぐ）と地震がある（香川県など）。

▼地の下でオオナマズが動くと地震がある（各地）。

▼ナマズが尾っぽを降ると地震になる（愛知県）。

▼ナマズの動作が敏活な時には地震が近い（滋賀県）。

▼ナマズの髭の辺りに泡が生じる時には地震がある（各地）。

●某自治体の水産試験場で試験的に飼育されたが、結果が出ずに飼育は停止されている。

ナメダガレイ（数日前~当日）

※大漁に漁獲がある（一九三三年三月三日の三陸海岸大津波前の例）。

ナマコ（2~1日前）

※普段と違って全く獲れなくなる。

熱帯魚（1日前）

※普段と違って動きがおかしい／普段と違う異常な動きをする。

※かたまって泳ぐ。

ハゼ（7日前~当日）

※飼育している水槽を飛び出る。

※異常に多くみられる（釣竿を垂れるたびにいくらでも釣れるような状態）。

例

【先行時間】一九二三年九月一日の関東大震災の1週間ほど前
【状態】鎌倉の由比ヶ浜と東神奈川の川の淵で、ハゼが異常に発生してバケツに数ℓ獲れた。
【その他】ボラやイワシなどでも同様の例がある。

ババガニ（数日〜当日）
※姿が消える。

ハマグリ（数日〜当日）
※海岸に押し寄せる（チリの例を含む）。
※いつになくたくさん獲れる。

ハヤ（3〜2時間前、直前）
※飼育しているのが異常な騒ぎ方をする。
※河川や池沼でいつになく多数獲れる。

例
【先行時間】2時間前
【状態】相模川でアユ、ハヤなどが打ち寄せ、気持ちが悪くなるくらい獲れた。
【その他】横浜の大岡川でも同様にイワシの大群が現れた。関東大震災直前。

ヒラ［ニシン科］（1時間前）
※海面を上になり下になり特別に激しく跳躍する。［中国］

ヒラマサ（6時間前〜当日朝）
※前日まで釣れたのが全く釣れなくなる。

フナ（1日前、5〜4時間前、4〜3時間前）
※いつになく大漁になる。
※浮き上がる。
※池や沼で沢山獲れる。
※池や沼で多数が1か所に集まる。

例
【先行時間】数日前〜当日
【状態】一九二三年五月〜六月頃、山梨県の山中

湖の水が濁り始め、九月一日の午前中にフナが大量に獲れた。
【その他】濁りは震災後の一〇月頃にやっと消えた。また山中湖は湖中に古い火口跡がある。

プランクトン（水中を浮遊する生物の幼生や植物の珪藻・海藻類／3～2時間前）
※表層に集まる（一九二三年九月一日午前中、東京湾口での採集時の例）。

ブリ（3～2日前）
※定置網漁場で例年より20日前後早く漁獲がある（地震後は漁獲なし）。
※群をなして驚いたように逃げる。［中国］

プレコ［熱帯魚］（数日前～当日）
※暴れて死ぬことがある。

ホタテガイ［貝類］（数日前～当日）
※海辺に出てきて死ぬ。

例
【先行時間】1週間前
【状態】震源地から40㎞の海岸で、貝殻が開いた状態で打ち上げられていた。
【その他】死後7～8時間のようだった。

ボラ［若い時はイナ］（2か月前、30時間前、20時間前、当日直前）↓　次ページの㊟参照
※大群が波に乗ってきて海を埋める。
※大群が川をさかのぼる。
※びっしりと頭を一方向に向けて静止する。
※これ以外何も釣れない。
※幼魚が大群で姿を消す。
※汽水湖で大量死。
※多数が浮く。
※常になく大漁になる。
※水面で跳躍し、震央から離れるように泳いで逃げる。

例

【先行時間】 2日前

【状態】 夕方、川の上流でイナの大群が水面に口だけ出して上流へ上がっていった。

【その他】 関東大震災前。

●㊟ボラは時々大量発生し、大群で海から川を遡ったりすることがある。二〇〇三年二月にも数十万匹のボラの大群が東京湾の港区、品川区の海岸に押し寄せ、それを餌にするウ（鵜）が集まって大騒ぎになった。これは必ずしも地震の前兆現象ではなく、五月頃に川の中流で水面を跳び跳ねるコイ科の淡水魚ハクレンのジャンプと同じような彼ら独特の行動である。ボラのこうした行動が発生した時には、それと同時に他の動物の行動や天候の変化、大地や井戸水の異常などをチェックして総合的に判断することが必要である。

マイワシ（3日前、10時間前）

※定着性プランクトンを腹に持つマイワシが獲れる。

※水深15ｍの泥海でマイワシが獲れる（普通はこんな浅い所にはいない）。

マグロ（1年前）

※ふだん現れないところで大量に獲れる（湾口にマグロの大群が押し寄せ、集落総出の漁獲に7日かかったという例もある）。

例1.

【先行時間】 当日

【状態】 一九三九年五月一日に約4貫（15kg）のマグロが秋田県男鹿半島の脇本村で捕獲された（普段はマグロの獲れる場所ではない）。

【その他】 当日午後三時前後に沿岸北部地震が発生し、半島西部が最大40cm以上隆起。

例2.

【先行時間】 直前

【状態】 金華山沖では漁獲高が極少だったが、以南の網地島方面では逆に大漁だった。
【その他】未曽有の現象といわれた。一八九六年三陸沖大津波の前。

マス（2日前、12時間前）
※海のマス多数が川を遡る（一八九六年三陸大津波の前など）。
※大型のマスが普段より多く獲れる。
例
【先行時間】数日前～当日
【状態】一九三九年五月、秋田県男鹿半島付近で大量の漁獲があった（沿岸北部地震の前）。
【その他】普通マスは四月中旬以降はあまり捕獲されない。

ミズウオ［深海魚］（2週間前）
※まれにしか獲れないのが珍しく漁網にかかる。

ミズサワラ［深海魚］（20日前）

※いつもは見られないのが海岸に現れる。

ミミイカ（深海性のイカ／数日前～当日）
※普段は獲れない深海性のイカが大漁になる。
例
【先行時間】数日前～当日
【状態】一九二七年三月京都府の日本海側でイワシ大敷網や手繰網に大量にかかった。
【その他】平時にはあまり獲れない。直後の七日夕方M7・3の丹後地震発生。

メジナ（1日前）
※いつになくよく釣れる。

メヌケ［フサカサゴ科の深海魚］（1日～直前）
※普通と違って大漁となる（一九三三年三月三日の三陸海岸大津波の3時間前）。
例
【先行時間】3時間前

【状態】岩手県唐丹村沖合で大漁。
【その他】当時、底延縄の縄の位置がいつの間にか変わってしまうので不審に思われていた。

メバル（2日前）
【先行時間】2日前
【状態】震源地北側の海で普通は50尾ほど釣れるのが、当日はまったく釣れず。
【その他】午前中に痩せたボラ7尾しか釣れず（この時期なら太っているのが普通）。

モウカザメ（3〜2日前）
※普段現れないのが死体として上がる。

モロコ［コイ科の淡水魚］（1日前）
※飼育しているモロコが異常に暴れて水盤の中央に集まる。

ヤマトヌマエビ（数日前〜当日）
※いつになく飛ぶように泳ぐ。

ユウレイイカ［深海性のイカ］（数日前〜当日）
※相模湾南部の水深200〜600mほどの深海にいる生きたユウレイイカが神奈川、静岡、和歌山などで捕獲されている。

ライギョ（カムルチー／2日前、当日）
※水槽中で水面に浮いて暴れたり、外へ飛び出す。［中国］
※特にひどく跳び上がる。［中国］

リュウグウノツカイ［深海魚］（3か月前、1か月前、2日前）
※網にかかる（一九六八年八月六日の宇和島湾地震前ほか）
※海岸に上がる。

魚一般（3〜2か月前、1か月前、8〜7日前、

6〜5日前、数日前、4〜3日前、2〜1日前、6〜5時間前、4時間前、20分前、13分前、直前）

※（養魚池や貯水池の魚が）腹を見せて水面に浮き／跳ねて岸に上がる。〔中国〕

※川や池の魚が多数水面を漂う／むやみに跳ねる／群れで岸に漂う。〔中国〕

※餌もかじらない／絶好日和にほとんどわずかしか釣れない／1匹も釣れない。

※魚が（苦悶状態で）水面に浮く／岸に寄り集まる／岸上に跳ね上がる。〔中国〕

※（用水路の）魚が絶えず跳び跳ねる（中国の例を含む）。

※湖沼や海で魚影がまったく見えない。

※直前に上下に泳ぎ回り浮き上がったり潜ったり跳ねたりする（中国の例を含む）。

※水槽中の魚が奇声を発し／跳ねて外に飛び出る。〔中国〕

※近海が大漁。

※何万匹もが同じ方向を向く。

※大量の魚が集まり、大群が港湾や堀を埋める。

※川魚が沢山溢れ、川藻が食べ尽くされる。

例

【先行時間】関東大震災の2週間ほど前

【状態】隅田川でメダカやフナが沢山水面に浮かび、口をパクパクして素手で掬えた。

【備考】同様の例は複数ある。

※季節外れの魚が獲れる。

※釣り堀は当たりなし。

※魚や貝が自殺する／川幅いっぱいに大量に浮き上がって死ぬ。

※小さい溝川で毎日50kgほど獲れる。多数の魚が海から遡上する（中国の例を含む）。

※（養魚池の魚が）数千匹尾ひれを水面に出して叩く。〔中国〕

※河口に小魚が多数集まる。〔中国〕

※川の魚が突然減る／いなくなる。〔中国〕

※魚が水面で跳ね騒ぎ、普通の何倍も獲れる（中

国の例を含む)。
※海岸に魚群が集まる。[イタリア]
※沿岸での漁獲量が減少する/網打ちの漁獲が全くない。
※多数が苦悶状態で浮かぶ。
※水族館の魚が皆水槽底に沈む。
※深い所から浅い所へ群をなして移る。
※水槽中の魚が踊るように浮き上がる。[中国]
※大型の魚が岸に跳ね上がる。[中国]
※魚影が全く見られない。
※震源近くの漁獲が種類によって地震前に増え、地震後に減る(寺田寅彦の研究報告他)逆もある。
※普段魚が釣れない所でよく釣れる/大豊漁になる。
※まったく魚が獲れなくなり、漁具が売れない/極端な不漁になる。

《注意》

●魚類の平常の行動の中には次のようなものがあり、これらは異常行動とは違う。

▼天候悪化の際、気圧が低下し湿度が上がり、水中の酸素溶解量が減る。魚は呼吸困難になるので水面に浮かび、落ち着きなく水面から跳び上がったり上下にひっくり返ったりする。暴風雨後にも魚が多数水面に顔を出す。「魚がひっくり返ると雨」の俚諺もある。

▼台風や暴風雨の前に群をなして浮上する魚類も多い。深海魚が浅い海に現れたり、サメ、イルカまでが海面に群をなし、時には大型哺乳類のクジラも現れるという。こういう時、魚類は餌を食べず釣り針にもかからない。魚群はひどく騒々しく分散して八方へ逃げる。

▼産卵期のハクレンなどは頻繁に水上に跳び上がる。埼玉県と茨城県の間を流れる利根川の中流(茨城県五霞町)付近では初夏にハクレンが水面に跳び上がるのが見られる。これは産卵前の習性行動で、特に異常ではない。

▼中国で次のような例もある。一九七一年一〇月、

広東省の養魚池で水底に棲むライギョが大量死したのは、付近の漬物加工工場からの大蒜の塩水が流れ込んだのが原因だった。また一九七六年二月初めに山西省の養魚池で多くの魚が水面に跳ねていたのは、現地の気温が9度ほど急上昇し、気圧が8ヘクトパスカル下がったためであった。
▼魚類も産卵期には水面を飛ぶようにお互いに追いかけ、水面から跳び出ることもある。また群も長距離を移動し、回遊することがある。
▼海底に棲むガシラ、グレ、ハゼ、ベラ、メバルなど、季節外れの魚が釣れる例もある。

阪神淡路大震災での高槻市緑地資料館の報告

(『前兆証言1519！』増補版／東京出版による）先行時間、行動状態、実例をまとめると、
【先行時間】数日前～
【状態】淡水生物では、
(一）水槽内から飛び出したり逃げ出したりした種、
(二）水槽内での産卵行動での変化、
(三）異常行動がみられた種、――があった。
【備考】１０４種の淡水魚や貝類、甲殻類、両生類などにみられた異常。
【その他】以下の通り。
(一）の例
1．飛び出しによる自殺行動／アマゴ、オイカワ、カマツガ、シナイモツゴ、タカハヤ、タイリクバラタナゴなど。
2．逃げ出した種／エゾサンショウウオ。
3．水槽内から逃げ出そうとした種／ニホンイモリ、モクズガニ。
(二）水槽内での産卵行動
1．産卵時期が遅れた（地震後に産卵）種／アメリカザリガニ。
2．産卵期がなかった種／ニホンザリガニ。
(三）異常行動
冬眠中のクサガメ（爬虫類）が活動した。

■以上の事例で見ると、生物としての魚類やその他のエビやカニなど、あるいは軟体動物のイカ、タコなど海洋棲息動物の動向・異常行動にはいろいろなかたちがある。例えばある所で全く姿が見えなくなり、そうかと思うと、そことは全く別の所で大量に出現するといったように、異常現象の表れ方は、単にそこ1か所だけの現象ではないことが多い。地震などの場合は特に近隣や、あるいは全くそこから離れた所で起こることがよくある。特に大きな地震は事前の影響が広範囲にわたることが目立つ。

《注意》

▼ボラの例で挙げたように、ある季節になると突然、大量に海岸や河口に押し寄せるような習慣を持つ魚もいるし、ハクレンも六月頃に関東地方の利根川中流などで水面に跳び上がる習性がある。

これらの現象は必ずしも異常行動ではない。

また、次のような現象は異常なことではない。

▼追いかけるように泳ぎ、時々空気を吸いに浮かび上がる。

▼台風や暴風雨が来るような、天気が悪くなる時には、気圧が急降下して湿度が増え、水中の酸素溶解量が減る。魚類は呼吸困難になるため、よく水面に浮かぶ。

▼暴風雨後にも多くの魚が水面から顔を出す。

魚たちの行動が前兆現象であるかどうかを判断する場合には、それぞれの生物たちの普段の状態をよく知っておくことが必要である。

■魚類は温度の変化と微振動に極めて敏感なので、大地震に対する魚類などの予感は極微の前震の感覚によると思われる。また海底・水底での地下水あるいはガスの滲出、迸出などが原因か、或いは流体の放出、または海温あるいは塩分などに異変を感じて逃げたとも考えられる。

八郎潟の場合、石油の水底への滲出が原因だったことがある。地震前に地下水系が変化することは井戸水の増減や変色などで明らかで、これは人体でも臭気を感じたり、地震前に海水の塩分が少なくなったりした事実がある。

■駿河湾での毎日の漁獲高の変化と、伊豆と駿河湾付近での地震の頻度の変化の関係を調べた結果、一九三〇（昭和五）年には明確な相関関係があった。その原因として、

①地震動またはそれに関係のある機械的な刺激を魚類が感知して、漁場に接近する。

②地震動が魚類の餌（プランクトン）のいる水層に影響して間接的に魚類に伝わる。

③地震のために地下水が攪乱されて沿岸で化学的性質が変化し、魚類などに影響する。

――の3つの仮定が出された。地震前に深い水層にいるプランクトンが浅い水層に浮きあがってくるのは確認されたが、微振動が魚類に影響して異常行動になるかどうかは未確認である。

（伝承など）

▼魚が池の真ん中に集まると地震がある（各地）。

▼穴に棲む魚類が多く川中に出る時には地震がある（各地）。

▼海・湖・沼・河川・池などの魚類が全く見えなくなる時には地震がある（各地）。

▼近海に魚群がにわかに減少するのは地震の兆しである（千葉県房総地方）。

▼魚が水面に多く浮かび上がったり不安な状態を表すと地震がある（各地）。

▼魚が水に沈むと地震がある（各地）。

▼地震の前には大漁がある（各地）。

▼地震前には魚類が多く浮き上がる（各地）。

▼海洋に（普段とは）異なる魚が獲れると地震、津波がある（各地）。

▼海（底）の魚が浮き上がる／水面に出るのは地震の前兆（愛知県豊田市足助町ほか）。

▼地震の前には魚が跳ねる（魚の種類は問わない）（千葉県）。

【コラム】ダムや貯水池が地震を誘発する? ①

中国で二〇〇八年五月に発生し7万人を超える犠牲者を出した四川省の大地震の原因の一つに、動いた断層から1㎞と離れていないところに造られたダムである可能性があると指摘されたニュースは、日本ではほとんど報道されていない。

このダムは紫坪埔ダムいい、二〇〇六年に完成したもので、貯水量一一億一千二百万立方mで、貯水量は三億トンという。日本で一番大きな徳山ダムが六億六千万立方mというから、その約二倍の水力発電用の大規模貯水池である。

震源地から半㎞余しか離れていない高さ150mのダムの重量によって、その地域の応力(何かの力が加わった所全体に現れ、変えられた形を元に戻そうとする力)が変化して、いつかは起きる可能性のあった地震を前倒しで誘発したのではといわれているのだ。これはアメリカの地震研究者がすでに指摘している*。

*California Geology, November 1982, Vol.35, No.11 Reservoir-Induced Earthquakes and Engineering Policy (Reprinted from Proceedings of Research Conference on Intra-Continental Earthquakes, Ohrid, Yugoslavia, 17-21 September 1979)

最初に旧ユーゴから報告されたこの地震の誘発原因の可能性は、アメリカでもカリフォルニア州の四つのダムが現地で起きた地震と密接な関係があるという報告であり、話題となった。そのダムとは、一九七〇年代にM(マグニチュード)5・2の地震が起きたメンドシノ郡のメンドシノ人造湖、M6・0の地震が起きたモノ郡のクロウリー人造湖、一九八〇年代にM5・7の地震が起きたブッテ郡のオロヴィル人造湖、そしてM3・0の地震が起きたシャスタ郡のシャスタ人造湖の四つである。

『地震の事典』(一九八三年)によると「誘発地震」とは、ダムの貯水などで地下の岩盤の間の水圧や応力が何らかの原因で変わることから起きる地震のこと」だという。最初に挙げたように、すでに外国ではいくつもの実例が報告されている。

例えばインドのコイナ・ダムは高さ１０２ｍで六二年に貯水開始したが、その直後から今まで全く地震のなかった同地方で、地鳴りをともなったいくつかの小さな地震が発生、貯水が一杯の水位となった六七年末にＭ６・３の大地震が起き、１８０名の死者と2千名の負傷者を出している。現在のところ、科学的な断定はできないが、高さが１００ｍを超えるダムは水圧がかなり地盤にかかるのと、発電所用のダムはいつも放水と貯水を繰り返すために、ダムの水位がかなり上下することが多く、ダムの湖底の岩盤が水圧で亀裂を起こし、そこに水が浸透して地震を起こす、という。

ダムが誘発の原因ではないかという例は他にもある。

だが、ダムの設計者や管理者たちは貯水池が誘発すると思われる地震に対してまともに見ないようにしてきた。彼らは次のように反論する。

①地震と貯水池との間に説得力のある相関関係が示されていない。

②指摘された場所では自然発生の地震は少なく、ダムが誘発するという地震も少ない。

③指摘される場所は地質学的に見ても、明らかにダムが原因で起きた事故の場所と異なる。

④全世界にある1万1千余のダムのうちたったの三、四例でダム誘発地震とはいえない。

⑤いわゆる「ダム誘発地震」で大災害を起こしたダムはなく、危険性がひどく誇張されている。

しかし、たまたまダムの造られた場所に地震が起きたというにしては、実例が多い。全部が偶然とはいえないのではないか。日本でも疑わしいダムとして高さ86ｍの黒部ダムがある。貯水開始は一九六〇年だが、Ｍ４・９の地震が六一年に起き、以後水位が上がると小さな地震が起きた。

一九八四年九月一四日に岐阜県で発生したM6・8の大地震は29人の犠牲者を出したが、9日後の新聞には現地の牧尾ダム〝犯人〟説が出た。地元の元中学教師（故人）がその何年か前に指摘した「ダム誘発地震説」がそれである。

六一年完成の高さ105mの水資源開発公団所有の牧尾ダムができる前は木曽地方が震源の地震はなかったにも拘らず、六三年から地震が始まり、七六年後半には60回以上、七七年〜七八年に40回以上と地震が増えている。

七六年当時、愛知工業大学の教授だった飯田汲事氏（故人）が、牧尾ダムの貯水量と地震の関係を調べ、「水位が減ると地震も減った」と発表し、水圧で破砕帯に水が浸透しているのではないかと指摘した。

二〇〇三年の牧尾ダムの貯水量は四月上旬の数%から五月上旬で90%という急速な貯水をした直後に群発地震が起きている。しかし、地元では付近の御嶽山の火山活動だろうと思われており、ダムに注目していないのが実情だという（週刊「プレイボーイ」二〇〇三年七月八日号）。

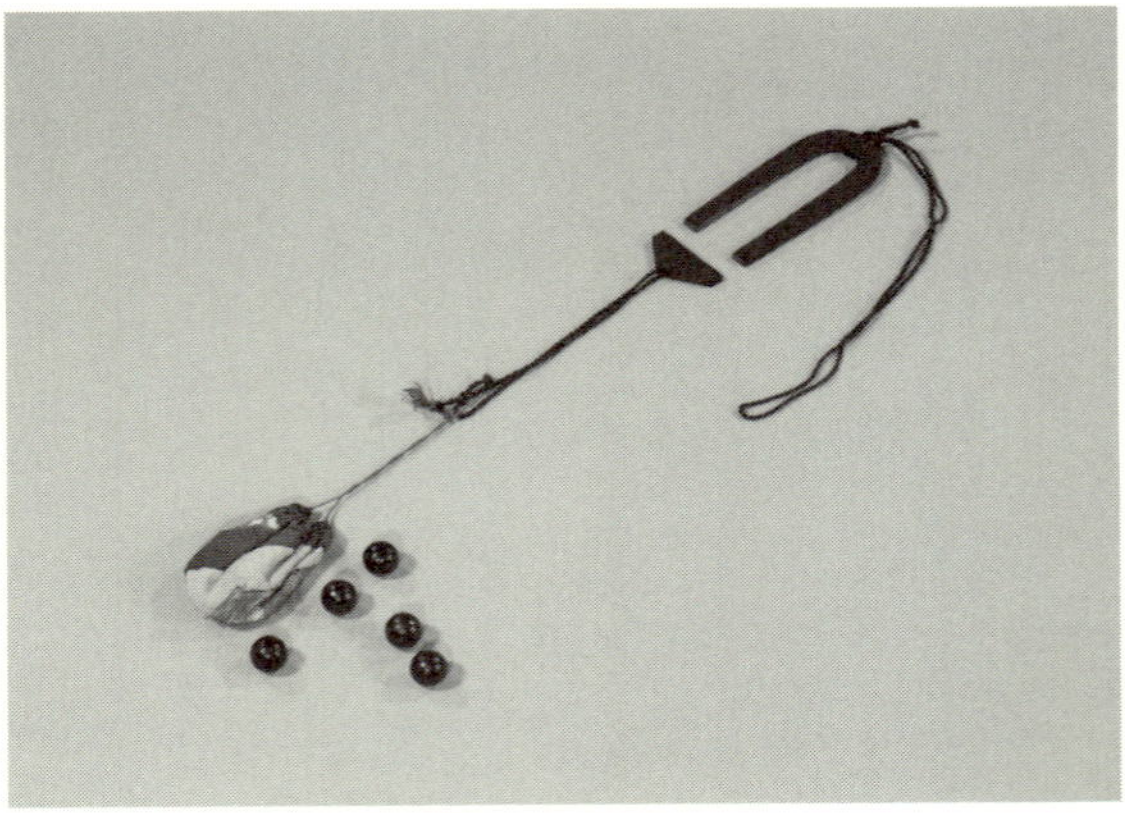

江戸時代後期の地震予知計。P.43のものと原理も形態も同じ（佐久間象山記念館蔵）

第四章　爬虫類ほか

津波警告の碑

東京都江東区木場６丁目の洲崎波除神社境内所在。江戸時代はこの辺りまでが海で、潮干狩りの名所だったが、高潮の被害などに遭ったことがあり、1705年の元禄地震の際には犠牲者も出たため、その教訓を生かすために石碑が建てられている。元の石碑は痛みが激しいため、後ろの方に鉄の支えに囲まれて立っている。

爬虫類

などは大体、地上を這ったり、池沼や河川などの中で生活するものが多い。次に出てくる昆虫などの小さな生物たちと同じく、生活が地面と密接な関係を持つものが多い。それが地下の変動を感知して異常行動をとるらしいことは推測できる。

●ヘビはその典型的な生物で、地震前に樹上に上がるなどの行動や、ニワトリなどが人家の中や屋根の上などに上がるのも、地下で生じる変動をいち早くとらえて避難行動をとるということではないかと考えられる。西インドやキューバでは、ヘビを飼っておくと災難を免れるという迷信がある。

●中国で報告されている例は、普通のヘビよりも深い地中に冬眠で巣籠りする毒ヘビが地震前に出てくるのは、地中で何らかのガスや微弱な電流、気体などが発生するからではないか、と推論している研究者が多いことを物語っている。何もないのに彼らがこうした行動をとることは考えられず、毒ヘビが嫌うガスなどを避けるための行動と考えるのが当然であろう。

アオダイショウ（45分前、30分前）

※姿を消す。どこかへ逃げる。

※ゆっくり庭から排水溝に入る。

アカミミガメ（1日前）

※冬眠中に起き出して動き回る。

例

【先行時間】1日前

【状態】冬眠中だったが突然起きだし、前脚で水槽のガラスを引っ掻き、泳ぎ回った。

【その他】一九九五年一月一七日阪神淡路大震災の前。

アマガエル（3日前）両生類

※季節外れに鳴く（冬眠中なのが鳴き出す）。

例

【先行時間】3日前
【状態】冬眠中のアマガエルが、阪神淡路大震災前に突然しきりに鳴き出した。
【備考】何回か越冬をさせた経験がある。

イグアナ（3日前）
※必死で穴を掘る。
※水槽を引っ掻いたり飛び跳ねたりして暴れる。
例
【先行時間】3日前
【状態】水槽を引っ掻き、飛び跳ねたりして暴れ、必死で穴掘りをしていた。
【その他】前日から筒の中に籠り、餌も食べなかった（阪神淡路大震災前）。

イモリ（1日前）両生類
※いつもは元気で動くのに、水槽中で動かない。
例
【先行時間】前日午前中
【状態】厳寒の外の壁にへばりついて動かなかった。指で撫でてもじっとしていた。
【備考】一九九五年一月一七日の阪神淡路大震災前。

ウシガエル（3～2日前）両生類
※冬眠中に起き出して動き出す。
例
【先行時間】2日前
【状態】水槽で飼育している冬眠中のウシガエルがゴソゴソ動き出した。
【その他】穴から半分ほど出ていた。阪神淡路大震災前。同時期に池の氷上に凍死していた例が報告されている。

ウミガメ（直前？）
※陸地で産卵する時には高潮がある。

オオサンショウウオ（直前）両生類

※陸上に這い上がって大声で鳴く。［中国］

カエル（トノサマガエルなど／2か月以上前、10日前、3日～1日前、前日夜、30分前、直前）

※例年より早く冬眠中に起きだし、穴から這い出してくる（中国の例を含む）。両生類

※狂ったように一斉に鳴きだす（中国の例を含む）。＊明け方の場合もある。

※少なからぬ所で群れを成して出現する。［中国］

※多数出現し簡単に捕まえることができる。［中国］

※樹上に上がっている。［中国］

※人が近付いて手を打っても怖がらない。［中国］

※戸棚の下にいる。［中国］

※鳴き声が聞かれなくなる／いつも鳴いているのに全く鳴かない。

※アマガエルが一二月の寒い時期に姿を現す。［中国］

例1.

【先行時間】 3日前

【状態】 前年秋に子供が獲って来たのが、冬眠中なのに急に起き出して鳴き出した。

【備考】 一九九五年一月一七日の阪神淡路大震災前。

例2.

【先行時間】 1日前

【状態】 いつも鳴いているカエルが全く鳴かなかった。

【その他】 一九七四年五月九日の伊豆半島沖地震の前。南伊豆町。

●同様の報告は埼玉県でもウシガエルの例がある。（トノサマガエルは春の気温上昇で穴から早く這い出すことがある。）

カメ（3か月前、1か月前、11日前、数日前、1日前、2時間前）

※落ち着かず、不安げに動き、台所をうろつく（中国の例を含む）。
※冬眠中に動き始めて、暴れる／水槽の中で動き通しでいる。
※冬眠しないで起きて泳ぎだす。
※大型のカメが川を遡る。

例1.
【先行時間】1か月前
【状態】飼育して冬眠中のカメが突然冬眠から覚め、昼間から部屋中や台所をうろついた。
【その他】三週間前頃から7日～10日おきに行動した。阪神淡路大震災の前。

例2.
【先行時間】1日前
【状態】川の下流、海から500mほどの橋付近にベッコウガメが上がって来た。
【その他】一九七四年五月九日、M6・0の伊豆半島沖地震の前。

例3.
【先行時間】8時間前　冬季で冬眠中
【状態】飼育中のカメが急に2匹とも暴れ出して困った。阪神淡路大震災の前。
【その他】震度3以上の余震の1時間前には同じように騒ぐ。

クサガメ（1日前）
※冬眠中にもかかわらず暴れ出す。
※水槽から逃げようとして盛んに這い上がる。
※餌を食べない。

スッポン（当日、直前）
※暴れて鳴き声を出す。［中国］

ゼニガメ（当日、直前）
※壁際に腹を見せて立つ。

ジムグリ（数日前～当日）
※数匹が石垣から出てくる。

スッポン（当日、直前）
※落ち着かなげに水槽の中を動き回り、暴れる。［中国］

トカゲ（当日、直前）
※穴から出て、そわそわと辺りを歩き廻る。

ドロガメ（当日深夜）
※急に起き出し興奮して声をかけると、首を伸ばし顔をあげて家人を見る。

ヒキガエル（数日前）両生類
※10万ほどが一か所に群集し、1～2m幅に並び、150～200mの長さで隊形を組み、川縁から山へと一方向へ3日間這い続け、その後行方不明になる。［中国］
※繁殖場で一斉に姿を消し、地震後1日たって戻ってくる。［イタリア］

●英国の生物学者は、ヒキガエルが地震前に地中からのエアロゾル※を感知しているのではないかという考えを表明している（※水蒸気やチリなどが地上に出た電磁波によって帯電した微粒子）。

ヘビ一般（2～1か月前、10日前、数日前、5～4日前、3～2日前、1日前、数時間前、7～6時間、5時間～4時間前、45分前、30～20分前、早朝、直前）
※冬眠期に舗装道路に姿を見せる（中国の例を含む）。
※季節外れに出てうろつく。
※数百匹が・冬季に這い出て死んでいる（中国の例を含む）。
※樹上に上がっている。［中国］
※いままでになく沢山のヘビが出てくる。
※零下・降霜の時期に地上を這っている。［中国］
※高山の寒冷地で大きなヘビが穴から這い出す。［中国］

※数百匹が固まってうずくまり動かない。［中国］
※地震前に木の下の石上に小さなヘビが現れ、以後何回もの余震前に毎回姿を見せ、余震が収まるとどこかへ消える。［中国］
※穴から出てきて、人が捕まえても抵抗しない。［中国］
※家裏の空き地に百匹以上が集まっている。［中国］
※震前に洞穴からでる大部分は毒ヘビで、冬眠する穴は一般に無毒ヘビより深い。穴から出る原因は局部的な地温の上昇に関係するらしい。［中国］
※教室に通じる廊下に現れる。
※まったくいなくなる。
※数匹がまとまって道を横切る。
※道路に現れて留まっている。

例1.
【先行時間】３か月前
【状態】床下に２日に１度ほど現れ、翌月毎日１日中、１か月前にはそこにとぐろを巻いていた。
【その他】阪神淡路大震災の前日までとぐろを巻くのは続いた。

例2.
【先行時間】１日前～当日、直前
【状態】多数のヘビが山麓の村に下って来て、家の中を這い回ったという。
【その他】一八八八（明治二一）年七月一五日磐梯山大噴火爆発直前（これと似たヘビの行動例は一九一四年一月一〇日～一二日の地震と噴火前の桜島での目撃報告がある）。
●毒ヘビの冬眠する穴は一般に無毒ヘビよりも深い。穴から出てくる原因は局地的な地温の上昇に関係しているらしいという記録がある。
●一八五三年七月一五日のヴェネズエラ大地震の前、飼っているヘビがぞろぞろ広場へ逃げ出したという報告がある。
●中南米の西インドやキューバでは、ヘビを飼育すると災難を免れるというので、ヘビを飼う人が多い。これは現地に多い地震災害を事前に知らせるということからだろうか。

《注意》

中国雲南省の例で、六月半ば～月末にかけて自動車道路に山の上から数百匹のヘビが降りてきたが、大部分はメスで、産卵のために石の割れ目にやって来たことが判明した。これは地震とはまったく無関係な行動であった。こういう場合には、他の事象と併せて考えなければならない。

（伝承など）

▼寒い冬の日にヘビが出ると地震がある（群馬県伊勢崎市）。

▼ヘビが藪に集まると地震の兆しである（群馬県伊勢崎市）。

▼ヘビが屋根の上に登るのは地震の知らせである（愛知県豊田市、宮崎県全域）。

▼冬にヘビが出てのたうちまわれば大地震がある（愛媛県南部）。

▼夏でもヘビがのたうちまわれば大地震がある（愛媛県南部）。

マムシ（5時間半前）

※数匹～多数が出てくる。

※冬眠中なのに出てくる。

ヤマカガシ（2日前、当日早朝）

※冬眠期に穴から這い出してくる。

※冬季に体長60㎝のものが舗装道路を這う。

例

【先行時間】2日前

【状態】穴から出てきたが、冬のさなかで寒くて這い回れなかった。

【備考】一八五五（安政二）年一一月一一日の江戸大地震の前。利根川下流左岸。

ワニ（1時間前）

※動物園で普段めったに鳴かないのが珍しく鳴く。

【コラム】ダムや貯水池が地震を誘発する？②

最近の例で、ダム誘発が疑われるのは中国広東省の河源市で二〇一二年二月一六日午前二時（北京時間二時三四分）に発生したＭ４・８の地震。ダム建設で誘発された地震であると同省地震局の梁干副局長が語った。これは新豊江ダムといい、一九五〇年代に建設され、五九年から貯水が始まったが、それまで地震などなかった同地区で、貯水池の水位が満水となった一九六二年三月一九日にＭ６・１の地震が発生。以後、広東省地震局が観測して以来、Ｍ５を上回る地震が６回発生し、六二年の地震はその最大規模のものだった。

現在のところ死亡者・負傷者と建造物損壊などの被害は出ていないようである。震動した地域は割合広く、広東省東部では揺れを感じ、河源市付近では強い揺れを感じたといわれる。地震当日、午前四時までに余震が30回も起き、そのうち最大の余震はＭ２・６、その後は落ち着き、今後もっと強い地震が起きる可能性は低いという。同地域では六〇年以来地震活動が活発化し、Ｍ５級の地震が６回、Ｍ４以上の地震発生回数は44回。ダム建設後、割合頻繁な群発地震地域となった。

震源は同省河源市東源県付近の北緯二四度、東経一一四・五度、震源深度は13㎞と浅かったため、同省内の潮州、江門、梅州、恵州、東莞、廣州など広範囲に揺れが感じられ、香港でも揺れが数秒間続いたという報告もある。広東省地震局ではこれを受けて緊急対応を行い、情報収集のために職員を震源地域に送った。なおこのダムは稼働後10年間で微震を含め25万回を記録している（平均して一日68回、21分に1回である！）。四川省の大地震の場合、動いた断層の周囲の２８０㎞の範囲で被害が出た。

ダムによる誘発地震と思われるものは、この中国の例だけでなく全世界から数十の報告が寄せられている。主なものをあげると、

＊アメリカのフーバーダム（一九三五年貯水開始）。三六年に21回、三七年に１１６回、その後

M5以上の地震が何度かあった。

＊アフリカはジンバブエのカリバダム（五八年貯水開始）。六一年に地震が発生、六三年にM5以上の地震が9回起きている。

＊イタリアのバイアントダム（高さ261m、六〇年完成）。貯水直後から地震が起き、水位180mに達した六三年九月以降60回の地震を記録。同十月、地震の土砂崩れで貯水池が高さ100mの津波となり流下し、約2千人が死亡。

＊フランスのモンテナーダム（高さ130m、六二年貯水開始）。六三年にM4・9の地震が発生している。

＊エジプトのアスワンダム（六四年に貯水開始）。七五年、水位が93mに達したころから地震が起き、八一年一一月、水位が最高になった4日後にM5・6の地震が起きた。

＊ギリシャのクレマスタダム（六五年に貯水開始）。その直後から地震が頻発、翌六六年にM6の地震が起き、余震は約2千6百回に及んだ。

＊アメリカのオロヴィルダム（高さ235m、六七年貯水開始）は8年後の七五年、M5・7の地震が起きている。

＊日本の宮城県柴田郡川崎町の釜房ダム（高さ45・5m、七〇年貯水開始）。その三か月後に群発地震が発生、七五年にはM4・6の地震が発生。

＊中米ドミニカのタベラダム（七一年貯水開始）。八〇年に群発地震が発生。

＊タジキスタンのヌーレクダム（高さ315m）。水位が100m以上になるとM4・6の地震が起き、水位上昇に伴って地震が多く発生。

＊カナダのマニクダム（七五年貯水開始）。その直後M4・1の地震が発生。以後頻発し、1か月で250回以上の地震が起きている。

＊アメリカのモンテセロダム（七七年貯水開始）。その直後に群発地震が起きている。

＊インドのバトサダム（建設開始は七七年。八〇年貯水開始）。八三年から地震活動が活発化し、突然水位が18m上がった直後の八～九月、有感地震が数百回を数えた。

＊日本の三重県飯南郡飯高町の蓮《はちす》ダム（高さ78

m、九一年貯水開始)。その直後から地震活動が始まり、現在も継続している。

日本のダム建設事業審議委員会はこうした例に対し「貯水量が20億立方mを超える海外の大規模ダムだけで起こるものであり、日本国内での誘発事例は皆無」と報告しているが、関係者は「貯水量ではなく、水位が問題」と指摘。事業者の水資源開発公団は、「水深が深くなれば水圧は高まるが、高さが誘発の原因とは未確定」という。

普通、ダムは完成して10年後には地震も収まるというが、毎日水位を大きく変動させる揚水発電ダムには問題がある。これは上下2つのダムで、昼間は上から下に流して発電し、下の水を夜に余剰電力を利用して下に溜まった水を再び上にあげ、発電を繰り返す形のダム。日本全国に50近くあり、その中では大町市(東京電力新高瀬川揚水発電所付近)や、鳥取県日野郡(中国電力俣野川揚水発電所付近)で地震発生の事実がある。

つまり水力発電は発電量を上げるのに、常に放水と貯水を繰り返し続けるので、ダムの水位が上下し、貯水池底の岩盤が水圧の高まりで亀裂ができ、地震を誘発している可能性があるという。

日本と並ぶ地震頻発国の中国では、国家地震局がすでにしてダムによる誘発地震を認めている。有史以来、巨大地震に悩まされ続けてきた中国ではこうした地震対策に、あの海城地震を予測して被害を最小限に抑えた一九七五年八月一六日の経験が伝統としてあるのかもしれない。中国の地震予測は「そのメカニズムの解明は後でもできる。まず人命救助と被害を最小限に抑えること」という、かつての周恩来首相の言葉通り、普通の気象予報のための組織以外に、住民からあらゆる宏観異常の情報を集めて、総合的な判断を下している。つまり地震対策の総力を挙げての活動があっての成功なのだ。それには単に地震学とか地球物理学だけでなく、植物、動物、水、太陽、天候、大地などの情報の総合によってできる、実用本位という考え方が貫かれているように思われる。

【コラム】

世界の地域別地震多発順位

年表のデータ作成中に出てきた世界各地の地震発生場所を国別（但しアメリカと中国は広域のため州・省別にしてある）を大雑把に多い順に並べてみると、次のようになる。

（数字はM5以上の地震回数）

インドネシア（ジャワ島、メンタワイ諸島など）
　103
カリフォルニア州（アメリカ合衆国）87
アラスカ州（アメリカ合衆国）61
ロシア（沿海州・カムチャッカ・千島を含む）
58
トルコ　54
チリ　52
イラン　50
メキシコ　42
ペルー　37
ギリシャ　29
雲南省（中国）29
フィリピン（ビサヤ諸島、ミンダナオ島など含む）28
台湾　23
四川省（中国）20
カナダ（クィーンシャーロット島を含む）　17
ヴァヌアツ　16
河北省（中国）16
マリアナ諸島（米領グァム島を含む）16
コロンビア　15
エクアドル　13
パキスタン　13
遼寧省（中国）13
アフガニスタン　12
黄海（中国）12
トンガ　11

こうしてみるとアジア地域、海岸沿いの国、島嶼地域に地震が多いことがよくわかる。

第五章　無脊椎動物

東京０ｍ地帯の警告塔

上から順に① 1966 年完成の外部堤防の高さ／② 17（大正 6）年の台風時の水位（東京湾観測史上、過去最高の水位）／③ 49 年のキティ台風の時の水位／④ 18 年当時の地表面／⑤現在の東京湾の満潮位／⑥現在の東京湾の平均海面の高さ／⑦現在の東京湾の干潮位。

東京都江東区南砂町３丁目の東京メトロ南砂町駅側に立つ。

昆虫

などは活動する季節が決まっていて、特別な種類を除いて一般に冬季は活動しない。記録では季節外れに出てきた例がある。ここでは冬季のデータも含まれているので、その場合は特に冬季と記してある。

●特に昆虫などに限ったことではないが、生物が地震を事前関知するのは、地殻の変動により地中で発生するパルス電磁波を感知するからではないか、という電磁波説と、水蒸気やチリなどが地上に出た電磁波によって帯電したエアロゾル説があり、これを感知しているからではないか、という説がある。

●ここでとりあげている生物に共通するのは、生活環境が地面と極めて密接に関係しているということである。どの生物にしても地上（恐らくは震源）からなるべく離れようとする動きが共通していることが、上記の2説と関係がありそうである。更にもう一つ、地震前にラドンの値が上がり、地震直前に下がるということが確認されているが、生物たちがこれを感知し、避難行動をとるのではないかという説も考えられる。いずれにしても生物が地中の変化とか、危険を知らせる何かを感知していることは間違いない。

アオムシ（数日前〜当日）一般にチョウやガの幼虫。

※複数が壁を這い上がる。

アカトンボ（5日前、3日前、1日前）

※大群が震源から遠ざかる方向へ隊をなし、通過に数十分もかかる。［中国］

※東部の海上停泊中のタンカーに大量のトンボが見られる。［中国］

※いつも出る季節ではない時に見かける。

アシナガバチ（6か月前〜1か月前、1か月前〜当日）

※冬に植え込みや塀に群がって歩いている。

※季節を過ぎても群れて塀に留まっていた。

例

【先行時間】４日前

【状態】冬にはいないはずなのに、植え込みや塀などに留まっていたのが何度か見られた。

【その他】阪神淡路大震災の前。

アブ

※いつになくたくさん発生する。

例

【先行時間】２か月前、一か月前

【状態】初夏にアブがいつもの年に比べて異常に多かった。

【その他】アリもアブも家の中に入ってきて困った。一九七六年八月一六日午前二時一八分、M５・４の伊豆河津地震発生の前。

アリ［アメアリなど］（５か月前、１か月前、３週間前、１週間前、前日夜、２時間前、１時間半前、14分前、９分前、直前）

※冬などの季節外れに無数に出てくる。

※普段と違い、昼夜を問わずやたらに家の中に侵入したり集まる。

※大集団が移動する。［中国の例／増水期などの普通ではない時期に起きる］

※いつもはいるはずの季節に出て来ない／姿を見せない。

※冬季にブロックの割れ目などに密集／群れる。

※毎夏砂糖壺の中に入って困るのが、姿を見せなかった（５か月前）。

※神社などで動かない。

※避難・引っ越しをする。［＊中国＝厳寒期であるにもかかわらず動く］

※長い行列が見られる。［中国］

※蛹を咥えて移動する。

※赤色のアリが屋根に一杯、むやみに這い上がる。

（伝承など）

▼アリが多い年には地震が多い（愛知県豊田市足助町など）。

《注意》

▼アリは気圧が下がり気温が上昇して湿度が上がると頻繁に動いて巣を広げる。またアリが忙しく高所に移ったり、土を運んで巣の入り口に積み重ねるのは、長雨の前兆であることがあり、これらは異常行動ではない。他の事象と合わせて判断する必要がある。

イナゴ（直前）

※多数が室内に飛来し、ある小学校の教室に数千匹も集まる。地震後姿を消す。［中国］

※数日前に震源地から離れる方向へ集団で飛ぶ。

カイコ（前日）

※飼育中でふだんは箱の中でバラバラなのが、いっせいに一列に並ぶ。

カゲロウ（数日前？）

※いつになく多数が夜昼関係なく空中を飛び漂う。

（伝承など）

夜間或いは白昼にカゲロウが空中に見える時には大地震か津波がある（各地）。

カナブン（数日前〜当日）

※冬に幼虫が地面の穴から出て、戻してもまた出てくる。

キチョウ？（数日前）

※寒い日に花壇の枯葉と鉢植えの間で震えていたりする。

キリギリス（5時間前）

※海岸に集まる。［イタリア］

クモ（2週間前、4日前、1日前～当日）
※普通と違い冬季に現れる。［中国］
※行動がいつもと違っておかしくなる。
※まったく姿を消す。

例
【先行時間】1日前
【状態】造花の鉢植えで10㎝ほど糸を出し、飛び降りを繰り返していた。
【その他】一九九五年一月一七日、阪神淡路大震災の前。（室内での目撃例と思われる。）

クワガタ（当日）
※冬季に出てくる。

ケムシ［チョウ、ガなどの幼虫］（6～5か月前、当日、10分ほど前）［一般には春～夏出現する。］
※沢山出てくる。
※大量発生する。

ケラ（3日前～当日）
※震源地に背を向けて大群が移動する。［中国］

コアリ（当日）
※冬季に現れて家に侵入する。

例
【先行時間】1週間ほど前
【状態】かなりの数のコアリが冷蔵庫のドアのパッキングに沿って移動していた。
【その他】冬季であり、手で払い除けたが、2～3日続いて出た。阪神淡路大震災前。

コオロギ（2～1日前）
※多数が晩に大通りや電灯や家の壁などに群をなして集まる。地震後は突然姿を消し、少ししか見当たらない。［中国］

《注意》
コオロギが鳴きやまない時、濃い霧が発生する

☞ P.132に続く

【コラム】地震と建築

大地震が発生すると、建築物が破壊されて市街は廃墟になってしまう。これに津波が加わると、二〇一一年三月一一日のように、海に面した市町村は壊滅的な打撃を受けることになる。日本ではこうした震災が繰り返されてきた。二〇世紀に日本を襲った根尾谷の地震、関東大震災、東南海地震、福井地震、阪神淡路大震災、そして二一世紀始めの東日本東北大震災と、大地震は多くの建築物を破壊してきた。

＊

このように地震の頻繁な国では、当然建築物に地震対策の工夫がなされてきたのではないか、と誰でもが考えるだろう。確かに寺社建築では、五重塔や大きな寺や神社が大地震に遭遇してもほとんど倒壊していない例がある。特に五重塔については、奈良の法隆寺や薬師寺の例がよくあげられるので、知られている。

それでは、そうした公共建築、宗教建築ではなくて一般の人々が生活していた住居は地震に備えてどのような工夫を重ねてきたのだろうか？ 残念ながらそれほど古い民家が当時のままで残されていないので、その工夫の跡をたどるのはなかなか難しい。それでも構造上何らかの工夫がなされていたのではないかと、専門家にうかがってみた。

東大生産技術研究所の木造建築の研究者・腰原教授によれば、わが国の木造建築では地震を経験後に工夫をした例は少ないが存在する。それまでの家は土台の部分で柱を地面に（掘立小屋のように）穴を掘って刺し立てる形であったが、地震を経験後は玉石のように柱の下に土台を置く形にするようになった。この方が地震発生時に上物（建築物）の家が壊れにくく、一種の免震構造となっているという。

しかし建築物全体が破壊されてしまうような大きな地震は、発生間隔が50年～１００年と長いため、地震体験が建築者の間で世代継承されずに終わってしまう場合が多く、はっきりとした抗震・

耐震・免震の構造についての技術継承の具体例を見出すのは難しいという。木造建築は確かに現在のような新建材を使った組立セットのような家と比べても耐久性のあるものがあるが、一般に昔の家は現在の建築に比べて屋根の建材の瓦が重く、下の柱が揺れに弱いために潰れてしまうことが指摘されている。

柱の組み立て構造も、日本の代表的な建築は筋違を入れない。梁や柱はホゾ穴とホゾの組み立てで、楔を打ち込むことはあっても筋違を入れていないので、地震の揺れに弱い。それでも屋根を極力軽くして筋違を柱に加えれば、かなり丈夫なものになると言われている。又、壁の中に竹ひごを細かく縦横に交差部分でしっかり縛り、その上に土壁を塗り重ねていくと地震時にもかなり耐震性をもつことができる実例がある。

＊

我が国と同じく地震の多い中国では古代から木造建築にそうした抗震・耐震・免震の工夫がなされていたようである。二〇〇八年九月に『中国木造古建築の構造とその抗震性能の研究』という研究書が刊行された。これには地震に対して中国の人々が家屋建築の際にどのような工夫をしてきたかを多くの図版入りで解説している。家の構造は日本と同じではないが、参考になることが多い。日本でもこうした本を書く研究者の登場を期待する。

「中国の木造古建築の構造とその耐震性能の研究」の表紙。

P.129からの続き

ことがあるが、地震とは無関係である。

ゴキブリ（3日前、1日前、21時間前、17時間前）
※目につく所で表や台所に頻繁に現れる。
※寒い冬季に現れる（但し、室内や厨房では冬季に動き回ることもあるので注意）。
※動かない／動きが鈍い。
※夏などの暑い活動期に全く姿を消す。

例
【先行時間】2日前
【状態】真冬なのに地肌むき出しのコンクリートの階段にノロノロと這い出てきた。
【その他】一九九五年一月一七日の阪神淡路大震災前。

サソリ（前日夜）
※部屋の壁に沢山這っていて十数匹も捕えられる。［中国］

シロアリ（5時間14分前）
※大群が飛ぶ（平常でもとぶことはあるが、季節は限られる）。

ジバチ（3～2か月前）
※全く姿を消す。

セミ（直前）
※木の低い所や地面に降りて、手で簡単に捕まえることができる。

例
【先行時間】直前
【状態】東京湯島でセミが木の低い所や地面に降りてきたので、手で簡単に捕まえられた。
【その他】直後に関東大震災発生。

チョウ（3日前～直前）
※越冬中のチョウが冬季に出て震えている（中国の例を含む）。

※大雪の降る季節に現れる。［中国］
※震前3～1日前、群になって震源地から遠ざかる方向へ飛ぶ。［中国］

トンボ（数日前～当日）
※震源地の南西の海上のタンカーで地震5～3日前大量に目撃される。［中国］
※3日前と1日前の二度、無数の赤トンボが編隊を成して飛び、全部の通過に数分かかる。［中国］
（伝承など）
▼秋でもない時に赤トンボが群で出てくるのは地震の兆し（各地）。
▼トンボが季節外れに群れて出てくるのは地震の兆しである（各地）。

ナメクジ（2か月前、1日前、当日直前）
※冬季に現れる。

ハアリ（1時間前）
※普段と違い多数現れる（ハアリは普通でも春～夏に大量に現れることがあるので注意）。

ハエ（1日前）
※冬季に電灯に群がる。
※いつになく多数現れる。
※3～1日前、群になって震源地から遠ざかる方向へ飛び去る。［中国］

ハサミムシ（1日前）
※家の縁の下からアリなどと共に沢山出てくる（一九七四年五月九日伊豆半島沖地震前の例）。

ハチ（2分前）
※巣から出て落ち着きなく飛び廻る。［ドイツ］

ヒル（前日昼～当日朝、2時間前、当日直前）
※冬季、観察用の容器内で普段見られない異常な

動きを示す。［中国］
※公園で上になり下になりして休みなく活発に動き回る。［中国］

ブヨ（1週間前、数日前〜当日）
※冬場には見かけないはずの集団が舞う。
※冬なのに大型の種類が現れ、天井の白熱灯に群れる。

ミツバチ（半年前、1か月前、1日前、当日、直前）
※屋根などに巣が作られることが多くなる。
※弱る。
※冬季厳寒の時期に3時間外へ飛び出す／よたよた歩く（中国の例を含む）。
※20箱以上の飼育ミツバチが徐々に他所へ飛び去る。［中国］
※ブタやウマなど家畜を襲ってやたらと刺し、巣に出入りする速度も素早くなる。［中国］
※飼育ミツバチが全部巣から出て樹上に群をなして留まり、巣に戻らない。

《注意》
●ミツバチが朝出ていくのが遅く、夕方早く活動をやめるのは、長雨の前兆であることがある。また中国の雲南省では一九七四年冬〜七五年春にミツバチの大量飛行が見られたが、これはある種の綿虫が巣箱に侵入したことから伝染病にかかり、幼虫や蛹が大量死したため、他所へ飛び去ったことがわかり、地震とはまったく無関係であったことが判明した。
越冬した女王バチが初夏頃、新女王バチに巣を譲って分かれ、一部の働きバチと共に他所へ移り、新しい巣を作る〈分房〉という行動は、地震とは無関係の行動である。

ミミズ（5〜4日前、12時間前、6時間ほど前、5時間半前、当日早朝、35分前、直前）
※季節外れで雨も降らないのに、大量に這い回る。

※数十匹が現れて這い出す。
※穴から出てくる。［中国］
※地表に出て多量に干からびる。
※季節外れに大型のものが出現する。
※多量に団子になって固まっている。
※霙の降る冬季に出てきて凍死する。
※排水溝に大群が現れる。
※足の踏み場もないほど大量に死骸が出る。
※厳寒にコンクリートの上などを這う。

（伝承など）
▼寒中にミミズが多数出る時には地震がある（各地）。
▼ミミズが多数出歩くのは地震の徴候である（群馬県）。

ムカデ（4日前）
※季節外れに出てくる（中国の例を含む）。
※平時には出ない部屋の中などに出る。

※山に向かう。
※洞穴から這い出して四方に逃げる。［ギリシャ］
※今までになく部屋の中に突然現れる。
（伝承など）
▼ムカデが所々に死体で見つかる時には地震がある（各地）。

■虫一般（7時間～当日）
※連日の虫の糞。
※春以来毎日20～30匹いた黒い小虫がいなくなる。
※小さな虫が多数集まる／家の壁にびっしりとついている。

ヤスデ（数日前？）
※季節外れに出てくる。
※普段は現れないような屋内などに出る。
（伝承など）

▼ヤスデがたくさん落ち（てい）る時には地震がある（神奈川県岬地方など）。

■生物の地震事前感知のメカニズム

▼自然環境ではなく人工的に育てられている動物は、その飼育環境を変えると小屋に入らなかったり、いうことを聞かなくなったりする。また空腹時にはむやみと走ったり鳴いたりして落ち着かなくなる。与える餌が合わないとか、天気が暑すぎても食事量が減り、食べなくなることもある。魚類は給餌すると水面で盛んに活動する。

▼外敵に出会うと敏感に反応して驚きや恐怖、慌てて飛んだり鳴いたり車をひっくり返したりして、柵を越えて逃げ出すこともある。

▼環境汚染で水や空気中に微量の有害物質が含まれていることによっても、魚、鳥、家禽、家畜などの正常な生命活動に大きな影響を与える。また工業や鉱山の比較的大きな騒音や機械の激しい震動なども、ハト、ネズミ、ドジョウなどの正常な活動に影響を与える。

▼異常反応の種類が少なく、全体に個別の動物の反応である場合、過去の経験から、地震前に異常反応を示す動物の種類はほぼ20～30種はある。

▼一般に動物の異常が現れてから1～3日後に地震が発生する。それが8日以前の反応だとすれば予知ではないのでは、と疑う必要がある。

▼地域からみて、分布がバラバラで1件の報告すらない地域があった場合、個別の動物の問題で、予兆とは別だと判断できる。

《注意》

通常でも生物が示す行動の外的条件としては、①気象（気圧、気温、湿度などを含む）、②季節（冬眠、渡りほか）、③飼育状況（環境によって生物の反応も違ってくる）、④他の生物の干渉（外敵、天敵などの出現）、⑤環境汚染及び公害（微量の有毒物質、二酸化炭

素含有量の増加、工場排水、機械の震動)、
⑥生物そのものの生理状態(発情期、妊娠哺乳期、病気、その他興奮状態を起こすもの)を、異常か否か判断の基準として考えなければならない。
それには具体的に、
①異常を表す生物の種類(異常を示す生物は何種類ぐらいあるか)、
②異常を表す生物の数(同じ生物が多数同じような異常を示すかどうか)、
③異常を表す生物の範囲(どの程度の地域までこの異常が観察されているか)、
④異常を表す生物の異常の程度(かなり異常行動が目立つか)
などについてチェックする必要がある。

(伝承ほか)
▼地中の虫が地上に出るのは地震の兆し(群馬県高崎市)。
▼地中の虫の類が多く外に出てくる時には地震がある(各地)。
(以上、『宏観現象と地震』(共立出版・刊)ほかを参考に記述。)

【コラム】巨大地震の発生頻度

黒点の定期観測が行われ、データがとられるようになったのは一八世紀半ばからである。現在はアメリカのNASAとイギリスのグリニッジ天文台が記録したものをインターネットでみることができる（http:solarscience.msfc.nasa.gov/greenwch/spot_num.txt）。これには年代が表示され、1年の各月の黒点の平均数が記されている。

このデータに一八世紀後半から世界各地で起きたマグニチュード5以上の巨大地震のデータを、①日付、②場所、③マグニチュード、④旧暦　とメモしてみた。このデータを見ると、一八世紀から現在に至る過程で、巨大地震の発生が明らかに増加している。一八世紀後半から一九世紀前半には、1年に1度くらいしか巨大な地震の記録がないのに、一九世紀も後半にはいると平均して1年に2回ほどになり、二〇世紀前半にはいるとこれが年3～4回、二〇世紀後半になると年5～6回と増えている。

かつての植民地時代以前のように、人があまり住んでいない土地や、砂漠や荒野や森林、あるいは大洋などの情報空白地域があった時代には、地震の発生情報が不明で、たとえそういうところで巨大地震が起きても正式に伝えられることが少なかったこともあるだろうと思われる。確かに人が殆ど生活していない土地で地震があったとしても、その正確な情報は集まりにくいと想像がつく。

しかし現代のようにどこにも人が住み、情報通信網が地球を網の目のように覆ってしまっている時代には、どこで巨大地震が起きても、すぐインターネットなどを通じて瞬時に全世界へ知らされる。時代を経るに従ってデータがふえているのも、一つにはそういう理由があるのかも知れない。3・11のあのすさまじい津波の映像も、それより数年前にインドネシアで起きたバンダ・アチェの地震の津波の情報も、即座に世界中に流された。

しかし、巨大地震のデータが増えたのは、現実に地震そのものの数が増えているからでもある。地震計にしか感知されないような微細な地震や、日本では日常的にある弱い地震は別として、今回のようにマグニチュード5以上と限っても、世界各地の地震頻発地で、繰り返し地震が起きていることは周知の事実。例えば3・11の東日本大震災を起こした三陸沖地震についていうと、一九世紀後半からでも一八五六年八月二三日の安政三陸沖地震（M7・5）、一九五八年七月八日の東北地方太平洋側地震（M7・0〜7・5）、六一年一〇月二一日の宮城県沖地震（M6・4）、九六年六月一五日の明治三陸沖地震（M8・2〜8・5）、九七年八月五日の三陸沖地震（M7・7）、九八年四月二三日の宮城県沖地震（M7・2）と、10年に1度くらいの頻度で起きている。

これは何も日本に限ったことではなく、お隣の中国南部やインドネシアのスマトラ島、南米アンデス山脈西側諸国や中近東・トルコなどにもある。

そして、年代を追ったこのデータをみると、特に二〇世紀に入ってから、複数の巨大地震が続けて各地で発生する、いわば地震発生頻度の塊が目立ってくる。

例えば二〇世紀初めの一九〇五年には、四月四日にインド北部（M7・5）、六月二日に瀬戸内海安芸灘（M7・25）、同七日に伊豆大島（M5・8）、七月八日にモンゴル（M8・8）、同二三日に同じくモンゴル（M八・〇）が集中して起きている。三か月の間に殆ど一八日おきに地震があった。しかしこれはアジアというくくりだけで考えられる地震である。

ところが、一九二二年一一月一一日のチリ地震（M7・7）から二三年九月一日の関東大震災（M7・9）までの間に、九州・長崎県（同じところで2度発生）、ロシア・カムチャッカ、中国・四川省、本州・茨城県沖、種子島と大きな地震が立て続けに集中して起きている。36日に1度くらいの頻度になるが、南米からアジアとかなり地域が広い。

今まで地震の研究は比較的その発生場所に調査が集中して行われてきた。これは当然のことだが、どうやらもしかすると巨大地震の解明には地球全体を相手にしないとその根本的なメカニズムはわからないのではないかと思われるのである。自然の力の前には人為的な国境など全く意味をなさない。地球の裏側の南米チリで起きた地震の津波が日本北部の海岸を直撃することは、翌日の三陸の被害を見れば明らかである。

また、なぜ（一八世紀後半から現代まででは、あまりにも地球史総体で見ると短期しかみていない、というそしりは免れないが）巨大地震が増えるようになったのかということにも注意する必要がある。単純に地球が活動期に入ったからだ、というだけでは説明にならない。そしてなぜ、そうなるのかが解明されなければならないだろう。

そうした地震の集中発生例を参考のためにいくつか挙げておく。地球内部の地殻の活動ばかりでなく、潮の満ち干と同じく、天文学の力を借りることもこれからは必要なのではないだろうか。

＊一九〇六年一月〜八月／エクアドル、台湾、サンフランシスコ、ペルー（50日に1回）

＊一九〇八年一二月〜〇九年一一月／イタリア、イラン、房総半島、滋賀県、沖縄本島、宮崎県（53日に1回）

＊一九一四年一〇月〜一六年二月／トルコ、イタリア、北海道、千島列島、エリトリア、宮城県沖、房総半島、群馬県西部（41日に1回）

＊一九一六年一一月〜一七年六月／兵庫県、インドネシア、静岡県、サモア（52日に1回）

＊一九二二年一一月〜二三年九月／チリ、九州長崎県、カムチャッカ、中国四川省、茨城県沖、種子島、横浜（関東大震災）（38日に1回）

＊一九二七年三月〜一〇月／京都府、中国甘粛省、イスラエル、新潟県中越地方（70日に1回）

※この平均をとると約50日に1回となる。

第六章　植物

佐久間象山
(1811 ～ 64)
　幕末の兵学者・思想家。信濃国松代（現長野市）生まれ。16歳から鎌原桐山に経義などを習ったのをはじめ、江戸で先達から詩文、砲術、蘭学を学ぶ。ガラスを作り砲を鋳造し牛痘種の導入の計画など多面で活躍。フランスの科学書から磁石を応用した地震計を製作。吉田松陰の事件に連座し幕命で京都に行き、暗殺された。

植物

は動物と違い、生活（成長と開花・結実）のサイクルが基本的には1年単位であるために、顕著な変化はそれほど多くない。但し地震の起きる前の1年間に、季節外れの開花や結実という、いわゆる〈狂い咲き〉現象、あるいは開花・結実しない、というのが報告にある。いってみれば子孫を残していくための生活サイクルの前倒し＝自己防衛あるいは先送りである。また、草や樹木を問わず根を張っている地中での特別な変化を感じ取って、同じ年に二度開花したり、結実して種子を残すようである。但し大地震前の異常とはいえない異常をしめすものもあるので、それについては末尾の★を参照の事。

アサガオ（半年前、4か月前）

※冬も咲き続ける。

例1.

【先行時間】半年前

【状態】前年の夏から咲きだし、越冬して咲き続け、震災の日まで続いた。

【その他】一九九五年一月一七日の阪神淡路大震災の前。

例2.

【先行時間】4か月前

【状態】昨年夏、隣家の庭のアサガオが変わった形のお化け花を一杯つけて大騒ぎになった。

【その他】一九九五年一月一七日の阪神淡路大震災の前。

アロエ（3週間前）

※珍しく花が咲く。

例

【先行時間】三週間前

【状態】寒さが厳しい正月頃から花を咲かせた。震源地75㎞北東の避難先でも発見。

【その他】一九九五年一月一七日の阪神淡路大震災の前。

アンズ（4か月前、3か月前）★㊟P．134参照

※本来花をつける季節に花を咲かせてしまう。［中国］

例

【先行時間】4か月前

【状態】本来は春に開花するアンズが晩秋の11月に花を咲かせた（一〇月の例もある）。

【その他】一九七五年二月四日の遼寧省海城地震の前。

イネ（4か月前、1か月前）

※九月下旬に出穂するイネが1週間以上早く咲く。

※例年より草丈が伸びず、10日も早く黄金色に実る。

例

【先行時間】1か月前

【状態】平常は九月一〇日頃出穂するイネが皆早生になり、九月一日には黄金色の実を付けた。一九九五年一月一七日の阪神淡路大震災の前年。

【その他】これと同じく、普通なら二百二十日の九月一〇日頃に出穂するイネが九月一日にはすでに黄金の穂をつけていた、という記録が一九二三年の関東大震災の時にもある（関東では田植の遅い地域の例）。この時はイネの背丈が極めて短かったという。

（伝承など）

▼水の中にある糯米の色が変わるのは地震の前兆である（群馬県伊勢崎市その他）。

ウメ（3か月前？）

※二度咲きする（赤松宗旦『利根川図志』に一八五五年一一月一一日の江戸大地震前の千葉県我孫子での観察例）。

エピデンドラム［ランの仲間］（2日前）

※花が揺れる。

例

【先行時間】２日前

【状態】午後、ランの花が微妙に揺れていた（シンビジウム、デンドロビウムは無反応）。

【その他】一九九五年一月一七日の阪神淡路大震災の前。↓ シンビジウム、デンドロビウム

オジギソウ（数日前？）

※葉を頻繁に閉じたり、閉じたままの状態になる（オジギソウは地震予知草earthquake plantという）。

■関節部分と言ってもいい葉枕（水分を溜めてある所）の中の水が、地下の根の電気や化学物質の刺激を受けて移動して膨らみ、葉枕の下の水が抜けて縮まり、葉を閉じる。※

（※こうした反応を示す植物には同じマメ科のネムノキがある。静電気のために起きるといわれる。高圧球での実験では球を接地すると茎を折り曲げるという結果が出ている。）

カキ（半年前？　３か月前？）

※花が多くついて、実が通常よりも早くなる。赤松宗旦『利根川図志』に記載の一八五五年一一月一一日の江戸地震前の千葉県我孫子での例がある。

（伝承など）

カキの実が多くなる年には地震がある（熊本県球磨郡）。

カスミソウ（直前）

※花が揺れる。

（実験では花瓶の水が高電圧になるようにすると、よく揺れる。）

カニサボテン（１か月前）

※蕾のまま幾つも落ちる。

カワナ〔川菜／海草〕（数か月前）
※濃い密度で磯を縁取る（一八九六年の明治三陸地震の前／吉村昭『三陸海岸大津波』）。

キリ（1年前）㊟P．134参照
※木が枯れる。

例
【先行時間】1年前？
【状態】特に原因もないのに枯れた（同時にササが枯れてパンダが餓死した）。
【その他】一九七六年八月一六日の四川省松潘―平武地震の前。

クリ（3か月前？）
※通年よりも早く熟する。赤松宗旦『利根川図志』に記載がある。一八五五年十一月一一日の江戸地震の前、千葉県我孫子での例。

サクラ（6か月前）
※季節外れに咲く（二度咲き）。赤松宗旦『利根川図志』に記載。一八五五年一一月一一日江戸地震の前（これはヒガンザクラ）。

例
【先行時間】半年前
【状態】夏に駅の下の堤のサクラが咲いたので何か変だと思った（阪神淡路大震災前）。
【その他】一般にサクラの開花は四月からで、夏には葉が茂り実を落としている。

サツマイモ（半年前）
※通常より早く蔓に花が咲く。〔中国。一九七一年一二月三〇日の地震の前〕

山東白菜（1年前）
※平常より早く年内に花が咲く。〔中国〕

例
【先行時間】1年前
【状態】年内に芯が出て開花。青野菜にも花が咲いた。（普通は春に開花する。）
【その他】一九七一年一二月三〇日のM七・五の地震の一年前。

シンビジウム（3週間前）
※花芽が全部葉芽になる。
例
【先行時間】3週間前
【状態】花芽になるはずの時期なのに、全部葉芽になった（20年育てている強い植物）。
【その他】一九九五年一月一七日の阪神淡路大震災前。

スモモ（3か月前）
＊季節外れに二度咲きし、結実する。［中国］
例1.
【先行時間】3か月前。
【状態】夏に大水があり、秋にスモモが二度咲きし、冬に地震があった。

【その他】一八五二年黄海沿岸地震（M6・75）の前。
例2.
【先行時間】不明
【状態】一一月なのに真夏のようで履物を通して足裏が熱かった。スモモが二度咲きした。
【その他】六八四年一一月二九日土佐での白鳳南海地震前。広域被害、津波、沿岸部の田畑が消失。世界で最も古い巨大地震の記録例。

ダイコン（1か月前）
例
【先行時間】一九二三年九月の関東大震災の1か月前。
【状態】大豊作だった。地熱の影響などが考えられる。
【その他】被災後、同時に豊作だったナシを食べながら親類の家まで歩いた。

タケ（1年前？）

※一斉に花が咲く。

（タケはイネの仲間で、一般的には50～60年くらいに一度、花をつけ実をつけて枯れる。そのためにノネズミなどが大繁殖して農業に支障をきたすことも知られている。従って必ずしもタケが実を付けたからといって、地震の前兆ではない場合もある。ササも同様である。但しこれはそう頻繁にあることではないので、他のさまざまな徴候と合わせて判断することが必要である。）

例1.

【先行時間】不明

【状態】中国遼寧省唐山地区と天津地区などでタケに一斉に花が咲き、実を付けた。

【その他】一八五二年の黄海地震の前と、一九七六年七月二八日の唐山地震の前。

例2.

【先行時間】2か月前

【状態】一〇月に芽が出てしまった。［中国］

【その他】一九七一年一二月三〇日のM４・75の地震前。

タンポポ（1か月前）

※季節外れの厳寒の冬に開花する。［中国］

例

【先行時間】1か月前

【状態】中国寧夏回族自治区隆徳県で初冬に開花。一九七〇年一二月三日の震源地から66㎞の地点。

【その他】一般には3～4月に開花するのが普通。秋まで咲く。

ツバキ（1年前、3週間前）

※いつになく花を多数、何百個も咲かせる。

※前の年にまったく蕾を付けない。

デンドロビウム（3週間前）

※花を咲かせない。

例

【先行時間】３週間前
【状態】クリスマスには何時も咲くはずが、半月経っても花を付けなかった。
【その他】地震後２か月遅れで開花。前年は百個以上、花を付けた。

トウモロコシ（半年前）
※開花・結実が何時もの年よりも早い。
（伝承など）
▼トウモロコシの根が強く張る年には地震がある（各地での言い伝え）。

ナシ（半年前?）
※開花・結実が何時もの年よりも早い。
※二度咲きする（赤松宗旦『利根川図志』に一八五五年一一月一一日の千葉県我孫子での話として出てくる例）。
※大変豊作になる（一九二三年九月の関東大震災の時）。
（伝承など）
▼ナシが多く実を付ける年には地震がある（熊本県球磨郡）。

ナズナ（３か月前）
※いつもより３か月以上前に花が咲く。［中国］
例
【先行時間】３〜４か月前
【状態】春に咲く花が前年の12月中旬に咲いてしまった。
【その他】一九七一年一二月三〇日のＭ４・75の地震前に慌てたように咲いた。

ネム（３日前）
※普通は葉を朝開き夜閉じるが、地震前にはこれが逆になる（地電流の電位変化に伴う異常ではないかという説がある）。

ハクモクレン（1年前?）

例

【先行時間】1年前9か月前
【状態】中国四川省平武で二度咲きした。
【その他】一九七一年一二月三〇日でM4・5の地震の前。

フジ（半年前）

例

【先行時間】4か月前
【状態】五月に咲いた後、八月にまた花をつけた。
【その他】一九九五年一月一七日の阪神淡路大震災の前。

マツ（1か月前～3週間前）

※枯れる。

例

【先行時間】3週間前
【状態】異様な松枯れ。池の水がなくなっていた。

【その他】一九九五年一月一七日の阪神淡路大震災前。震源地に近い場所。

モモ（半年前?）

※二度咲きをして、秋に開花、結実する（赤松宗旦『利根川図志』の一八五五年一一月一一日の江戸地震前の千葉県我孫子市での観察例）。また、古い例では六八四年一一月二九日土佐の白鳳南海地震前に狂い咲きした記録がある。

例

【先行時間】半年前?
【状態】中国山東省で一六六七年一〇月に開花、結実した（普通は年一回春に開花する）。
【その他】9か月後の一六六八年七月二五日山東省郯城地震（M8・5発生）。

ヤナギ（数か月前）

※枯れる（一九七六年七月唐山地震の前）。

ヤマボウシ（半年前）
※開花期でないのに狂い咲く。

例

【先行時間】半月前
【状態】正月に小さく花を付けた。普通は四月頃咲く。明らかに狂い咲き。
【その他】一九九五年一月一七日の阪神淡路大震災前。

ヤマモモ（半年前）
※1つも実を付けない。

ユリ（直前）
※微妙に揺れる。

ラン（先行時間不明）
※2度咲きをして鈴なりに花をつける。

リンゴ（㊟P．134参照）
※2度目の花をつけ、一〇月に結実する。普通は初夏に開花、秋に結実。

植物一般（半年前）
※水をやっても植え木が枯れる（旱魃にちかい天候）。

木の葉（直前）
※大気がひんやりとして、木の葉がざわめき、地鳴りと一緒に揺れが始まる。
（地殻変動による高い電荷密度の静電気の発生で、産毛が立つのと同じ原理か？）

㊟中国安徽省地震局がまとめた『宏観現象と地震』（共立出版）に倣って記述すると、

■植物の異常現象は、環境が変化する時に生じる一つの反応なので、地震前に植物に異常が発生すれば、環境の変化を促進する原因は表面と地球内部の運動と考えられる。

地震が発生するまでの過程では必ず物理的・化学的変化がある。そのうちのいくつかは植物の生活環境を変え、植物の成長に影響を与え、異常を起こさせることがありうる。

①大地震の発生前にはよく地下水の中のラドン含有量が長期的に異常変化を起こす。他の微量の元素も激しい地殻の運動で、水脈を通じて地層上部まで届くことがある。これらが植物が吸収すると正常な代謝の法則から外れ、異常現象となることがある。

②旱魃や大水などの自然災害時に環境が悪くなると植物も異常反応を発生しやすくなる。地震前に応力により地下水が広く浸透し、上昇下降などの変化や熱異常現象も起こる。これは気象上の「日照り・洪水」または季節の「寒・暖」変化と同じで植物に影響する。

③大地震前、地電位、地電流、地磁場によく変化がある。この変化も植物の環境に異変を招き、それに対応して植物も変化を見せることがある。電磁場の利用で種子を処理し、植物の品種改良や生産量の増加を進める方法はすでによく知られている。

■複数回での実験で、生物は外から加わったある強さの磁場で成長すると変化する。オタマジャクシは普通の状態での成長と比べ平均寿命が5～6日長い。同じように磁場のもとで育ったカイコは平均の成熟期間が短いか、早く大きな繭を作る。

特にヒマワリ、トマト、コムギや果樹などの根元に永久磁力を持つ粉末を混ぜた肥料を与えると、早い成長、結実の早さ、増加する収穫量、品種改善などの効果が表れる。これらの事実から考えられるのは、極めて弱い地磁場でも生物の成長に対して、とても重大な意味を持つ。だから地磁場のある変化が植物の異常を引き起こすもとだと考えるのも理由がある。但し現在の科学では直接的な証拠で証明できないので推測にとどまっている。

■植物は地震の発生前に必ず異常を示すだろうか。一九七五年中国東部の安徽省で、普通は春に花を咲かせるアカシアやアンズが、何か所かにわたり同じ年に八月に二度咲きがあった。調べてみると二度咲きした樹木は春に葉を出してから移植、冠水、虫害、日照りなどの原因で病気になっていた。

そのため多くの花芽が休眠状態になる。この年、七月は低温多湿だったため、落葉後は一時的に冬の状態であった。八月に気温が上がり、下旬には晴の日が多くなり、新しい葉が出て、春が来たのと同じような状態だった。

つまり、①気候、

②病虫害、

③機械的な損傷、家畜の踏み荒らし、

④移植、

⑤合わない剪定、

⑥その他、管理の悪さ、肥料の不足、水や土の流出、というような外的な条件に変化があると、正常な成長ができず、開花が遅れたり早まったり、二度咲きをするといった異常現象を起こす。自然状態では植物の成長期の異常現象はあるが、その後に地震が必ず来るわけではない。植物の異常では、よく調べて総合的な判断が必要である。

■では、一般的に植物の異常をどうキャッチして識別するのだろうか。中国の研究者たちは次の3つに分けて判断している。

①個別の株の異常現象。その株のある狭い範囲での環境の変化、例えば人による栽培や剪定などで、植物の成長過程で混乱をもたらし、形態上の突然変異を起こすこともある。大地震前の異常な変化の範囲はかなり広いので、こうした現象は地震とは無関係と思われる。

②同種の樹木に一斉に表れる開花期の異常には、

薬害や病虫害での落葉がある。安徽省のアカシアやアンズ、北京市のアカシアの二度咲きは、初秋の雹害ですべて落葉したため、同じ年に二度咲き現象が現れた。これらは地震とは無関係と考えられる。

③広範囲にわたって同種の樹木すべてや、多種の植物に異常現象が出ることがある。一九七六年七月から中国中部（陝西省）一帯で広く二度咲き、2度結実の異常現象が多発した。

アンズ、エンジュ、オウトウ、オウバイ、ザクロ、チョウジ、ツバキ、ナシ、ナツメ、ニレ、バラ、モモ、リンゴなど二〇種。これらを時期と空間の分布図と地質活動との関係を調べ、判断の手掛かりにする。これらも①～⑥の原因で説明できることであった。

■具体的に個々の植物の特性から判断できるものがある。例えば、

※一年に一度咲き、外からの刺激で二度咲きする習性のない植物（カキ、クワ、ココノエギリ、スオウ、ツバキ、マワタ）。これらは範囲の広さや地質、地下水などの影響との関係を調べれば、地震との関連の有無を確認できる。

※外からの刺激で二度咲きする習性のある植物（アカシア、アンズ、エンジュ、スモモ、モモ、リンゴ）。しかし、こうした植物でも地震前に異常が発生する場合がある。例えば一一月末から翌年三月までの間に、これらが花をつけた場合は地震前の異常の可能性が高い。

※花の芽がその年に成長した枝の上に生じる植物（ザクロ、ナツメ、ブドウ）。ザクロのような果枝は春～秋にかけて次々生え伸び、春・夏・秋梢に分かれ、一律に成長せずに次々と花をつける習性があり、晩夏～初秋に開花しても不思議ではない。

※一生に一度しか花を咲かせない、実をつけない植物（タケ）。一般にタケは酷い日照りの年には適応しきれず、開花し種子を付けて次世代に残す

場合がある。また土や水が流れて栄養が不足し、長い間竹林を伐採しないと、花を咲かせ種子をつけることがある。

●芥川龍之介が一九二三年八月二〇日過ぎに鎌倉に遊んだ折、泊まった別荘の庭でフジの花、八重のヤマブキ、ショウブ、ハスが咲き競っているのを見て開花期の異なる花が一斉に咲いているので「自然が発狂した」と思ったということが『大震雑記』にある。

●一九七七年八月七日の北海道有珠山の爆発一日前、小地震発生で付近の四十三山《よそみ》（標高253m）の下半分は樹木が緑色で、上半分は樹木が枯れていた／有珠山と洞爺湖の間で樹木が立ち枯れていた／昭和新山付近の山の樹木が一週間ほど前に枯れていた／などの報告がある。地下の水位の低下によるものだろうか?

(伝承など)

▼大地震の来る前には地熱が高まり、樹木の花が返り咲きするものが多く、野菜類は大体豊作になる（各地）。

【コラム】月齢と地震

月齢と地震は関係があるといわれるので、試みに記録が比較的多い一七世紀以降の日本と中国のＭ７以上の大地震発生時の月齢を調べてみた。次ページの表を見る限り、Ｍ７以上という条件下で、地震が潮汐と直接関係しているようには見えない。（これに関しては別の説もある。）また、太陽黒点については、その数がピークに達してから減少し、グラフ上で下降して底をつく寸前に地震が発生するという説がある。

また、太陽や月の引力が地球に影響して地震発生の引き金になるということも考えられるが、その力は分っていない。だがそれらが地球の表面に影響を与え、大陸や島々を形成しているプレート下のマントル上部に影響を及ぼしているとすれば、軌道が楕円の太陽や月と地球との距離が近くなる時、もし地球の表面下でプレートの潜り込みによって上のプレートがたわみ、限界に達している時期に重なると、それが地震の引き金になることは十分考えられる。

特に深発地震では新月と満月の時に地震発生が多いという説（これと全く逆の説もある）や、阪神淡路大震災後に丹波山地で起きている小地震活動が1年半余の調査で新月と満月の各3～4日後に多いという報告もある。Ｍ６以上の地震では、月の入り頃と月の出後に多く、上弦の五～九日、下弦の二一日～二六日に半分以上が発生、反対に月齢一〇日～一九日には発生が少ないといわれるが、もちろんこれにも例外がある。

季節的には高気圧の多い冬季（特に一月）の夜間に地震が多く、夏季は明け方に多いという報告もあるが、地域によってこれとは正反対の例もある。また深発地震が春分・秋分の頃に多く、夏至・冬至の頃に少ないのも、気圧の関係が考えられる。

（年月日）	（発生地域）	（地震名称）	（M）	（月齢）
1604.12.29	中国・福建省	福建海外地震	M8.0	8.3 小潮
1605.02.03	日本・東南海	慶長地震	M8.0	14.8　大潮　十六夜
1611.12.02	日本・三陸	慶長三陸地震	M8.1	27.4　中潮　有明月
1668.07.25	中国・山東省	呂県地震	M8.5	15.9 大潮　立待月　満月１日後
1677.04.13	日本・青森県沖		M8.0?	10.9　長潮　宵月
1679.09.02	中国・河北省	三河・平谷地震	M8.0	26.7　若潮　有明月
1695.05.18	中国・山西省		M8.0	5.0　中潮　夕月
1703.12.31	日本・南関東	元禄地震	M8.1	22.5　小潮　二十三夜　下弦の月
1707.10.28	日本・東南海	宝永地震	M8.6	2.5　大潮　夕月　新月三日後
1739.01.03	中国・寧夏区	平羅・銀川地震	M8.0	22.9　小潮　有明月　下弦の月
1771.04.24	日本・南西諸島	八重山地震	M7.7	9.0　小潮　十日月
1833.09.06	中国・雲南省		M8.0	21.5　中潮　二十三夜
1843.04.25	日本・北海道	釧路沖地震	M7.9	25.1　長潮　二十六夜
1854.12・23	日本・東南海	安政地震	M8.5	3.2　中潮　夕月　新月３日後
1891.10.28	日本・岐阜	濃尾地震	M8.0	25.1　長潮　二十六夜
1902.08.22	キルギス・ウイグル		M7.9	18.3　中潮　寝待月
1911.06.15	日本・南西諸島	喜界島地震	M8.0	17.9　大潮　寝待月
1920.06.05	中国・台湾東部	華蓮地震	M7.7	17.9　大潮　寝待月
1920.12.16	中国・遼寧省・寧夏	海原地震	M8.2	5.7　中潮　弓張月
1923.09.01	日本・南関東	関東大震災	M7.9	19.7　中潮　宵月
1927.05.23	中国・甘粛省	古浪地震	M7.8	21.6　中潮　二十三夜
1931.08.11	新疆ウイグル	富薀地震	M8.0	26.6　若潮　有明月
1933.03.03	日本・三陸海岸	昭和三陸地震	M8.3	6.6　中潮　宵月
1944.12.07	日本・東南海	東南海地震	M8.0	21.2　中潮　宵月　下弦の月
1946.12.21	日本・四国	昭和南海地震	M8.1	27.4　中潮　有月
1950.08.15	印度・中国国境	アッサム地震	M8.6	1.4　大潮　既朔　新月１日後
1951.11.18	チベット南部		M8.0	18.5　中潮　更待月
1952.03.04	日本・北海道	十勝沖地震	M8.2	7.7　小潮　九夜月
1951.11.18	チベット南部		M8.0	18.5　中潮　更待月
1952.03.04	日本・北海道	十勝沖地震	M8.2	7.7　小潮　九夜月
1958.11.07	日本・千島	択捉島沖地震	M8.2	25.3　長潮　二十六夜
1968.05.16	日本・東北沖	十勝沖地震	M8.1	25.5　中潮　寝待月
1972.01.25	台湾東方沖		M7.7	8.7　小潮　十日月
1976.07.28	中国・河北省	唐山地震	M7.7	1.1　大潮　既朔　新月１日後
1976.08.16	フィリピン南部	ミンダナオ	M7.9	20.1　中潮　宵月
（同月同日　中国・四川省松潘・平武地震あり）				
1995.01.17	日本・阪神	淡路大震災	M7.7	15.7　大潮　立待月
2011.03.11	日本・東北大震災		M7.9	6.3　中潮　弓張月

M＝マグニチュード

第二部　電器・天・地・海・人 編

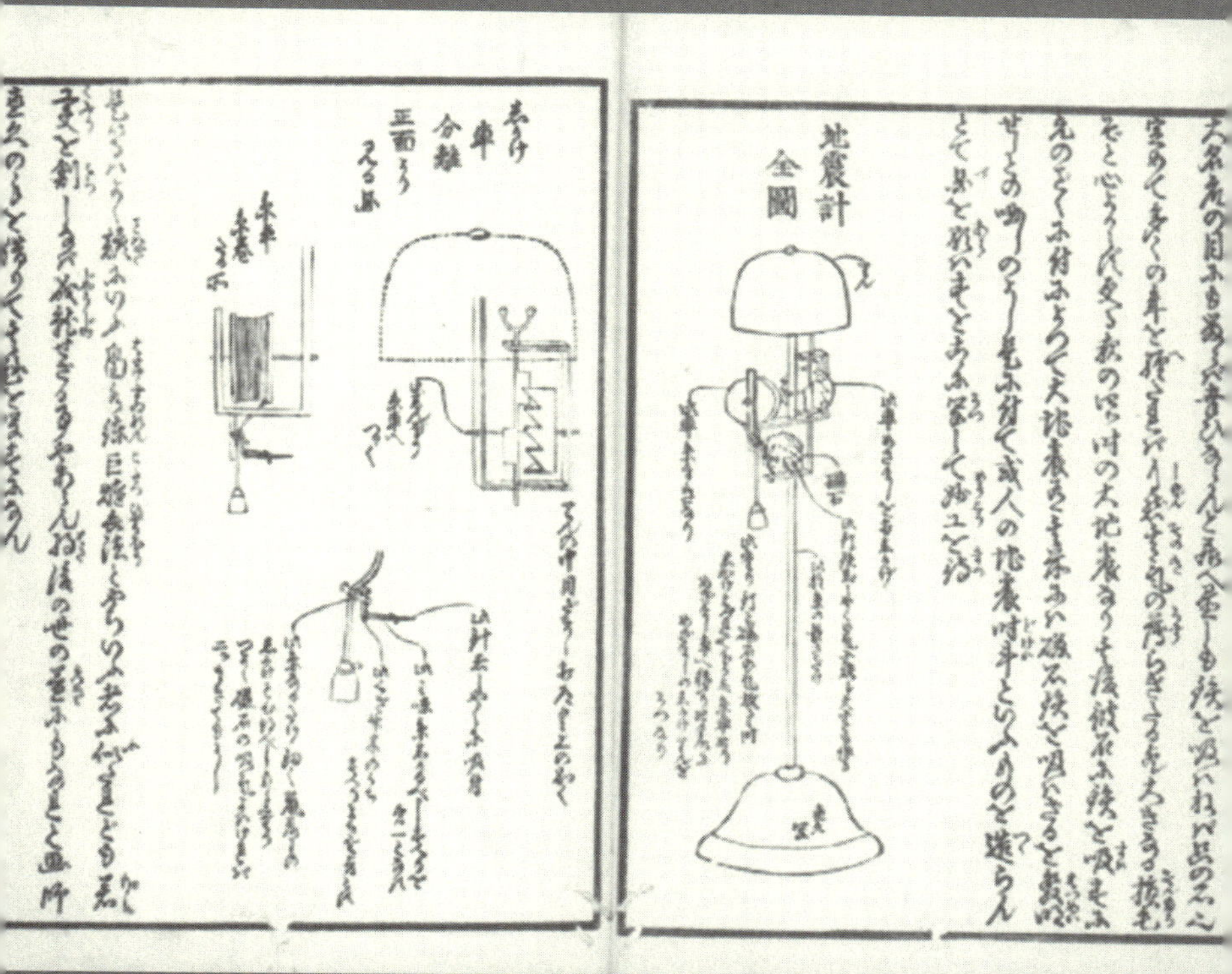

江戸時代後期に作られた、磁石を利用した地震予知器の図
（日本社会事業大学付属図書館蔵）

1855（安政二）年10月の安政大地震の記録『安政見聞誌』（翌年3月刊）掲載の磁石を応用した地震予知警報器。この本は歌川国芳著、一勇斎国芳ほか画で江戸の地区別に詳しく被害状況を報じ、多くの図版と風説も含めて約三千部発行された。

地震は地球表面のプレートの動きによって起きる現象である。それは当然、大地や天空、海や山、水や空気などに大きな影響を与えるばかりではなく、発生に先立って地震などの大地の動きを予測させるような兆候を見せることがある。数十～数百～数千年ものプレート運動によって地中にゆっくりと溜まったエネルギーが、何かの現象をきっかけ（いわゆる引き金＝トリガー）にして解き放たれて、強大な力で地表を動かす。その前後に発生した現象を分析すると、それには事前に必ず何らかのサインがあると考えられている。

巻末に掲載した世界の二〇世紀以降の大地震（M５以上）年表に限っても、地球という星が生きて絶えず活動を続けており、その動きの一つが地震という現象になって発生していることがわかる。特に大地震の規模やエネルギーを考えると、必ず事前にそれにつながるような現象（例えば火山活動）や動き（地すべり、異常気象）などが地上に起きていることは、この百余年のデータだけでもお分かり頂けるであろう。

また最近は電気器具の発達や電子技術の進歩で、電磁波が何かと話題になるが、電気器具が精密になるに従い、地中からの微弱な電波の異常に影響されるようになり、テレビや携帯電話などが変調をきたすという現象が起きている。ここではそうした我々の生活環境の中での地震に関係した徴候を分野別にあげておく。もちろんこの中には人間の感覚自体も含まれる

第七章　電気機器、体温計 など

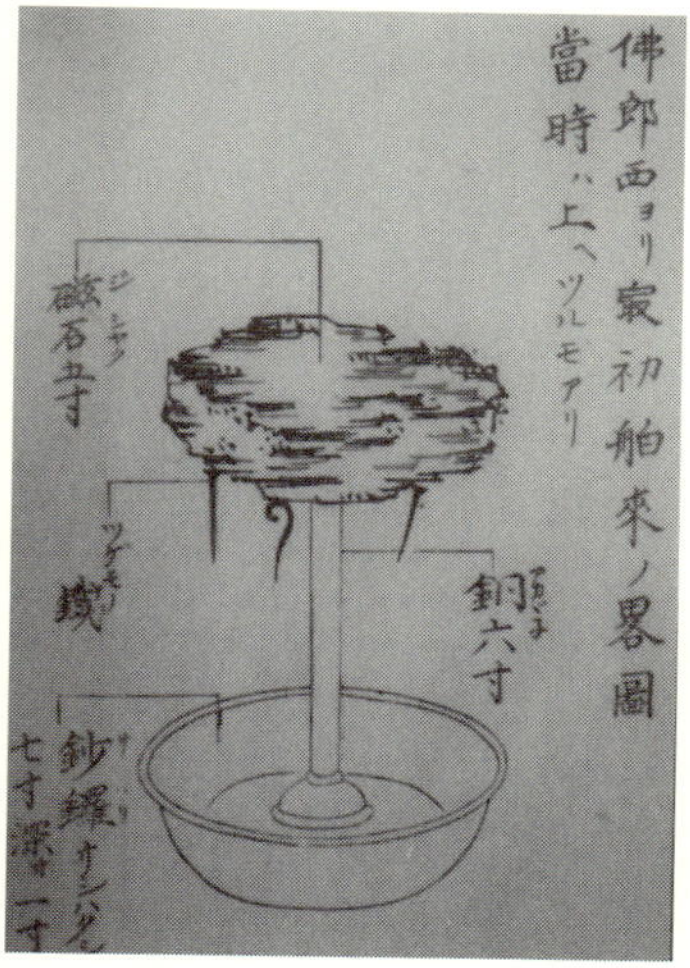

地震予知器の図解

　佐久間象山作。これ以前に長崎出島に伝わった地震予知器と原理が同じなので、出所は同じかと思われる。18 世紀半ば江戸の商店前に置かれた磁石に付着していた鉄製品が安政東南海地震前に落ち、地震を予知したといわれるが、現在の地震学者たちはこれを疑わしいとして、まともに研究していない。（群馬県立文書館蔵）

電気機器

、テレビ、ラジオ、携帯電話の不具合などは、電磁波が起こす異常現象であると考えられる。地下での地殻の変動が発生すると、岩盤の摩擦などにより、電磁波が発生する。地震研究学者によると、ごく微弱な電波だそうであるが、それにしては影響が大きいように思われる。それほどの事態を引き起こす電波が、問題にされないのはおかしいと、この分野での研究者が指摘している。

　地震学者の力武常次氏によると、この電磁波は、①異常電磁波放射と、②地震前または発生時の電離層異常による異常伝播の二種類に分けられるという。

　また、自然の状態で地中を流れている微弱な電流を地電流という。これは地磁気や地殻の変化に伴って変化するので、この電位差を宏観異常現象の一つと考えることもある。

●地震前の地下の変動が起こす電磁波による電化製品の誤作動は、阪神淡路大震災でもかなり報告されている。電磁波によって電化製品の中の回路の周囲で電流がコントロールなしに流れてしまい、電化製品が指示なしで動きだしたりする（誤作動）現象が起こる。また電灯にスイッチを入れないのに点灯したり、何もしないのにテレビがついたりする。あるいは電気仕掛けの時計が狂ったり早く進んでしまったりするような事態が起きる。それ以外でも、テレビでの衛星画像のノイズも地震による電磁波が起こす現象であろうと考えられる。混信の報告もかなりみられる。

アマチュア無線

※新型ノイズが入る。

※通常の指向性アンテナの方向に電波が入らない。

※別の電波が入る。

例1.

【先行時間】（1日前）

【状態】前日夜10時ごろから、周波数430MH《メガヘルツ》

帯でバリバリと強力なノイズが入った。
【その他】VHF帯の長距離交信の異常伝播（普段受信できない遠距離電波が入る）。

例2.
【先行時間】（1日前）
【状態】夜9時頃トランシーバーの電源を入れたら物凄い雑音。通常はまったくノイズなし。
【その他】20年来で初めてのノイズ。勝手に送信モードに切り替わった。

インターホン（1日前、直前）
※雑音が入る。
※音が鳴り、受話器を取ると音は止まるが、置くと再び鳴りだす。

エアコン（数日前、3日前、1日前）
※作動が不良になる。

衛星放送（1日前）→テレビ
※全く映らず。

エレベータ（1か月前）
※動作が不調になる。

例
【先行時間】1か月前
【状態】異音が出て、内部の無線の受信状態が悪くなり、前日には聞き取れないほどにノイズが入った。
【その他】地震後は完全ではないが元に戻った。

換気扇（前日）
※いつもは聞こえない変な唸り音が聞こえる。

携帯電話・スマホ・PHS（前日）
※作動しない（発信も受信も不能）。
※雑音がひどい。
※通じてもすぐに切れる。
※アクセスランプが受信していないにも関わらず

点灯する。
※通信速度が極めてのろい。
※スマホからネットにつながりにくい（受診不良）。
●変動を起こす地下の岩盤より電磁波が出て電波が妨害され、通話やメールの受信に不具合が起きる（かかりにくくなる）と考えられる。
通常、携帯電話は基地局との間で場所の確認の電波を発するが、電波ブロッキングで、電池の消耗が異常に速くなる。

コントローラ → リモコン

自動車（当日4時間前）
※ギアが思うように入らない。

ステンレス製浴槽（8日前）
※水を入れると原因不明の漏電をする（＊電気器具ではないが電気が関係しているので、ここに掲載しておく）。

静電気・弱電気（数日前、2日前）
※やたらと静電気が発生する（いつもより強い静電気の発生）。

例
【先行時間】 数日前
【状態】 衣服と自動車の間でいつもより強い静電気が発生して、パチパチ音をたてた。
【その他】 素手で自動車のボディに触れると痛い（地震後は平常化した）。

短波放送（1日前）
※突然無音状態になる。
※他の放送は入らず、これだけが聴こえる。
※スパーク音が連続的に出る。

チャンネル（1日前）
※チャンネルが突然変わる／映らない。

※あるチャンネルに雑音と乱れが出る（他のチャンネルでは問題ない）。

中波放送（1日前）

※ＦＭ並の音になる。

テレビ（半年前、3週間前、1週間前、6日前、五日前、4日前、3日前、2日前、1日前、直前）

■テレビは家庭での日常生活に密着しているためか、地震前の異常の報告が大変多い。

※突然の画像不調／変調（映像の映りが悪くなる／画像の乱れ／縞が入る、混信など）。

※画面に歪み／画面が斜めになる。

※色ムラ／色抜け／色がなくなる。

※消したはずなのについている。

※画面が真っ黒／真っ白になる。

※画面に真っ赤な帯が出る。

※波型震動が出る。

※衛星放送が全く映らない。

※画面がチラチラして見にくくなる。

※特定のチャンネルに二本の線が入る。

※あるチャンネルがまったく映らない。

※突然画面が映らなくなり、何分か経つと復旧する。

※ひどい砂嵐がでる。

※音量が突然大きくなったり小さくなったりする。

※あるチャンネルで原因不明の雑音が入り、画面が乱れる。

※１４０km離れたＶＨＦのＴＶ放送が地震後鮮明に映るようになる。

※ノイズが入る／ｄボタンが反応しない。

例1.

【先行時間】 2日前

【状態】 受信中のテレビが、間隔を置いてジーという音を出した。

【その他】 地震発生と共に止まった。一九七八年一月一四日伊豆大島近海地震の前。

例2.

【先行時間】3日前、4時間前

【状態】テレビ画面に3、4本の線上のノイズが横に一瞬入り、2、3回続いた。

【その他】4時間後に一九八〇年六月二九日の伊豆川奈崎沖地震が発生。これは香川県の住民からも「地震3日前テレビのスイッチを入れてすぐ、画面に破線が見えた」という報告がある。

例3.

【先行時間】2日前

【状態】夜の9時57分にテレビ画面に5センチ幅の独特の電波障害があり、地震当日まで続いた。

【その他】一九八〇年七月一六日午後5時19分に福島県沖地震が発生。

(体験者の報告例)

●テレビにノイズが発生すると、その5日+−2日後ごろに地震が発生することが多い。

●地下の変動による電磁波が強いと映像画面が不調(変形など)起こす。これは太いノイズの線と同じだろうと考えられる。

●ノイズでも太い線の場合、かなり揺れが予想される。

●ノイズでも細い線の場合、揺れはそれほどではない。

●白いノイズが出る場合には、ほとんど揺れない場合が多い。

テレビゲーム(10日前、数日前〜当日)→テレビ

※画面が乱れる(斑の白黒状態になる、など)。

※突然ほかのチャンネルにかわる。

※リモコンを押している間だけ指定のチャンネル設定ができるが、放すと勝手に変る。

※チャンネル切り替えが正常に行われない(地震後は嘘のように正常に作動)。

■電波の状態によるが、テレビの受像機に関して

は、国内近辺の地震前の時だけではなく、南米に大地震が起きた日の前日にも同じような現象が起きたという報告がある。また、2時間半前にスイッチオフにしたのに、突然勝手にオンになった例もある。

電気時計（3週間前、数日前～当日）
※掛け時計の針が勝手に回る。
※時計が10数分進む。
※置き時計の遅れが目立ち、直前には特にひどくなる。
※腕時計が毎日遅れる。
※電波時計が狂う。

電線（数日前～当日）
※パチパチ音を出す（放電音?）。

電波干渉計（1日前、40分～20分前）
※地上の限られた方向からの電波放射を記録する。

電話（1日前）
※国際電話にエコーが入る。
※相手の声がブルブル震える。

（車の）盗難防止装置（1日前）
※静電気キャッチで鳴る型のものがセット後リモコンを入れると自動作動して鳴りだす。

ナビゲーションシステム（数日前～当日）
※車の運転中に矢印が逆を向く／時計の表示が出ない／狂った。

ビデオ（1週間前、数日前～当日6時間半前）
※画像の乱れ・砂嵐が出る。
●具合の悪くなったビデオ機器を修理に出そうとした当日（地震発生日）、地震後に急に回復した。

VHF（地震後）周波数30～300メガヘルツ（波長1～10m）の電波。FMやテレビ放送などに用いられる。
※電波が異常伝播する。↓　アマチュア無線。
※今まであまり映らなかったテレビ放送が鮮明に映るようになる。

ブラウン管（数日前、1日前～当日）
※横線が入る。

ブレーカー（数日前）
※使用量が平常と変わらないのに何度も落ちる。

無線（数日前、1日前）
※交信が不調になる。

湯沸かしポット（1日前～）
※湯が臭い（水道水を入れて沸かすと有機溶剤のような臭いがする）。

ラジオ（2週間前、1週間前、5日前、1日前、直前）
●ラジオのノイズは全国どこでも24時間キャッチできるので、いつでも確認できる。2週間～1週間ほど前からノイズがでることがある。地震発生に近づくに従ってノイズ音の音量が高まる。発生直前には音の質が変わり、続いて地震発生、のことが多い。
【現象例】
※ザーザーとノイズが入る。
※突然鳴りだす。
※短波放送だけきれいに入り、他局はノイズが入る。
※短波放送聴取中に突然ノイズなしの無音状態になる。
※トランジスタラジオから最大ヴォリュームで音声が流れる。
※トランジスタラジオの音量が十数時間前から落ち始め、直前にはかすかにしか聞こえなくなる。

例1.

【先行時間】前日

【状態】午後7時から音量が落ち始め、4時間後にかすかにしか聞こえなくなり、地震発生。中国雲南省で一九七〇年一月五日の通海地震の時。

【その他】同じラジオは同年二月五日突然聞こえなくなり2時間半後に大きな余震が発生。

例2.

【先行時間】5日前

【状態】ラジオに特殊な雑音が入った。

【その他】一九七六年の唐山地震の後に似たような雑音が入り、その後に余震が起きた。

リモコン（2週間前、1週間前、当日）テレビ、エアコン、ステレオなど。

※調子が悪くなる（苛立つほど使い難くなる／作動が不安定になる／別の局に変わる）。

※新品の機器なのに全く指示がきかず、消したはずが留守中に点灯する。

※地面に向けて押す／機器のすぐそばで操作すると作動することもある。

※マルチリモコンの全面的な不調（電池交換をしても変わらず）。

例

【先行時間】1週間。

【状態】テレビの電源をリモコンで入れると、同じコンセントに繋がる別の置き型球形ライトがスイッチを入れないのに点灯。地震発生当日まで続く。

【その他】地震発生後には出なくなった。

●リモコンの作動が不安定になり、指示通りにならないために、阪神淡路大震災の前には、震源地に近い地域では電器店やメーカーへのリモコンの修理依頼が増えたという報告がある。

冷蔵庫（5～4か月前、1日前）

※モーター音がブーンと耳につくほど唸りだす。

※変調をきたす。
※音が激しく高くなる。

その他の家電製品（数日前、当日）
※電気鍋とオーブントースターが鳴る。
※電子音のアラームが鳴る。
※ビデオフィルムが壊れる。

【その他】

磁石（1日前）
※磁石についている釘や蹄鉄が地面に落ちる（地震前に地殻の変動で地面が圧力で高温になると、地面が磁力を失ってしまう）。↓

（伝承など）
・大地震前には磁石や磁石についている鉄片の類がみな下に落ちる（各地）。

体温計（2日前）電池式のもの。水銀柱は上がってもすぐに下がってしまう（これは原因がはっきりしない）。

夜光時計（2日前）
※夜行部分がみえなくなる。

例
【先行時間】一九二三年九月一日の関東大震災の2日前
【状態】トンネル内の列車で時計の夜行部分が見えなくなった。
【その他】2日前から地震翌日まで見えず。その後は元通りになった。

【コラム】阪神淡路大震災と活断層

一九九五年一月一七日の阪神淡路大震災は、大都市神戸を襲った直下型の地震で、断層に沿った市街地に局部的な被害が集中し、死者・行方不明者約6千5百人、負傷者約4万4千人という大惨事であった。震源地は淡路島北部で、野島断層が動き、ある部分では水平方向に横ずれを起こし、別の個所では上下方向に縦ずれに動いた。

地震の要因にはさまざまなことが考えられるが、最近では人為的な土地の改造でも地震を誘発する可能性があるといわれている。大規模ダムや貯水池の造成、鉱山の掘削による土地の大幅な削り取り・砂利採取などによる山塊全体の除去などが大地に影響を与えるというのである。

一九世紀末に英・仏の学者がほぼ同時に、ヒマラヤ山脈での鉛直線の偏差を説明するために唱えたアイソスタシーという理論がある。これは「地球の表面で相対的に軽い陸地が、重く流動性のある上部マントルの上に浮かんでおり、地殻の荷重と地殻に働く浮力がバランスをとっている」という説で、地殻均衡（説）ともいう。

山地の下の物質は他の土地に比べて密度が小さいといわれる。この地殻均衡説に従えば、マントルは液体に似た働きをしているが、地震波の観測によると固体であるという。つまりマントルは長い年月による緩慢な力には、液体の性質を現し、瞬間的な力には固体の性質を示すというのである。例として挙げられるスカンジナビア半島は、かつて2千mの氷床に覆われていたが、氷期が終わり氷床が融けたため、上部マントルにかかる地殻の荷重が小さくなっている。それゆえ、荷重と浮力の均衡を保つために現在同半島は年に1～2cmの速さで隆起している。言い換えれば、現在の山や川や海の風景は、長期間にわたる地殻の変化が落ち着いた状態で均衡を保っているが、山などの重みを除去したりすると、自然が抑えていた力がなくなるために、その下の地盤が不安定になり、変動を起こす可能性があるということである。

神戸市の南岸にあるポートアイランドと六甲アイランドは、それぞれ須磨区の高倉山（標高291m）と東灘区の鶴甲山（標高327m）の上部を各150m削った土砂の埋め立てで誕生した。ポートアイランドは一九六六～八一年に8千万㎥の土砂、六甲アイランドは一九七二～九二年に一億2千万㎥の土砂で造成された人工島である。土砂1㎥は約1.8トンだから、単純計算で3億6千万トンの重量が地表から消えたことになる。そしてこの二つの埋め立て地ができてわずか3年後に阪神淡路大震災が発生した。

土砂を採取した市西方の須磨区高倉山と東方の東灘区鶴甲山のあった所を都市活断層図で見ると、この二か所にそれぞれ幾つかの活断層が集中しているのがわかる（地図参照）。前者は現在の高倉団地一帯、後者は現在の神戸大学のキャンパスと鶴甲団地一帯である。（P．204に拡大図）

高倉山付近は現在の東丸山町を中心に推定活断層（地表）が各2本ずつ東西から伸びている。推定活断層とは、地形的な特徴から、活断層の存在が推定されるが、現時点では明確に特定できないもの。または今後も活動を繰り返すかどうか不明なもの。しかも東からの2本の活断層のうち南側のそれは今回の大震災で水平移動と上下移動を起こした諏訪山断層の西端部に当たる。

一方、東の鶴甲山付近は、南西から北東へ3本、北東から南西へ3本の活断層が集中している。いちばん北側のそれは推定活断層だが、南側の真中の一本は西のそれが地震の際に上下移動を起こした諏訪山断層、その下にも今回上下動を起こした断層、東側の真中のそれは、芦屋市奥池町へと伸びる水平移動を起こした活断層である。地図上では北東の方が位置やや不明確であるが、南西の方は明確に動いたことが分かっている。さらに六甲台の南から六甲山麓を走る甲陽断層は上下動と水平移動を起こして、北東の伊丹断層に連なると見られる。この事実は、六甲山系の一部で活断層の集中する部分の土砂を局部的に3億6千万トンも除去したことから、その下で何らかの変動を誘導した可能性を示唆している。つまり上記の2か所

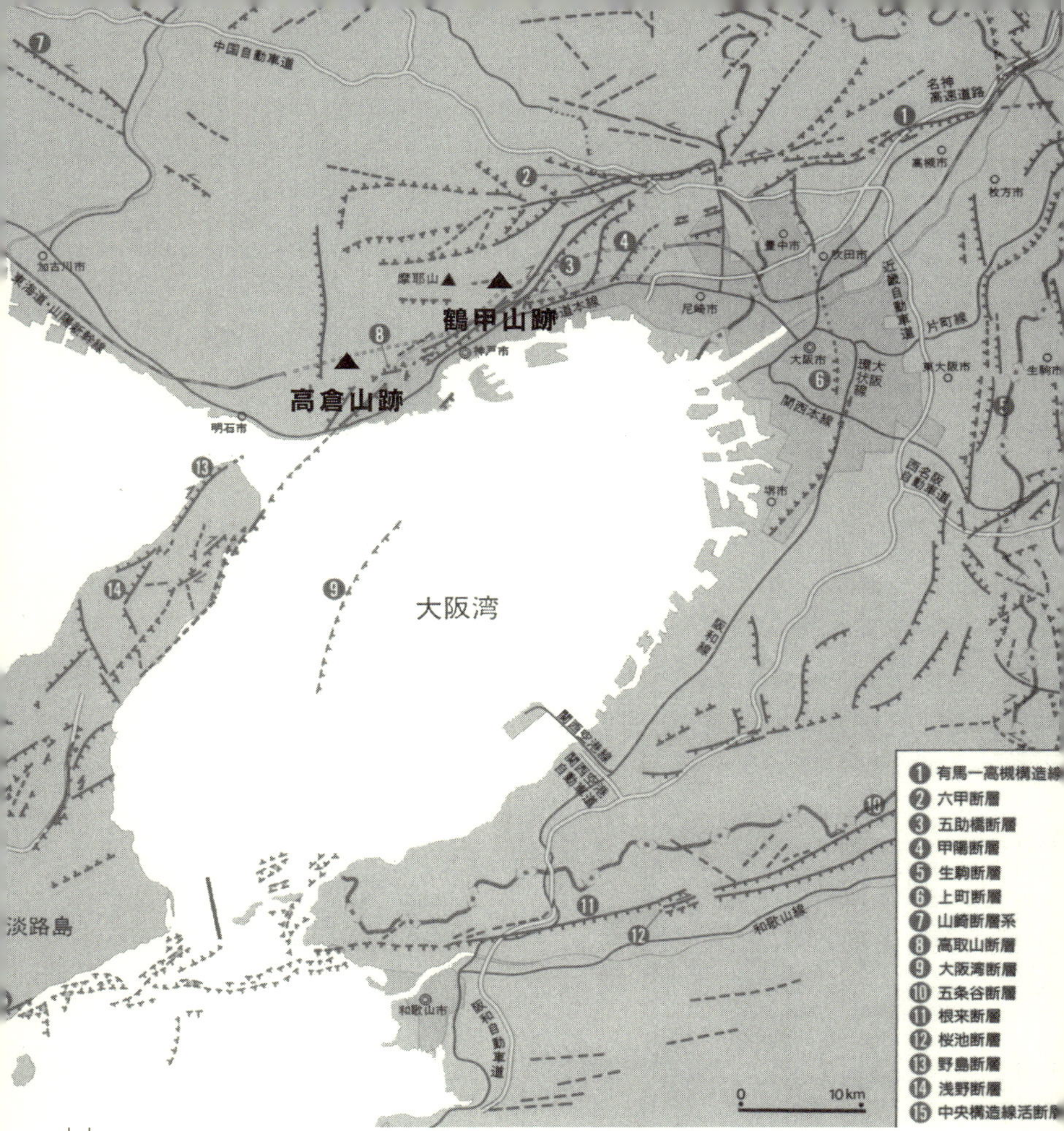

阪神地域の活断層地図
(破線・トゲトゲ線が断層を示す)

『imidas Special Issue イミダス特別編集　日本列島・地震アトラス』集英社刊（P.55　大阪近郊拡大図〈活断層研究会『新編日本の活断層』東京大学出版会〉）に二つ山名を追加。

は、活断層の集中する部分の抑えと考えられる山を取り去ってしまったということである。

　また、震源地となった淡路島北端と本州側の神戸市垂水区の間に明石海峡大橋建設（一九八六～九八年）の際、水深60m以上の野島活断層付近の海底に巨大な円筒型の金属製土台を置き、その中に建てた二つの橋脚にかかる重圧は単純計算でも総重量約20万トン、これにはケーブルの重さは含まれない。当橋は建設計画の際、鉄道も通す案が検討されたが、地盤の不安定さから道路だけにした経緯がある。またこの吊り橋の太いケーブルは両岸の地下75mの深さまで掘り下げて埋設されているので、逆に両岸で地下深部を引っ張る力が加わっていると思われる。以上から考えて活断層に極近な地下深部へ人為的な力を加えていることは、地震発生に無関係なのだろうか？（上のケーブルは地震時には既設済みだった。）

　またJRの山陽新幹線は現在判明した断層だけでも、神戸市内と芦屋市、西宮市合わせて九の活断層をトンネルが横切っており、その他にも国道、高速道路、私鉄などがトンネルとなって活断層を貫く形になっているところが何か所かある。

　単に平地の少ない神戸市に限らず日本は山国のため、トンネルが多い。例えば一九一八年掘削が始まった東海道本線の丹那トンネル建設途中での断層部分の難工事は有名である（北伊豆地震は一九三〇年。同トンネル開通は一九三四年）。これらのトンネル掘削が断層に何らかの影響を与えているように思われる。トンネル工事でそれまで豊富に出ていた地下水が全く出なくなったり、トンネル掘削中に水脈に当たり、水が絶え間なく出るようになった所もあるという。

　砂利採取などで山がなくなっている例は、千葉県などでも見られるが、自然が何万年もの時間をかけて作った大地を、人間の都合だけでこうした大規模な地形改変を行うことは長い目で見ると相当の危険をはらんでいると思われる。特に水脈の切断などは、断層の動きに水が関係しているともいわれるだけに、要注意である。

第八章　空と天候の異常

震災紀念の碑
（東京都千代田区神田淡路町）
　1923（大正 12）9 月 1 日の関東大震災当時の付近の惨状を伝える石碑。震災翌年建立。当時ほとんどの建築物が倒壊したが、鉄筋コンクリート 4 階建ての東京商工学校が倒壊せずに残ったことを記録。現場が駿河台東南端の洪積台地上にあったことも幸いしたと思われる。

空や雲

太陽や月や星について書かれた記録は、それを記録した人の個人的な印象で書かれたものが多く、それゆえに同じものを見ていても、どうしても表現が異なってしまうことがある。また雲などについては、本来であればその形を具体的に出した方がいいのであろう。しかしそうするとどうしてもその記録の数だけの雲を必要としてしまうので、スペースがとれない。そこで編集部としてはむしろ記録者の印象をそのまま出すことで、平常と違うものを見た印象を読者に受け取ってもらおうと考えた。従ってその例は多数になってしまったが、なるべく実際に近い印象を感じ取ってもらえると思う。

朝焼け（当日）

※西空が強烈な朝焼け。
※早い夜明け。
※早い朝焼け。
※光り輝くような朝焼け。
※真っ暗な明け方。
※文庫が読めるほどの夜明けの透明な明るさ。
※昼より明るい黄金色の明け方。
※平常とは違う気味の悪い朝焼け。

空気・大気（2時間〜1時間前）

※冬なのに異常な暖かさ／汗が出るほどの暑さ。
※ガス臭い／汚物のようなガス臭がする。
※凛とした大気。
※山から上がる湯煙。
※はっきりと幾重にも重なって見える山。
※街が一瞬暗くなる。
※陶器の彩色のような雲と山。
※巨大な蜃気楼。
※1本が3本に見えたサーチライト。
※洗濯物の乾きが悪い。
※風呂場が臭い。
※炊事場に靄が立ち込める。
※突然西から荒く突風／暴風が吹く。

※靄がかかったようなもうろうとした大気。
※地震直前、空気が一瞬シーンと止まった／空気の密度が急に凝固したように思える。
※周囲が異様に静かで外も薄気味の悪いほどの静けさに包まれている。
※息苦しくなり、数分前には空気が動かないように感じる。

雲（2～1か月前、8日前、1週間前、4～1日前。17～9時間前）

地震雲といわれる雲が実際にどういうものなのか、まだ明確にはわかっていない。かつて奈良市長だった鍵田忠三郎氏の『これが地震雲だ』（中日新聞本社／一九八〇年）から、最近では『巨大地震と地震雲』（講談社／二〇〇五年）まで、写真入りで説明されているが、雲の形と地震の発生の関係がまだよくわからない。

例えば曇りの日だと雲の存在そのものが確認できず、一般には否定的な意見が多い。但し気象庁地震予知情報課の「占いと同レベル」という評は、最新の測定機器を使いながらいまだ予測すらできないのだから、そちらも同じレベルではないのかと言いたくなる。何よりもまず多様な報告をまともに調べてみることの方が先決ではないか。

但し、中越地震の後でなされた地震前でのほとんどの報告は、飛行機雲、巻雲、高積雲だったといわれる。しかしながら阪神淡路大震災でも雲の報告は大変多い。地震前と地震の最中にふだん見たことのないような雲がでていれば、それに注目するのは当然であり、そういう形態の雲がなぜ出るのかを検証する必要がある。

『前兆証言1519!』では、地震前の雲の異常の報告が多いが、残念ながら目撃者によってかなり、見た雲の形態や特徴の描写が違うので、まとめるのが困難である。言葉での証言だけでは難しいが、とりあえず報告例から多く寄せられた順にあげておく。

※空一面の巨大な短冊形の雲。
※灰色で一直線状の真っ直ぐに伸びる細長い二股になったような雲。
※垂直の天に屹立する巻き上がる渦巻き状のヘビのような竜巻雲。
※富士山に筋雲。
※海面までかかる赤灰色の虹より太めの一筋／二本の太い帯雲。
※異常な気味の悪い驚くような大きな（夜の）雲。
※季節外れの入道（積乱）雲。
※帯状に広がる太い黒雲。
※紫色のカラフルな雲／虹色の雲／オーロラみたいな棒状の雲。
※厚く水平に伸びる、定規で引いたような横線の長く太い飛行機雲に似た雲。
※白雲が霞のように棚引く、五線譜のような数本の細長い流れ雲。
※低く幅太の短く白い動かない雲。
※扇雲／放射状の雲／半円形の雲。

※下から突き上げるように天まで届く、晒布のような白い雲。
※空に十字架×印でジェット機墜落跡のような（真っ赤な）交差する細長い線雲。
※空を二分する／横長の雲。
※ステーキ状の／蒲焼の皮のように縮れた雲。
※青空に垂れ下がる帯雲／満月から落ちる直雲。
※低空に光る横長雲／灰白色の太い雲。
※西空の真っ赤でどす黒い重なる無気味なまだら雲。
※月の周りの巨大な、月にかかる青味がかった雲。
※天の川のような／山から生えた垂直の雲。
※歯列のような櫛雲。
※ウロコ雲。
※鰯雲。
※鯰雲。
※昼のように明るい夜ふけの綿雲。
※真っ黒で大きい川のような雲。
※青空を仕切る横長の白い雲。

※鉛色のU字型（?）に湾曲した雲。
※茶色の雲の下に虹。
※「こ」の字型の雲。
※空一杯の色とりどりの雲の輪。
※肉眼で幅１ｍほどの黄色い帯雲。
※飛行機雲の２～３倍の太さの帯雲。
※山並のような紺灰色の雲。
※帽子雲。
※直線雲の両側にハケ雲。
※ナイフで切ったような雲。

例
【先行時間】当日地震直前
【状態】２時間前、青空にどす黒い凄味のある入道雲が現れた。普通の入道雲と違い、後から後から湧きだし、雲の境の一部が物凄く光った。
【その他】一九二三年九月一日関東大震災直前の午前中。

●地震前の雲の異常では横に広がる雲でなく、縦に渦巻き状になる雲が目立つ。また横長の雲で飛行機雲のようであっても、太さも濃さも変わらず何時間もそのままあるものは要注意である。民間の予知グループでは竜巻雲などという言い方をしているのもある。

（伝承など）
▼飛行機雲のような直線状の雲が出たら数日後に地震が発生する（北海道の別海町）。
▼イワシ雲が出ると地震が起きる（秋田県鹿角市）。
▼東から西にかけて空に細長い雲が発生すると地震が来る恐れがある（愛知県豊田市足助町／『足助の諺』）一九七九年）。

空（５～１か月前、20～10日前、１週間前、５～４日前、２～１日前、12～10時間前、１時間半前）
※青空と雲にきれいに分割された空。
※火事のように明るいオレンジ色の西空。

※昼のように明るい月夜空。
※黄砂を撒いたような空。
※強烈な朝焼けで紫を主に紅と黄の不気味な色彩の空。
※真っ黒な空。
※オレンジと青白い不思議な空。
※オレンジに朱を混ぜた空。
※山火事のように染まった空。
※満月の周りの楕円状の青空。
※異様に明るい深夜。
※季節外れの積乱雲。
※一部分だけが異様に明るい空。
※オレンジの空から降る雨。
※連夜の赤灰色の夜空
※空も海も真っ黒。
※季節外れの梅雨空。
※光る空。
※色とりどりの空。
※明るく透明な深夜の空。

※灰色の幕がかかったような不気味な空。
※見たこともない異常な雲の型と空の色。
※空が異常に晴れ渡った数日後、不可解な光線（？）が四方に閃きわたる。
※西空に毎晩空電現象が見られる。
※灰色でどんよりと重く低く垂れ込め／赤みがかり、それでいて晴天で非常に暑い。

直前の空

※前日は嵐ないし雨天で、当日朝は呼吸ができない程異常に蒸し暑く、朝から火の玉のような大きな太陽が見え、なかなか沈まないように見えた。
※夕方の空が一面薄紅色で美しく染まって不気味である。
※前日あるいは当日、東の空で夕焼けが見える。
※もやがかかったような朦朧とした空。

（伝承など）

▼宵の空が赤く燃える時には地震がある（各地）。

太陽（1年以内、5〜4か月前、数か月前、2〜1か月前、3〜2週間前、3〜2日前、15日前、1週間前、10日前、数日前、4日前、3日前、2日前、1日前、18時間前、14時間前、10数時間前、4〜3時間前、2時間前、直前）。

※太陽が黄色／赤く濁ったように／赤黒く見える。

※雲はまったくない無風の晴天。

※太陽と月に光の柱。

※太陽が出る時、異常に大きく赤く燃えるような真っ赤な色。

※血のような色にみえる夕陽。

※赤紫色／ミカン色／オレンジ色の夕陽。

※太陽の周囲が紫色の輪が濃く臙脂色になって奇妙である。

例

【先行時間】直前

【状態】太陽が真っ赤だと言い合っていた。

【その他】突然地震が発生した。一九二三年九月一日、関東大震災の時。

その他の現象例（5〜4か月前、15日前、3日前、2日前、1日前）

※太陽の周囲に三重の暈《かさ》がみえる。

※海岸で異常に赤い太陽が海上に現れる。

※夜、東の海の空が夕焼けのように赤い。

※気温の異常に高い日が数か月続き、太陽が夕陽のように異常に赤い。

（伝承など）

▼大日照り（長日照り）と長雨後に地震がある（愛知県豊田市足助町『足助の諺』一九七九年）。

▼太陽の黒点が多い時期には地震が多い（各地）。（これとは全く逆の説もある）

▼朝日が黄色に見える時には地震がある（各地）。

天候（4〜2か月前、1か月前、10日前、1週間前、5〜4日前、4〜1日前、当日5時間前、半日前、直前）

※数日前（?）から毎日夕方になると凄い稲妻が光り、激しい雨音を伴う。
※突然西から／異常な強風・突風・暴風が吹き続ける。
※どんよりして、時には雨がパラパラ降る。
※異常に蒸し暑い夕立が多い日が続き、特に震源地周辺地方は雷雨が多い。
※春の4月上旬にベタ雪が降り、夏は特に高温になる（関東大震災前）。
※嵐の後のような白けたようすである。
※異常に蒸し暑い／時期外れに暑い。
※夕方3～5時に激しい稲光を伴う1時間ほどの大雷雨がある。
※寒さが酷く空が晴れ、その数日後不可解な光り物（?）が四方に閃きわたる。
※いつもの夕立と違い、雨後に少しも涼しくならない。
※無風で湿気が多く汗が出るが、天気続きで降雨がない。

※数日前から毎晩雨がふり、それがすぐ止むと月が出て、またひどい降りになり、また月が出る。
※道のアスファルトが融けるような蒸し暑さで猛暑が続く。
※朝から曇ったり照りつけたり、頭の痛むような天気。

●「一九二三年九月一日の朝は蒸し暑く空は橙色のようで、太陽の輪郭はよくわからない。照っているが曇っているようで凄く暑い」という関東大震災50年後の新聞掲載の震災経験者の話と同じことが一八〇二年十二月九日の佐渡で起きていた。

「天気朦朧として雨のようでも風のようでもない」状態を、当時そこへ行っていた人が「これは雲が垂れているのではなく〈地気〉が上昇している」といい、「地震の前兆だ」と早々に宿を発つ。

その後、地震が起こり、佐渡金山で被害があったであろうとそこを訪ねると、坑夫たちはみな無事で、「三日前から地震が来るのは分かっていた。

というのは地震前には坑内に〈地気〉が立ち上り、近くの人々もお互いに腰から上は霞んで見えない、ということを知っていたので、誰も坑内に入らなかった」という。

これは南米のペルーやチリなど地震の多い国の鉱山で人的被害が少ないことと関係があるのだろうか。彼らもまた立ち上る〈地気〉を察知して地震を避けているのかもしれない。弘原海清氏の帯電エアロゾル説などとの関連がありそうである。

例

【先行時間】？

【状態】一月なのに初夏のような異常な高温続きだった。

【備考】一九七八年一月十四日のＭ７・０の伊豆大島近海地震前。

（伝承など）

▼冬が異常に暖かい年には地震がある（各地）。

▼風のない、どんよりした日に地震がよく起こる（愛知県豊田市足助町／『足助の諺』）。

▼津波襲来前、風がピタリと止んでシーンと静まり返り、何か嵐の前の静けさという異常な空気だった（牧野清『八重山明和大津波』）。

▼気温が異常に暖かいと地震が来る（『新編岡崎市史』19巻）。

▼静かで蒸し暑いと地震がある（徳島県小松島市）。

▼天気朦朧として蒸し暑いのは地震の前兆（愛知県）。

▼風物が死んだように静まり返り、山の形がいびつに見える時は地震がある（各地）。

▼線香の煙も色も香りも著しく悪くなると地震がある（各地）。

▼大日照り（長日照り）と長雨後に地震が来る（『足助の諺』一九七九年）。

（中国の地震記録では、旱魃と洪水の各2～3年後に大地震が繰り返し起きている。↓コラム「旱魃と地震は関係があるか？」を参照のこと）。

月（1日前、14時間前、当日未明）

※大きな濃いオレンジと茶色の（満）月。

※真っ赤に光る火の玉のような月。

※大きく真っ赤な／赤桃色の／赤黒い異常に大きい月。

※いつもの三倍もあるような大きな黄金色の（満）月。

※夕陽のように大きな／太陽のようにまぶしい／黄金色の月の外周に黄金色の同心円。

※月の直径の20～40倍もある／フリルのついた／オレンジの月の外周に青い暈。

※月の周囲に二重の虹の輪。

※色が赤黒く奇異な感じの満月。

※ギラギラ光る明るすぎる月。

※2つの月／3つの月。

※青緑色の美しい月の暈の輪。

※光の白い輪の満月。

※ヘッドライトのような感じの月光。

※楕円の月の輪。

※月の光が横に広がらず縦光だけに見える。

※満月の偏光。

※沈む太陽のような霞んだ月。

※月光のハレーション。

※放射状の月光。

※巨大なフラスコの中から見上げたような月。

※UFOのような光る月。

※輪郭のぼやけた大きな月。

※みずれが降ったような感じの月。

※低く大きい濁った月。

※落下しそうな真っ暗な月のリング。

例

【先行時間】 2日前

【状態】 月が火の玉を上げたように真っ赤、翌日夜11時ごろの月も同じく真っ赤だった。

【その他】 地震後の夜はすでに青い月で清い光を放っていた。関東大震災前の鎌倉市での例。

（伝承など）

▼月の色が赤みを帯びて平素と変わった色をしていると地震がある（愛知県豊田市／『足助の諺』一九七九年／そのほか各地）。

虹（4〜1か月前、8週間前、20〜16日前）

※雨でもないのに大きな虹。
※異方向に二つの虹。
※垂直の虹。
※山から突っ立つ虹。

（伝承など）

▼株虹は地震のしるし（四国各地）。株虹とは上部が見えない虹のこと。

●虹によって地震の予測をしている記録で有名なのは、椋平虹でしられる研究である。ただこの「虹」は観察者本人以外の人が判別することが困難なために、ついに一般化されることはなかった。関東大震災を予知したといわれる研究も観察者の死で途切れている。

また、江戸時代以前の記録にある「白気」「赤気」「地気」などは、いろいろないわれ方がなされているが、「白気」はオーロラではないかという説もあり、現在でも論争が続いているようである。

光［太陽・月・星とは別の光または物体］（3〜2週間前、15日前、1日前、当日未明）。

当日地震の直前、西の空が明るくなる現象が、阪神淡路大震災の時に複数の目撃談として報告されている。

【現象例】

※空に青白い／青緑色の稲光。
※黒雲の間や下から射す赤黄色のサーチライト／スポットライトのようなビーム光線。
※夕立でもないのに鮮やかな稲妻が何日も夜空を走る（無音／降雨なしの日が多い）。
※一直線に走る火の玉／オレンジの光／流星のような閃光。

※夜空を流れる明るい光。
※早朝の西空に太陽のような発行体。
※水銀灯の十文字の光。
※満月からもうろうとした光。

例

【先行時間】当日夜明け前午前3時

【状態】品川沖の漁船が西南方向に新聞が読めるほどの発光を見た。

【その他】一九二三年九月一日の関東大震災の夜明け。

夕焼け（多くは前日〜当日）

※色鮮やかな・火事のような・血を染めたような朱肉で染めたような熟柿色の夕焼け。
※暗い特異な朱紅色だが黒幕がかった夕焼け。
※赤紫色・黄色・橙色の夕焼け。
※西が夕焼け・東が冬空。
※空一面の夕焼け。
※分断された夕焼け空。

※黄フィルターのかかったような夕暮れ。
※深更（夜更け）の真っ赤な夕焼け。
※朱赤と黄の二層の夕焼け。

星（39日前〜1週間前）

※空が低く見えて星が大きく見える。
※オレンジ色の流星あるいは流星のような未確認物体がしばしば目撃される。
※数か月前に夕方明るい間に星が見える。
※星が異常に接近しあうように見える。

【コラム】地震の活動期（周期説）について

『中国の大地震　予知と対策』（現代史出版会／地震問答編者グループ／徳間書店／一九七六年）によると、地震の活動期とは地震活動の回数が増え、大地震も多くなる時期をいう。また平静期は、二つの活動期の間をいう（但し全く平静、あるいは地震がないわけではなく、比較的少ないということ。中国の場合は紀元後千年から現在まで、地震についての歴史記録に従い、以下のような地震の活動期と平静期とを見ることができる）。

第一活動期：一〇一一年～一〇七六年前後（66年間）（資料・記録が不完全）
第一平静期：一〇七七年～一二八九年（２１３年間）
第二活動期：一二九〇年～一三六八年（79年間）
第二平静期：一三六九年～一四八三年（１１５年間）
第三活動期：紀元一四八四年～一七三〇年（２４７年間）
第三平静期：紀元一七三一年～一八一一年（81年間）
第四活動期：一八一二年～現在（１６４年以上）
第四平静期：？

これで見ると、活動期の大体の期間は１３１年ほど、平静期の大体の期間は１３６年で、ほぼ１３０年間で交互になっている。これは日本での研究による１３５年説と近い（但し現在では日本でのこの説は否定されている）。これ以前にも日本の場合、今村明恒の『鯰のざれごと』（一九四一年／三省堂）によれば、七世紀以降で、

第一活動期：六八四年～八八七年（２０４年間）
第一平穏期：八八八年～一五八五年（６９９年間）
第二活動期：一五八六年～一七〇七年（１２２年間）
第二平穏期：一七〇八年～一八四六年（１３９年

間）

第三活動期：一八四七年～現在

活動期間は183年ほど、平穏期間は419年となり、現在はその活動期が続いていることになる。活動期の平均と第三活動期の始まりと考えられる一八四七年を足すと二〇〇九年となり、二〇一一年東日本大地震発生年に近くなるのは偶然だろうか？　またこの区分に従えば、日本列島ではおそらく二一世紀半ばぐらいまでは活動期が続くと考えられる。

戦前に河角博士が唱えた大地震69年周期説は、鎌倉大仏の修理の基礎調査に基づいて、かつて鎌倉地方を襲った32の地震の統計から、地震発生のメカニズムを探ったものから導き出された説、つまり過去の地震のデータから地震発生の頻度と余震の分析を行うというものである。この方法は物理的メカニズムを基礎にしていないという批判があるが、ある程度の信ぴょう性をもって今でも語られる。しかしたいていの場合、必ずと言っていいほどの例外が発生し、特に大地震の周期説は問題視されることが多い。

二〇一一年の東日本大震災も、平安時代の貞観大地震（八六九年七月一三日）以来の千年に一度の巨大地震だといわれている。けれども千年以上も昔のデータは他の地震も含めて古文献の記述と遺跡調査などから出てくる地震痕跡から割り出される規模などで推定されるぐらいで、統計に必要な厳密な数値を求めることは困難である。

戦前、今村明恒博士は関東大震災の後、東海道から南海道にかけて歴史的な大地震が100年～150年の間隔で繰り返し発生していることに注目し、一八五四年の安政大地震からの経年数で、すでに一九三〇年代に大地震が近いのではと予測して観測・測量を始めた矢先、一九四四年の東南海地震、一九四六年の南海地震を迎えてしまった。

河角・今村博士以外にも地震の周期を研究された人は多く、135年周期とか、もっと細かく、ある程度マグニチュードの数値の低いものまで含めている研究者もいる。宇津徳治氏の『地震活動総説』（東大出版会／一九九九年）によれば、大地震の繰り返し発生の研究は戦前から留目され研究されていた。

　戦後、この周期説の研究が進むと同時に、地域によって周期と思われるものが異なることがわかって来た。例えば青森県東方沖を震源とするM８クラスの大地震はほぼ１００年ごとに繰り返される（一六七七年～一九六八年で97年間隔）が、M７クラスの地震となるとほぼ40年間隔で発生している。また、今回の東北大震災の宮城・福島大地震の一九一一年から遡って一七世紀からの記録を当たると、ほぼ33年ごとにM７以上の地震が発生している。もう一つの例を挙げれば茨城県沖を震源とする大地震は一九世紀末から二〇世紀末までの百年で7つ記録されており、その間隔は14年前後である。

　こうした繰り返し発生の平均間隔は青森県東方沖で約97年（＋－約11年）、宮城県内陸寄りで約40年（＋－約13年）、茨城県沖で約22年（＋－約3年半）、関東付近で約48年（＋－約16年）、小田原付近で約73年（＋－約3年半）、越後で約71年（＋－17年）、京都で約49年（＋－12年半?·）、南海トラフでは約１１４年（＋－21年）だといわれる。外国でも地震多発地域ではこうした繰り返し発生サイクルが指摘されていて、おおよその発生時期は捉えられるが、発生の場所（震源）はその地域の空白部分に起きたりするので不規則である。例えば巨大地震で有名なチリのコンセプシオン付近では一六世紀からの記録に基づく統計で92年、チリ南部では１２８年間隔だという。

　また、宮城福島地震前に発生した南半球ニュージーランドのクライストチャーチの地震や、世界有数の地震頻発地域のあるインドネシアの東部は、太平洋を取り巻く地震帯・火山帯やユーラシアプレートとオーストラリアプレートの境界上にあるが、極めて興味深いことは巨大地震の発生が、太平洋を中心にしてほぼ時計回りに起きていることである。すなわち、インドネシアからフィリピン―台湾―朝鮮半島・日本列島―千島列島というように震源が移動している（もう一つはスマトラ

―ミャンマー―中国中部―中国北部に至る線で、数年前起きた四川省での地震はこれにあたるようである／茂木清夫氏の図説による）。

反対に太平洋を挟んだ南北アメリカ大陸では、アラスカからカナダ西岸を経て、アメリカのカリフォルニア州―メキシコ―コスタリカ―コロンビア―エクアドル―ペルー―チリ、の順に巨大地震が起きている。但し、必ずしもその順序にならず、それ以外にこれらのコース上にそうした経年地震と関係なく起きている地震もあるので、はっきりした規則性があるとはいえない。また、地球の裏側の欧州からも、イタリアから東に向かってギリシャ―トルコ―アゼルバイジャン―イラン―アフガニスタン―パキスタン―ミャンマー―インドネシアというように巨大地震がある年数間隔をおいて連鎖的に発生していることを指摘する研究者もある。

例えばユーラシアプレートとオーストラリアプレートの境界は上記のイタリア―インドネシアの境界地震の発生地域であるが、ほぼ18年半ごとに活動期と静穏期を繰り返しているといわれる（茂木清夫『日本の地震予知』一九八二年）。ただこうした一種の規則性がある一方で、突然今まで地震の発生がなかった所に大地震が発生することもある。しかしそれはたいていの場合上記のようなプレートの境界付近であることが多いのも事実である。

最近台湾で大きな地震があったが、地震は日本列島だけでなく、地球総体を総合的に研究しないとそのメカニズムを捉えることは困難である。地震の被害の多い国が情報交換と連携作業を行って初めて、この自然災害をもっと厳密に捉えることができるのではないか。分野も地球物理学、地質学などの他に生物学、考古学、火山学、地理学などでの研究が行われ、他の科学的推論と併せて考えることによってより解明が進むのではないかと考えられる。

第九章　大地の変化

野島断層の断面

兵庫県淡路島北西端の淡路市野島蟇浦に保存されている 1995 年 1 月 17 日の阪神淡路大震災（兵庫県南部地震）で当時動いた断層の断面。M 7.2 で右（東）側が 1.2m ほど上がった主断層（逆断層）。向かいの方角が神戸市方面、手前が鳴門方向。なお今年 4 月の地震で、この南の鳴門市に連なる断層が動いた。

地鳴り・海鳴り・山鳴り・家鳴り・火山

（1週間前、数時間前、直前）

地殻変動により地震前には火山の噴火、土地の異常隆起など、また地震後には断層の出現と、大地にさまざまな現象が起きる。

地鳴り（1年前、6か月前、数日前、1時間前、1分前）

※直前にも群発・微小・有感地震が頻発／上下動の強い揺れと物凄い地鳴り

※揺れずに地面深部からドドーン／ズシーン／ドンドンと衝撃音／地鳴り。

※ボーッ／カーン／バーン／ポン／ズシーン／ガタッなど様々な音がする。

※戦闘機・爆撃機の轟音と似た、ゴーッというような無気味な地鳴り音がする。

※ドーンッと音がして揺れる／砲声のような響きが遠く長く響く。

※風もないのに突然、ゴーッゴーッと水の流れるような無気味な音がする。

※重量車両の響き／飛行機と風の音／大きなものがぶつかるような音。

※風が唸るような音／ヒョーッと音／鉄管がピィーッと鳴るような様々な音。

※火山爆発とは違う大音響がして、直前気味の悪い唸り声のようなものが聴こえる。

※山地や崖などで小石や砂礫が落ちる。

※晴天続きで川が枯れるが、山間の谷々の割れ目から泥水が吹き出す。

※海岸に面した山で仕事などしていると、山鳴りがして気味が悪い。

※地鳴りで荷車が校舎の窓際を通るような／汽車が鉄橋上を走る音に少し似ている。

※四方の山がドロドロというような響きで鳴動し出す。異様な地鳴りがある。

※地下深くで地底を突くような音を枕越しに感じる。

（伝承など）

▼山鳴りが多いのは地震の兆しである（各地）。

家鳴り（6～5か月前、1年前）

※ゴミ箱・ドア・ガラス戸がガタガタ鳴り、机や掲示板が音をたてる／何度も起きる細かい揺れで仏壇の中がぐちゃぐちゃになる。

※ドンと体が下がり、建物全体が沈んだようになる／地盤が下がるような揺れがある。

※家の壁にひびが入る／割れる／タイルが落ちる。

※ドアがビリビリと揺れる／木製扉が開閉しにくくなる。

※家全体がギッギッギッと不可解な音をたてる（家鳴り）。

※屋外では感じないが、家の中だと窓ガラスがビビン、ビビビンと鳴った。

※日に数回、戸障子、ガラス戸などが壊れるかと思われるほどの震動があった。

海鳴り（15日前、10日前、7日前、2日前、1日前、1時間前、30分前、20分前、直前1分前、10秒前）

※沖から突然雷鳴のようなゴォーッという怒涛か地底の嵐を聞くような／遠くからの飛行機の爆音のような、物凄い地鳴り・地響きが聞こえる。

※海上の艦船上で沖合から鈍い鳴動が聞こえる。漁船の漁師がゴーッという音を聞く。

※沖合からドーンという音が数時間おきに届くとその度家屋がズシズシと数秒間軋む。

※沖にある島から鉄砲を撃つような音がする（〝海鉄砲〟）。

※地震直前遠くで大砲の発射音に似たドーンという音が海の彼方から聞こえる。

※連夜ドドーンという陰に籠った響きが約15分おきに海の彼方から聞こえる。

※湾内のカキ養殖用の垂下げ筏の網が朝に切れる。

※海水浴で海に入ると地鳴りがする。

例1.

【先行時間】6か月〜7か月前

【状態】相模湾沿岸で毎晩大砲を撃つような音と、ガラス戸が割れるような震動があった。

【備考】一九二三年九月の関東大震災前。伊豆大島三原山の噴煙は火柱となって夜間は特に美しかった（同時期火山噴火）。★　→火山

（伝承など）

▼同方向で一週間以上も鳴動または海鳴りがある時には地震がある（各地）。

▼山鳴りが多いのは地震の兆し（各地での言い伝え）。

▼節分に地鳴りがあるのは地震の兆しである（各地での言い伝え）。

▼蒸し暑い日に鳴動を聞けば地震がある（各地での言い伝え）。

火山

※火山の噴火時、学者は現地で磁力計を置いて磁力の変化を調べる。磁力がなくなっていれば、火山活動は活発化し、磁力が元に戻れば、火山活動は終了している。

※地殻が歪みを持ち、地震発生直前になると、地面の磁力が落ちる。人体も又磁力の恩恵を受けている。

★琉球大学の木村政昭氏は火山活動と地震発生は密接な関係があることを指摘されている。関東大震災の前に大島の三原山が噴火していたことは意外に問題にされないが、マントルの動きが地下のマグマだまりを押して噴火活動が起きる、という木村氏の指摘は地震発生のメカニズムの一端を説明する核心をついているようである。

（伝承など）
▼活火山の煙が少なくなると、地震が起こる（各地）。
▼火山の麓で、山の生物が里に下りたら、火山爆発の前兆（火山性微動と地熱上昇による）（福島県磐梯山麓／山梨県富士河口湖町）。

温泉（3か月前、4週間前、3週間前、10日前、1週間前、3～2日前、前日）
※温泉が湧出しなくなる／泉量がふえる。
※急に泉温が熱くなる／ぬるくなる。
※突然温泉がわき出す。
※温泉が濁る。

例
【先行時間】当日早朝6時間前
【状態】午前六時箱根道堂ヶ島の温泉が泥濁りし、入浴中体が見えないほどだった。
【その他】地震が起こると湧出が止まったが、3日後に復旧。関東大震災の日。

井戸・水（1か月前、1週間前、6時間前）
※井戸水の渇水（地下水の出が少ない／出なくなる／涸れる／断水する）。

例1.
【先行時間】1週間ほど前
【状態】神社近くの井戸6～7か所で水が出なくなり、風呂に入れずどうしようかと相談している時、地震が起きた。
【その他】一九二三年九月一日関東大震災の当日直前。

例2.
【先行時間】1週間ほど前
【状態】神奈川県秦野市の井戸で大地震前に水位減少、地震後増加。
【その他】また翌年一月一五日の地震前にも減少してその後また増加。

例3.
【先行時間】1か月前

【状態】安政の大地震で涸れた記録のある品川区の井戸水が涸れた。
【その他】九月一日の関東大震災以降は復旧。

※井戸水が濁る。

例1.
【先行時間】関東大震災の1か月前
【状態】品川八ツ山の井戸水が鉄臭く、煎じ薬のような臭いがして飲めなくなった。
【その他】一九二三年九月一日の大震災後、次第に復旧した。

※湧水が涸れる。

例2.
【先行時間】一九二三年九月一日（地震発生当日）早朝6時間前
【状態】静岡県三島市の湧水が濁った。
【その他】古老が「安政の地震の時にも濁ったから、近く地震があるかもしれない」と発言。

その他の例

※川などの水温が上がる／水量が増える。
※水道水が黄変する／濁る。
※井戸水のラドン値が乱高下する／十倍になる。
※地下水が上昇する／水位が変わる。
※山から出る清水が濁る。
※水道管が破裂する。
※池の水が透明になる。
※ポンプが空転する。
※水場の水が一滴もなくなる。
※河原に突然の湧水が起きる。
※池の湧水が極端に減る。
※前の地震の時から湧き出した水が止まらない。
※涸れ川が雨もないのに流れ始める。
※擁壁の水抜き穴から水が流出する。
※水洗トイレの水溜りが空になる。
※川がゴーッと鳴る。
※晴天続きで川は枯れるが、山間の谷々の割れ目から泥水が吹き出す。

※川にいつになく大粒のあぶくがたくさん出る。

例1.

【先行時間】4～3か月ほど前

【状態】山中湖の湖水が全面的に濁り、精進湖は6cm減水した。

【備考】関東大震災の前。翌年一月一五日の地震前にも東側3分の2が濁った。

例2.

【先行時間】1か月ほど前

【状態】涸れていた井戸水がでるようになった。

【備考】一九七四年八月四日午前三時一六分の埼玉県東部地震（M5・8）の前。

例3.

【先行時間】3日前～当日

【状態】横浜市街の帷子川で普段と違って大粒の泡がたくさん出るのが3日間続いて見られた。

【備考】一九七八年六月一二日午後五時一四分の宮城県沖地震の3日前。

●この例と似た報告は一九八〇年一〇月八日の東京都葛飾区中川での観察もある。同時にカモが普段よりはるかに多く千羽以上来ていて、前日の夕焼けが異常に赤かったという。翌日、茨城県沖が震源の震度4の地震が発生。

（伝承など）

▼井戸水が不意に引くと、津波が来る（岩手県普代村、埼玉県戸田市や徳島県など）。

▼井戸水が増えると変事（地震など）が起こる（岩手県洋野町）。

㊟一九七五年二月の中国の海城地震では地震発生前に実際に井戸水が噴出している。

▼水に浸した糯米が黄色になると地震になる（愛知県豊田市足助町／『足助の諺』）

▼井戸水が枯れたり濁ったりすると地震がある（高知県室戸市）。

▼地震があったら井戸水を見よ（もし井戸が枯れていたら津波が来る／各地）。

▼水の温度が普通よりも摂氏4度以上高くなると

地震がある（各地）。
▼１週間以上も井戸水が濁り、清澄にならない時は地震がある（各地での言い伝え）。
▼井戸水の水位、濁り、温度に急な変化がある時は地震の徴候である（各地）。

地面

※地面に窪みができる。
※20㎝ほどの穴が開く。
※地割れが起きる。
※地ずれが起きる。
※石垣から砂が落ちる。
※道路が浮遊するように歪む。
※裏山が盛り上がる。
※トンネル内のラドン濃度が二倍になる。
※奇妙な低い音が続く。
※羽蟻が羽ばたくような音がする。
※天井から微かな音がする。
※天井や壁がミシッと鳴る。

※乗り物の通過音がおかしい。
※ピチピチ弾けるような音がする。
※額縁が落ちる。
※山の畑の水持ちが悪くなる。

例１.
【先行時間】40年〜30年前
【状態】海岸の地盤が次第に沈下しつつある状況にあった。
【その他】海岸の基盤岩上に設けた通路が海水位の上昇のため、遂に通行できなくなった。

例２.
【先行時間】50〜40年前
【状態】満潮時にも海水を被らなかった岩が、いつとはなく海水を被って見えなくなった。
【備考】海岸の地盤が少しずつ沈下していたのだろう。

海の異変（１年９か月前、６か月前、４〜３か月前、２〜１か月前、１週間前、５日前、１日前、

当日、18時間前、数時間前、2時間前）
※海岸が遠浅になった／海中の岩が前よりも少しずつ大きく見え始めた。
※海中に泡が立ってふつふつと吹き上げる／濁ってあぶくが噴出している。
※海水に臭いヘドロが増える。
※潮干狩りに行ったが、かなり遠浅な海なのにアサリが獲れず、引き上げた。
※海面に砂が浮く。
※海が沖から濁り始める。
※海中から泥水がわき出る。
※潮の干満に異常が出る（水位が干潮時より引いて干潟化し海底の岩根が見える）。
※いつもなら潮が上げてくる所なのに、潮は沖まで引きっぱなしで、沖の向こうで白波が立ち、海鳴りが聴こえ、いつもと違っている。

例1.
【先行時間】2週間ほど前
【状態】伊豆半島で海女が海底から盛んに泡が立っているのを見た。
【その他】その後、アワビが岩に堅く吸い付いて容易に獲れなかった。関東大震災前。

例2.
【先行時間】関東大震災の2週間ほど前
【状態】東京湾東岸の木更津付近の一部で満潮の途中に30分～1時間、急に潮が引き、引潮の途中で30分～1時間、急に満潮が混じる〈汲み潮現象〉が発生した。
【その他】干満の異常は複数の報告がある。

例3.
【先行時間】2日前
【状態】東京の大森海岸で海面の潮流と海底の潮流が逆に流れる悪潮現象が発生。漁網の袋の部分が引っくり返った。
【その他】2日後、関東大震災発生。

潮位・水位・潮目
※干満が感じられない。

※2、3日前から潮の流れが速くなる。
※海底のヘドロが撹拌される。
※海の水位が上昇する。
※海鳴りのような音がする。
※防波堤が液状化する。
※海に緑色の帯ができる／海の色が違って濁る。

例1.
【先行時間】2日前と直前
【状態】海の水位が干潮時より1mほど退いて干潟となり、海底の岩根が現れた。
【その他】海岸から遠浅になり、海水が沖合4㎞まで引いたといわれる。

例2.
【先行時間】2〜1か月前
【状態】遠浅になり海水浴場ができたが、波が荒く海へはいれなかった。
【その他】海水が半分暖かく半分冷たかった。

例3.
【先行時間】18時間前
【状態】平常は波の高い海が油を流したように静かで波が全くなかった。
【その他】老齢の船員が「噴火か地震の前兆だろう」と言った。

（伝承など）
▼海水が白濁すれば地震あり（和歌山県）。
▼時期はずれの大潮引きは大地震の兆し（各地）。
▼海水の色が赤くなるときは大地震あり（各地）。
▼海水温が異常に高い日が続くのは地震の前兆（各地）。
▼潮の干満が五尺（1・5m）以上で、それが1週間以上続く時には地震が起こる（各地）。
▼地震前には砂浜の形状に異変を生ずる（各地）。
▼1週間以上井戸水が濁る時には地震がある（各地）

津波
津波は大地震に伴って起きる。従って特に海岸に近い所では、地震発生と同時に高台に避難することが必要である。以下は大後美保『災害予知ことわざ事典』（1985年／東京堂書店刊）をもとに、他の複数の資料から付け加えて構成した。

【気象現象の異常から津波を予知】

（伝承など）

▼海より来る蒸し暑い烈風は津波の前兆である（各地）。

▼時化（暴風）時に、真南、南西からの強い風があれば津波が来る（愛知県愛知郡）。

▼コチがしこる（2〜4日強風が吹く）時は、風と高潮が一度に来る前兆（広島県）。

▼虹の棒柱は大暴風雨が近いか、津波の兆しである（各地）。

▼低い雲が南から北へ急激に飛ぶ時には津波が起きる（広島県）。

▼海岸地方の空が普通よりも赤く、大火事の如くに見え、しかも地元に何もない時は近く大津波が来る兆しである（各地）。

【海の状況から津波を予知】

▼沖に大砲を撃つような音響が聞こえ、大干潮となった時には必ず大津波がある（各地）。

▼海岸地方の泉の水がにわかに増す時は、津波がある（各地）。

▼海中に火柱が立つ時は津波の兆しである（熊本県菊池郡地方）。

▼海水に泥が浮遊する時には津波がある（和歌山県海南地方）。

▼潮が強く引くと津波が来る（各地）。

▼地震後に海水がにわかに退く時は直ちに津波が来る（各地）。

（一三六一〔康安元〕年八月三日の地震による津波では、約1時間前に500〜600m潮が引いた。）

▼津波が来る数時間前には沖合に不気味な大音響

が起きる（各地）。
▼津波が来る前には海面が膨れる（各地）。
▼浜が緩めば（海辺の砂地が軟弱となれば）津波が来る（各地）。

【動物の生態の異常から津波を予知】
▼アワビやサザエが陸地へ這い上がる時には津波がある（東北地方）。
▼アサリ、タニシ、ヤドカリなどの貝類が著しく減る時には津波がある（各地）。
▼ウミガメが高い所に産卵すれば高潮、津波の危険がある（広島県）。
▼ウミガメが陸上深く産卵する時には津波がある（各地）。
▼ウミチドリが陸へ来る時には津波がある（各地）。
▼海辺のネズミがいなくなれば津波、地震又は火事がある（広島県）。
▼カニが陸に上がれば津波がある（広島県）。
▼カモメが川筋を続々陸に上がる時は津波の兆し（各地）。
▼大漁の翌年には津波が来る（広島県）。
▼津波の来る前にはカニが盛んに移動する（各地）。
▼津波の来る前には海の魚が陸に跳ね上がる（各地）。
▼ミサゴが海を去って川へ来る時には津波がある（各地）。
▼津波の前には海中の貝類が岩に強く膠着して剥せなくなる（各地）（▲これとは逆の証言もある）。

【その他による地震の予知】
▼海岸に近い家の井戸水がにわかに減じるのは津波の兆し（各地）。
▼地震が終日または二日にわたり、南海も震動すれば後に津波があることが多い（各地）。
▼津波も来る前には大地が微かに動揺するように感じる。

※津波の前には井戸水が異常に濁る（各地）。

【津波や災害の多い土地の地名】

▼津波や災害の多い土地には地名にその情報が込められていることがある。次のような地名で海沿いにあるのは、津波被害に遭っている所であることが多い。またあてはめられた漢字は後でつけられたものが多いので注意。読みの発音が意味を持つ核になる。

▼シオ（塩釜、汐留、潮見）、スナ（砂町、高砂）などがある所は、沿岸地域で特に津波の被害に遭いやすい地名であることが多い。その他にも津波被害に遭う可能性のある地名としては、

アシ（網代、芦原）、アマ（海士、海女、海部）、イカ（碇、伊刈）、イケ（池上、池尻）、ウキ（浮間、浮足）、ウタ（歌川）、ウメ（梅田）、ウラ（浦安、吹浦）、オリ（折立）、カマ（鎌倉、釜石）、カメ（亀戸）、カワ（川崎、川尻）、サカ（盛）、スカ（須賀）、ソネ（瓦曽根、曾根崎）、タ（詫間、高浜）、タマ（玉置、玉谷）、ツル（都留、鶴見）、ナミ（浪合、波分、波崎）、ヌマ（沼尻、沼田）、ハシ・ハジ（階上、波路上）、フナ・フネ（入舟、船越、舟渡）、ヤ（谷地、谷原）、ユラ（由良）ユリ（由利、閖上）、などがある。

●なお、これらの語源については『あぶない地名』（小川豊・著／三一書房／二〇一二年二月刊）に詳しい。

（伝承など）

▼春秋の地震は弱いが、夏冬の地震は強い（愛知県旭町に伝わる過去の経験からの比較）。

【コラム】地震に備える歌

日本と同じく地震が頻発する中国では、とくに一般大衆への地震予知のための啓蒙活動として、さまざまなやさしい知識を織り込んだ歌を作り、これをつたえるために各省の地震局を通じて広報活動している。その幾つかの例を紹介する。

（1）『宏観現象と地震』（安徽省地震局・編／力武常次・監修／杉充胤・訳／一九七六年）『地震問答』より

群測群防で予知するには、
動物の異常が非常に大切。
牛馬、ロバ、ラバ小屋に入らず、
ブタは餌を食べずにこづき、騒ぐ。
ヒツジは不安がりみじめに叫び、
ウサギは耳を立て、はねたり跳んだり。
イヌは屋根に上がり狂ったように鳴き、
ネコは驚いて叫び外に逃げ出す。
ニワトリは小屋に入らず樹の上にすみ、
ハトは驚いて飛び出し巣に帰らぬ。
ネズミは群をなして忙しく引っ越し、
イタチ、オオカミは隊を組んで駆けまわる。
氷や雪の中にヘビがはい出し、
冬眠の動物が早く目覚める。
トンボの大群が同じ方向に飛び、
ミツバチが群をなして一斉にいなくなる。
トノサマガエル、ヒキガエルは声もなくもだえ、
魚は白い腹をみせ、水上にはねる。
キジは乱舞してあやしげになき、
セミは木からおりて鳴かなくなる。
動物園のトラ、ヒョウも餌を食べず、
パンダ、ジャコウジカは驚き恐れてなき叫ぶ。
オオサンショウウオは岸に上がってワーワーと鳴き、
金魚は鉢からとび出し、籠の鳥は騒ぎ立てる。
人々は観察し前兆をさがし、
総合分析し、干渉を排除しよう。

方法簡単で、効果はよく、
どの家々でも活用できる。

(2)『動物は地震を予知するか』(力武常次・著／ブルーバックス／講談社／一九七八年刊)及び『中国の大地震　予知と対策』の中の「地震問答」第九八より

地震の前、動物に予兆がある。
みんなで観察し、防ぐことがとても大切だ。
牛、羊、ラバは囲いに入らず、
ブタはエサを食べず、イヌがやたらほえる。
アヒルは水に入らず岸で騒ぎ、
ニワトリは木の上に飛び上がって声高く鳴く。
氷がはり、雪の降る頃、ヘビがねぐらをはい出し、
親猫は子猫をくわえて走る。
ウサギは耳を立ててはねたり、ものにぶつかったり、
魚は水面でバチャバチャはねる。

ミツバチの群がブンブン飛び回り、
ハトはおびえて飛び、巣に戻らない。
家ごとにみんなで観察し、異常をまとめて報告しよう

(3)『中国の地震　予知と対策』(『地震問答』の中の第八四)
●地震の前、地下水の水位にどのような異常変化があるか？

井戸水は宝だ。前兆の来かたが早い。
雨がなければ泉の水は濁り、
日照りには井戸水がふき出す。
水位の昇降が大きいと、ぶくぶく泡が立つ。
色が変わることがあり、味が変わることもある。
天に異変があれば雨が来るし、
水に異変があれば大地が騒ぐ。
予報網を打ち立てて、異常があれば早く報告せよ。

神戸市須磨区高倉山跡付近（上）と、東灘区鶴甲山跡付近（下）の活断層図（破線と実線）。国土地理院発行の二万五千分の一活断層図「須磨」「神戸」より該当部分を転載。

第十章　人体

免震構造の建築物

　東京都江東区越中島三丁目にある免震構造ビル。埋立地に建てられ、建物を支える基礎部分の積層ゴムの免震装置が地震時の急激な振動を、ゆっくりとした動きに変換して建物全体を保全安定させる仕組み。ビルの支柱は橋の構造を応用して少ない本数で建物を支えている。

提供：清水建設㈱技術研究所

人体

（感知は3～2日前、1日前、当日直前）

地震前に身体の異常を感じた例はかなりあるが、それぞれが個人の感覚の経験なので、データ化が難しいが、その中でも顕著なのは、

①耳鳴り、
②偏頭痛、
③めまい、
④高熱、
⑤圧迫感と震動感

である。ここではそれぞれの報告を大雑把なくくりで列記しておく。いずれもほとんどが地震発生後に自然に回復しているという。

また、〈虫の知らせ〉的なものも報告されているが、後追いの感覚である可能性も否定できない。実際その時の感覚をどう表現したらいいかわからないので、こうした報告になってしまうのはやむを得ない。それらも末尾に記述しておく（以下の実例とデータは亀井義次編の『大地震実例集』徳間書店／一九八三年）を中心にして構成した）。

人体に異常を感じる例（1日前、当日直前）

※鋭い突然の耳鳴り（超低周波音）。
※偏頭痛が続く。
※突然のめまい（直前38分前～13分前）。
※非常に体がしんどい（身体障がいの人からの報告例）、体がだるく（強い倦怠感）、階段を上る元気もない（地震後は何ともなくなる）
※高熱を発する／体が熱く発熱する。
※地面の底から突き上げられるような圧迫感、大地が持ち上がるような感覚。
※（冬季なのに）名状しがたい異常な暑苦しさと不快感。

例1.

【先行時間】 1日前
【状態】 41歳女性。何となく体がだるく家事が進まず、肩こり、偏頭痛と眠気があった。
【備考】 地震発生以後は肩こりも不快感も消えた。

【その他の事例】
※鼻づまりが続く。
※頭がふらつく。
※酷い肩こり。
※強い眠気。
※耳鳴りが続く。
※喘息が出る。
※背中をマグマが通り抜けるような感覚。
※耳たぶの腫れ。
※コールタールの臭いが強く感じられる。
※原因不明の鼻血。
※空気を濃く感じる。

例2.
【先行時間】３日～当日
【状態】脊椎骨折で歩行不可能になってから、地震前になると座骨が痛む。
【その他】一九八一年一月一九日の三陸南部沖地震（Ｍ７・０）の三日前から痛みが続いた。神奈川県三浦市在住のＳ氏の場合。データを見ると地震の規模が大きい時ほど先行時間が長いように思われる。
※体が回転するような感覚。
※不安定感。
※体が自分中心に揺れるような感覚。
※頭の深部で唸り音。
※手紙が書けない（震源地となった所に住む知人に対して書こうとしてもなぜか）。
※名状しがたい車酔い現象。
※軽い吐き気。
※数日間気分が重く、地震が終わるとスカッとする。

例3.
【先行時間】１日前
【状態】下から何回か突き上げられるような、妙な感覚で薄気味悪く思っていた。揺れが始まったと同時に表へ出た。一九二三年九月一日関東大震災の直前。

【備考】地震前に突然ひどく気分が悪くなる例はこのほかにも複数ある。

例4.

【先行時間】当日

【状態】何となく気味が悪いと感じて落ち着かなかった（伊豆半島河津町在住の女性）。

【その他】一九七八年一月一四日の伊豆大島地震の前。

※突き刺さるような寒さ。
※頭から首に強い衝撃。
※胸の打撲傷が痛み始める。
※突然の腰痛。
※原因不明の腹痛
※激しい動悸。
※呼吸が苦しい。
※胃がチクチクする感じ。
※日差しがきついと感じる。
※頭に刺すような光と音。

※寝返りばかり打つ。
※眠りが浅い。
※（理由のない）不安感で寝つかれない。
※気が高ぶって眠れない。
※空が何となく厭な感じだった（地震後にその空の方向が震源地であったことを知った）。
※奇妙な気配。
※胸騒ぎ。
※天災が来る／厭なことが起こる予感。

例

【先行時間】直前4分前

【状態】対談中で夢中になっていた時、突然「きゃあッ、地震」と叫んだが、周囲の人たちは不思議そうな顔をしていた。その4分後に揺れだした。5～6階建てビルの1階。

【その他】経験者は女優の室井滋氏。ご自身が落ち着いて奇妙にも「ここ震源地じゃないですから。たぶん東北の方」と口走ったという。

【備考】その後の余震の前、深夜帰宅したが猛烈に体がだるく、家の階段を上がる元気もない時に震度6の揺れが来た。地震が終わったら何ともなくなった。その後にもまた同じような体験をしている（『地震と火山の日本を生きのびる知恵』メディアファクトリー刊／京都大学教授の地震学者・鎌田浩毅氏との対談の中での発言）。

幼児の反応

※生後3か月の赤ん坊が昼寝前、毎日決まって泣き続けるのが、地震発生の直前3時間前にピタリと泣きやんだ。

※幼児が突然、本人も訳が分からないような不安なことを突然言い出す。

※幼児のいつにない夜泣き。

※幼児が平常と違い、火のついたように泣く。

※幼児が理由なく便秘をする。

※幼児が突然、大声で泣く。

※幼児が起きてぐずる。

例

【先行時間】1日前

【状態】3歳と0歳の女児が前日夜9時頃ひどくぐずり、興奮した。一度寝着いてからも2時間ほどで目覚め、これを明け方まで繰り返した。一九七八年六月一四日のM7・4の宮城県沖地震の時。

【その他】これに先立つ二月二〇日のM7・0の宮城県北部沖地震前にも同じ状態が起きた。

●一九七五年四月二一日の大分県中部地震の際、大分市のある小学校で元気な子供が「頭が痛い」「気分が悪い」と訴えたという報告がある。

●大きな地震の前に高血圧の人の体調がおかしくなり、気分が悪くなって病院に行く例があるといわれる。これは気圧と気温の変化によるものだろうか。

（伝承など）

▼地震の前は体がだるく何となく苦しい（各地）

▼ヒステリックな人が度外れて狂暴態の発作を起こし、また頭痛を訴えると地震がある（福島県飯坂）。

▼何となく空気が重く、木の葉が動かず、異様に息づまるような圧迫感を覚える時には地震がある（各地）。

▼音も響きもないのに、不意に丹田（臍下で下腹内部にあり、気力が集中するといわれる所）に微動を感じる時には地震がある（福島県飯坂）。

【コラム】白頭山のこと

二〇一〇年の韓国からの外信ニュースは、北朝鮮と中国の国境にそびえる白頭山《ペクトサン》について、火山としての活動期に入ったと伝えている。

白頭山（中国では長白山《チャンパイサン》）は、朝鮮民主主義人民共和国と中華人民共和国吉林省の国境をなす長白山脈の主峰（標高二七四四ｍ）。アジア大陸東部では有数の火山で、山頂に天池という火口湖があり、山麓には温泉場もある観光地である。

白頭山に連なる火山帯は、真南の太白山脈の主峰・金剛山《クムカンサン》（標高一六三八ｍ）を通り、日本海東部の鬱陵島を経て竹島を通って隠岐諸島に連なっているのだという。朝鮮半島の火山帯は何となく北から南へと連なっているのではないかと思いがちだが、意外にもこのように日本海側を通っている。半島には南端に韓国最大の島・済州島の中心部に漢拏山《ハンラサン》（標高一九五〇ｍ）という火山があるが、これは日本の五島列島などと連なる別の火山帯に属する。

昨年、隠岐諸島付近でふだんは見られない深海性の小型の魚の死骸が大量に浮かんだというローカルニュースがあった。調べてみると、隠岐諸島が新聞の外信コラムに出ていた白頭山に連なる火山帯だというので、あるいは地震の前兆では?と気になった。

実は白頭山は有史以前から何度か大爆発を起こし、十世紀には噴火による火山灰が日本の東北地方から北海道にかけて分布する厚さ2・5㎝前後の白頭山‐苫小牧・火山灰層を形成する。この時の噴出物の量は約一一七〇億立方ｍと推定され、これは近年起きたアイスランドの火山爆発の千倍だったといわれる。

それより前の七世紀～十世紀に現在の中国・北朝鮮・ロシアに跨って存在した渤海国がほろんだのはこの火山の大噴火ではないかという説もある。今まで韓国も火山や地震には無縁と思われていたが、最近は地震が何度も起きている。二〇〇二年六月、中国吉林省でＭ７・３の地震が起きてから、白頭山周辺で発生した地震は従来の十倍に増えている。

白頭山は一九〇三年の噴火以来、百年以上火山活動を起こしていないが、韓国の地球科学者は4〜5年以内に爆発する可能性があるといい、中国の火山学者は「早ければ二〇一五年ごろまでに噴火する」可能性を指摘している。また日本の学者も「爆発周期が近付いている」と発言している。

それに対応しているのかどうかは不明だが、中国の方から白頭山に登る観光道路の建設関係者が政府の要請で緊急避難訓練を実施したり、道路の建設が中断しているというニュースもあるので、朝鮮民主主義人民共和国でも噴火の可能性に対応して対策を立てているのではと思われる。仮に白頭山が噴火した場合には、その被害は朝鮮半島や中国・ロシアなどに限らず、有史以来の世界的な規模になる。推定される火山灰はアイスランドの千倍、ピナトゥボの十倍を超える百立方km以上になるといわれる。

白頭山西麓の安図県では二〇一〇年十月九日にM3・5前後の地震が起きたが、その二日前、現地の道路に数千匹のヘビが現れ、車に轢かれて死んだ約七百匹の死骸からでる腐臭が一体に漂ったという。現地の人は「地震の前兆ではないかと不安だ」と語っている。

白頭山周辺では一九九九年から二〇一〇年までの間に約三千回の地震が発生、二〇〇一年八六回、二〇〇二年七四七回、二〇〇三年一一三九回、二〇〇四年一二六〇回、二〇〇五年には七月の一か月だけで約二五〇回の地震があり、年を追う毎に頻繁になっている。これに先立つ二月に中・朝・露の境界下でM6・7の強震が発生した。そのために移住計画を立てている住民もいる。山麓の三池淵郡にある養殖場では熱い温泉水の流下でヤマメが全滅したという。山頂がわずかずつ高くなっているという調査結果もある。

朝鮮民主主義人民共和国は二〇一三年二月に世界の反対を押し切って地下核実験を実施したが、これが火山活動を促すような結果にならないことを祈りたい。

第十一章　地震時の発光現象

張衡
（ちょうこう：78 ～ 139）
　約 1900 年前の後漢時代に、すでに地震が震動として地面を伝わる波であると捉えた男。現在の河南省南陽市に生まれた天才で、文才のみならず、天文や暦算などに独創的な才能を発揮し、渾天（天体）儀や感震儀を作った。いわば中国のレオナルド・ダヴィンチとでもいえる多面的な才能を持った人。（本文コラム P.220 参照。）

発光現象

は地震の前と地震の際、とくに発生時間が夕方以降になる場合、目撃が多い。武者金吉氏の『地震なまず』に従って大雑把に分けると、

Ⅰ、放射状の光

①放射状（火焔、小火焔）
②電光状（スパーク）
③線状及び帯状（雨の降り注ぐような光・細い光の帯）
④探照灯状
⑤ラッパ状
⑥雲状（光る気・光る雲）地震前に目撃例が多い

Ⅱ、その他

①漠然とした瞬間的な光（閃光）地震前に目撃例が多い
②火球（動く光体、火柱、火の棒）
③その他（燐光）

発光現象について、わが国では九世紀の貞観地震（八六九年）から、多くの目撃の記録がある。それらには大体幾つかに分けられるが、ここでは陸上と海上に分けて共通点の多い現象をあげてみる。

（1）陸上の場合

▼地震の際に出来る地割れから発生すると思われるもの。
▼地震の時の山などで発生する崖崩れ・山崩れ等に発生するもの。
▼火は熱を持つ燃える火であるものと、光だけの火の場合がある。
▼震源地方向の空中に光が出現する場合と、別の所に現れる場合（震源との関係は不明）。

報告された記録

※電光と違い、丸くて大きく澄んだ青色の玉が飛

ぶ。
※夜間、海の沖から眺めた陸地の空が遠山火事の炎のように真っ赤な光が見える。
※雷光・電光に似た光が現れて見える。震央方向で見られることが多い。
※田畑の地割れから青い焔が出る。
※夜中に大きな真円型の火球が時々飛ぶ／1m大の光り物が山から飛び出す。
※震動と同時に地の裂け目から真っ赤な大火球が飛び出し、空中に上がって消える。
※地割れの水の底から水中で青い火が燃える。
※山崩れの発生時にも多く発光が見られる。
※山中の断層上で発光がある。震動が収まると光も消える。
※野火のように幕状に広がった光が下降する。
※震源地付近で約15分間発光、月の出のように明るく、道路まで見える。
※震源地上空で電光が光り、雷鳴が轟き、暴風がたけり狂う。

※夜明け前に空が真っ赤に明るく輝く。
※発光は地震後も継続し30分ほど続く。発光地点は目も眩むほど明るい。
※山の中腹で提灯の火のような光が次々に光り、上空の雲や樹木がはっきり見える。
※地震発生時、稲妻のように強く光って地鳴り続き揺れが始まる。
※山に数十メートルの大火柱が立つ。
※地中から出る火は近寄ると見えず、その先に火が見える。
※地震の裂け目から火気が出て乾いた葦や藁を近づけると火がつく。

例1.
【先行時間】2日前
【状態】東京市（当時）の空の一部にかなり長時間にわたって珍しく音響なしの光が見えた。
【その他】不気味なので眺める人も減って家に帰った。関東大震災の前。

例2.

【先行時間】本震後

【状態】余震の起こる前には必ず発光現象を伴うことが分かっていたので、それがあると家を飛び出した。

【その他】一九二三年九月一日の関東大震災の後。

※南海道地震の時、岐阜地方で南方上空に稲光に似た青白い光が見えた（空中電気の放電？）。

※三河地震の時、愛知県形原町・西浦町で三カ根山方面に光が見えた（空中電気の放電？）。

(2) 海上の場合

※海中から火柱が立つ。

※海中から火の玉が飛び出す。

※沖合が昼のように明るくなる。

※波の上に光の円盤がみえる。

報告された記録

※海中から数本の火柱が立つ／海中から赤い火の玉が飛び出す。

※火のような雲・強烈な光を発する物体が出る（それが回転して消えると地震発生）。

※一面に火気が立ってすぐ消える。発光は地鳴りや音を伴うこともある。

※夜間海上に灰色の数段の光帯が虹のように現れる／沖合が明るい。

※海中で金色の火龍に似た光の帯が目撃される。

※夜明け前、海の西から東へ火柱が立ち、その下の海面が抉れて皿のように凹む。

※午前4時に海上が夕焼けのようにボーッと明るくなり、それが震動時まで続く。

※地震後に夜間電光のような光が震源地方向に見える。

※夜釣りに出た海上で稲妻のような光を見、衣服の染め色模様まで鮮やかに見える。

※海上から震源地方向の夜空に発光があり、海岸の松の枝まで見える。

※日暮から震源地の海上方向に電光とは違う光が現れ、海上の雲に映る。

※海上の発光で海岸では15mくらい離れている人が分かるほど明るい。
※火球状の光るものが上空から降り、海中に入るとすぐに震動が始まる。
※無数の光り物が万灯のように赤く光り輝く。
※空一面に光り、地面からも光が出て、昼のように明るい。

例1.
【先行時間】当日早朝
【状態】深川から東京湾の方に日中にピカピカ光る珍しい光が見えた。
【その他】一九二三年九月一日の関東大震災当日。

例2.
【先行時間】当日早朝
【状態】熱海沖の初島付近で水平線上に稲妻が走った。音はなかった。
【その他】何かが起きるのではないかと漁船は漁を止めて岸に戻った。

【津波の時の発光現象】
●記録は主に夜間のものが多いが、昼間にも発光現象を見る例もある。

報告された記録
※夜間、ドンという大音響と共に、沖合が夜明けのように明るくなる。
※津波前、放射状あるいは探照灯の光芒のような黄または赤を帯びた青い閃光がある。
※大砲のような大音響と共に海上が一面光り、津波の山が雪山のように白く輝く。
※大津波の波が強い光を放ち、電光か探照灯の照射のように移動する。
※進んでくる津波の大波中に白く円い形の光り物がある。
※波頭がボ～ッと光る（夜光虫とは違う）。
※海面上6～9mに満月ほどの火の玉が出現、船を進めると次第に小さくなって消える。
※地震後急速に海が退き始め、百mほど退くと海

底の泥中から水と青い光が噴出。
※海が退きだす時、沖の湾口の岬付近でピカーッと強い発光が何度も見える。
※地震後30分で海水の急退の時、山へ逃げると湾口が探照灯のように光る。
※津波が湾内に侵入するとその波頭上に青い明るい玉が数個並んで光る。
※夜間の大地震時、強烈な光が何度も閃き、周囲が昼のように明るくなり津波来襲。
※数個の光り物が海中から飛び出し、陸の方角へ飛び去る（暴風雨に伴う発光現象？）。
※津波と同時に震源地方向の山の彼方にスパークのような淡青色の光が何度か見える。
※地震時に海上の火柱がたつと、瞬時に津波が押し寄せる。
※陸の山から飛び出した火の玉（陸からみるとボール球ほど）が終夜海上に浮かんでいる。
※海上に異常な鳴動があり、提灯ほどの怪火が海岸の人家と背後の山に現れ津波襲来。

※津波の波頭の飛沫が物凄く輝き、霧深く暗くても逃げる足元が見えるほど明るい。
※津波の波頭が白く直線状になり、幅4ｍほどの帯状に真っ白に光る。
※津波襲来前に海水が退いた時、海底が青く光る。
※流星のような光、円い光り物が波と共に進んでくる。
※津波の際、海面近くの空中に光る物が現れる。
※津波の際、海中から放射された強い光が見え、光が消えると同時に第一波が岸に届く。
※津波が海岸に打ち当った時、岸の部分が青く光る。
※海上からみると岸の部分の海水は煮え立つように見えて、青く光っている。
※津波の波頭直下の所に、菅笠か盥ほどの円形の光り物が数個横に並んで進んでくる。
※波頭下に数個の提灯のような光り物が等間隔で並び、波の進退と共に激しい勢いで進退する。

●海面での発光は、海底で地震が起きるとメタンハイドレートが浮き上がり、海面上で青白く発光するのではないか、という説がある。岩手県三陸町出身の山下文男氏は『哀史　三陸大津波』で、夜光虫の発光現象ではないかと書かれている（明治・昭和三陸大津波の体験談／宮城県）が、夜光虫を知っている現地の人の目撃例ではっきりと「夜光虫ではなかった」との証言もある。いずれにしても未確認である。

（伝承など）

▼地震後は必ず津波が襲来するから絶対に浜へ逃げてはいけない。高台へ逃げろ（『静岡県史』別編2）。

▼津波がある時には海面が上がる（各地）。

これらの現象のうちの一つを目撃したとしても、必ずしも地震の前兆とは限らない。とくに単独の現象だけで判断せず、別の分野でのさまざまな現象をチェックし、情報を総合して判断すること。不安になり過ぎず、あくまでも目安と捉え、冷静に判断する必要がある。

【コラム】
世界最初の地震計の発明者

地震を観測して記録する計器・地震計を世界で最初に発明したのは、古代中国の科学者・張衡（紀元七八年～一三九年／字は子平）といわれる。現在の河南省南陽市臥龍区石橋鎮生まれの、東漢時代のすぐれた画家・詩人・数学者・政治家・製図家・地理学者・天文学者・発明家・文学者で、多方面にマルチな才能を発揮した天才だった。没落した官僚の子で、祖父・父とも官吏だった。

若いころ洛陽と長安に遊学、二四歳の時、下級官吏となった。二九歳で洛陽を詠った「東京賦」と長安を詠った「西京賦」を著わした。これらは併せて「二京賦」といい、漢代詞賦の代表作の一つとされる。やがて三四歳で都の中央官庁に勤め、宮殿の守衛を管轄する京官となる。三八歳で天文観測・暦法の計算とその改革の担当長官の太子令、宮城内の警衛の管理者の公車馬令、皇帝に上奏を取り扱う尚書などを歴任した。

三十代で、天文学の勉強を始めて「霊憲」他の研究書を著わしたが、歴史と暦法に関して全く周囲と妥協しなかったために諍いを起こし、宦官政治に耐え切れず宮廷を辞して河北へと去った。戻った南陽で再び朝廷から招聘されたが、翌年死去した。文学作品に「帰田賦」他がある。

張衡は力学に長じ、また天体や暦算に通じ、歯車を使った世界最初の水力渾天儀（天球儀）をはじめ、水時計、世界最初の感震計（地震感知器）を作った。記録によれば、地動儀は「精銅を以て鋳成し、円径八尺、合蓋隆起し、形は酒樽《さかだる》に似、飾るに山亀鳥獣の形を篆文《てんぶん》するを以てす。中に都柱（中枢となる機械のこと）有りて、側に八道行き、発機を施関す。外には八龍有り、首に銅丸を銜《は》み、下には蟾蜍《ひきがえる》有り、口を張《ひら》きて之を承く。その牙機は巧みに制《つく》られ、皆尊中に隠れ在り。覆蓋周密にして際なし。如《も》し地の動くこと有らば、尊則《すな》わち龍を振《ふる》わし機発して丸を吐き、蟾蜍之を銜《は》む。振声激しく揚がり、伺う者此に因りて覚知す。一龍発機して、七首動かざると雖《いえど》も、その方面を尋《たず》ぬれば、乃ち震の所在を知る」とある。

「中に都柱」という点からみると、千八百年以上も前に張衡はすでに、水平揺れの基本原理を応用して地震を記録していたのであり、これは現在からみても大変な発明ということができる。

この地動儀は当時、今の河南省洛陽に置かれ、紀元一三八年三月一日、当時の記録によると「嘗て一龍の機発するも、地動くを覚えず。京師の学者咸《みな》其の徴《しるし》なきを怪《あや》しむ。後数日にして駅（馬に乗り、便りを持ってくる人）至り、果たして地隴西にて震えり。ここにおいて皆其の妙に服す」とある。（隴西は現在の中国北西部の甘粛省）

地動儀は、設置場所の西北方向に地震の震動を感知し、龍が咥えていた銅丸を下の蟾蜍の口に吐いた。だが周囲の人々は揺れを少しも感じなかったので、地動儀が誤作動したのではないかと疑った。しかし数日後、甘粛からの急使が馬を飛ばしてきて、隴西に地震が発生したと報告した。つまり１００㎞も離れた隴西の地震を地動儀は確実に感知したのである。これ以来、地動儀の正確さが疑われることはなかったという。地動儀は、当時の地震を告知しただけではなく、地震の発生した方向まで測りだしたのである。当時日本ではまだ弥生文化の時代だった。

このことからも、この地動儀がいかに精密にできていたか想像しえよう。近代の地震計は一八八〇年になってからようやく造られたが、その原理は、張衡の地動儀と基本的には似ている。惜しいことに、この地動儀の性能が実証された翌年、張衡は世を去ってしまい、彼が残した著作の中には、地震及びこの計器に関する詳しい記録は残っていない。

地動儀の図（中国の切手）

【コラム】

地震に関する（前兆？）感覚

本文の実例データにもあるが、「体全体を下から突き上げられるような圧迫感」を感じて、それがどうも地震の前触れではないかと考えた人がいる。編集者の知り合いでKさんという女性。

彼女は一九九四年一〇月の北海道東方沖地震、同12月の三陸はるか沖地震、九五年一月の岩手県沖地震、同1月17日の阪神淡路大震災の事前の感覚経験をメモしておいた。

そしてその経験から、どうも自分の体に感じる感覚が後に起こる地震の前兆ではないかと考え始め、改めて九九年九月から断続的に、一つの実験として自身の体が感じとった感覚を記憶にある限りメモを取って、それを感じた時にその感じ方と特徴をそのつど夫君に伝えた。以下の記録に記すのはKさんが記憶している範囲で記録したメモである。

人体による感知は本人だけにわかるものなので、第三者ないし本人以外の目撃者・立会人ないしその時点での実況聴き取りの人間がいないと、データにはなりにくい。その点Kさんの取ってきたメモは、本人以外の夫君にその都度感じたことを伝達しているので、一応データとして見ることができる。一つの実例としてここにあげておきたい。（次の見開きページからの表を参照）

この記録には「突き上げ感覚」を感じた日にちが明確でないのが残念なのだが、その後に日本内外で起きている地震に対応しているものと思われるものが多く、今後の役に立つと思うので、ここにその一部を公開し、説明をくわえておくことにした。

◆主な感覚の内容

1　**脈打ち**……最も頻繁に感じる基本形。震度1の半分ぐらいの感覚。

寝ている時は背中、座っている時は腰や足など、床に設置した部位近くで一度【大きく脈が跳ねる】ような感じ。

※平均すると2か月に一度ある。始まると4～5

回続く。個別の地震に特定できないものは特に表記していない

2　突き上げ……【脈打ち】の強力バージョン。震度1～2ぐらいの感覚。
　突き下げ　上下どちらに脈を感じるかによって【突き上げ】【突き下げ】に分かれる。
※夫の記憶によると、海沿いの地震で多く感じているらしい。

3　微細振動……【脈打ち】の次に多く感じるもの。震度1ぐらいの感覚。
無音の道路工事が遠くで行われているような感じ。食事中など座っている時に感じることが多く、2秒ほど続く。
※これも夫の記憶によると、内陸系の地震で多いらしい。

4　上下動……【微細振動】の振れが緩やかなバージョン。

※東日本大震災の場合は振れがあまりにも大きく、震度3ぐらいか？長い時で5秒ほど感じたと記憶。

5　横滑り……【脈打ち】【振動】とは明らかに異なるもの。
　自分が座っている絨毯や布団ごと、【真横（水平）に一気に引っ張られる】ような感覚。

　この他にも人体で感じる例では、仕事で脊髄を骨折した人の例がある。怪我の後遺症で座骨が痛み出すと、それによって地震が来るのがわかるというもので、これに類した前兆感覚を持つ人は多いようである。但し前兆感覚であることに気付いていないことが多いが、痛みの強弱で地震の規模（強い地震かどうか）が分るという。その他には、急に眩暈を感じる人。わけもなく気分が悪くなったりする人、また体が妙にだるくなり、動くのがつらくなる人など、それぞれ個人的に地震前兆の何かを感じて人体が反応する場合がある。赤ん坊が理由もなくぐずる、寝着かないなどの中には、前兆を感じている場合もある。

【コラム】地震に関する（前兆？）感覚

年	月日	日本（M6.0 以上 or 震度６弱以上）	世界（M7.5 以上）	M	感覚	備考
1994	10月4日	北海道東方沖地震 国後・千島、最大震度6		8.2		
	12月28日	三陸はるか沖地震　東北沖、最大震度6		7.6	●年末年始にかけて「妙に揺れる」と数回言っていたことを夫が記憶。→三陸の余波だろうと片付けたが、阪神淡路大震災後、冗談で「前触れかな」とも話していた。あまり気にしておらず、揺れ方も不明。	
1995	1月7日	岩手県沖 青森県八戸市で最大震度5		7.2		※三陸はるか沖地震の最大余震
	1月17日	阪神淡路大震災　兵庫県南部、最大震度7		7.3		
1999	9月21日		台湾中部（集集地震）	7.5～7.7	●台湾の数日前から“横滑り”のような感覚。断続的に継続。→1年後に三宅島噴火の群発地震が起き、その後は前兆と思っていた。	※3月28日に硫黄島近海でM7.9
	10月6日	鳥取県西部地震 最大震度6強		7.3		
2001	1月13日		エルサルバドル インド西部	7.6～7.7 7.6～7.7		
	1月26日		インド西部	8.0		
	3月24日	芸予地震（フィリピン海プレート内の地震）広島県南部、最大震度6弱		6.7		
	6月23日		ペルー南部	8.3～8.4	●ペルーの数日前？「妙に揺れる」と夫と会話。揺れ方は不明。	
	7月7日		ペルー南部	7.5		※6月23日の最大余震？
	10月19日		インドネシア東部・バンダ海	7.5		
	11月14日		チベット東部（崑ろん地震）	7.8		
	12月18日	与那国島近海		7.3		
2002	8月19日		フィジー近海	7.7		
	11月3日		アラスカ中部（デナリ地震）	7.9～8.5	●2～3回ほど「地震だ」と夫に告げるが地震の報道なし。数日後、デナリ地震のニュースを見て「これか?」と会話。揺れ方は不明。	
2003	1月22日		メキシコ西部	7.6		
	5月26日	三陸南地震（太平洋プレート内の地震）　岩手・宮城で最大震度6弱		7.0		
	7月16日		インド洋	7.6		
	7月26日	宮城県北部地震　最大震度6強		6.4		
	8月4日		スコシア海	7.6		
	9月26日	十勝沖地震　北海道釧路近辺で最大震度6弱		8.0	●十勝沖の数日前、「妙に揺れる」と夫と会話。以前も経験しているので、「また地震が来る?」と話していた。揺れ方は不明。	
	11月17日		アリューシャン	7.7		
2004	9月5日	紀伊半島南東沖地震　奈良・和歌山・三重、最大震度5弱		7.4	●前出同様に「妙に揺れる」と会話。揺れ方は不明。	
	10月23日	新潟県中越地震　最大震度7		6.8	●中越地震の2週間ほど前に数回?“上下振動”または“脈打ち”感覚。　→これを機に【揺れ】イコール【地震前兆】ではないかと疑うように。	
	11月29日	釧路沖　最大震度5強		7.1		

	12月14日	留萌支庁南部地震 北海道小平町で最大震度６弱		6.1	● 11月に入り、断続的に“高速エレベータで下降する時のような宙に浮く”または“突き下げ”“脈打ち”感覚。→　中越とまったく異なる感覚だったため別の地震を疑う。各地で地震が頻発したが、後の感覚を鑑みるとスマトラが近いと思われる。	
	12月23日		マックウォーリー島（ニュージーランドはるか沖地震）	7.7 ～ 8.1		
	12月26日		インドネシア北西部（スマトラ・アンダマン地震）	9.1 ～ 9.3		※最高 30m 超の津波観測
2005	3月20日	福岡県西方沖地震 福岡・佐賀、最大震度６弱		7.0		
	3月28日		インドネシア北西部・スマトラ北部	8.4 ～ 8.6	● 2週間ほど前から“大型トラックが目前を通る時のような重量感のある突き下げ”または“脈打ち”感覚。	
	6月13日		チリ北部	7.7 ～ 7.8		
	8月16日	宮城地震 最大震度６弱		7.2	●宮城地震当日の朝、“微細振動”のような感覚。 →　夫に「今日、地震がある」と告げていたため記憶が鮮明に。なぜ「今日」と断定したかは己も不明。	※宮城県沖地震とは別の地震
	9月9日		パプアニューギニア（ニューアイルランド島）	7.4 ～ 7.6		
	9月25日		ペルー南部	7.5		
	10月8日		パキスタン北部・カシミール（パキスタン北部地震）	7.7		
	11月15日	三陸沖		7.1	●三陸沖の数日前に“横滑り”のような揺れ。宮城地震とは異なった感覚。	
2006	1月27日		インドネシア東部・バンダ海	7.5 ～ 7.6		
	4月20日		ロシア極東北部・カムチャッカ北方	7.3 ～ 7.6	●数日前から“突き上げ”または“脈打ち”感覚。　→　ロシアか伊豆半島かは判断不能。	
	4月21日	伊豆半島東方沖地震 静岡県伊東市で最大震度６弱		5.8		
	5月3日		トンガ近海	7.9 ～ 8.0		
	7月17日		インドネシア南部・ジャワ南東部（パンガンダラン地震）	7.2 ～ 7.7		
	11月15日		千島列島沖・ウルップ島近海	7.9 ～ 8.3		
2007	1月13日		千島列島沖・シムシル島近海	7.9 ～ 8.2		
	3月25日	能登半島地震 最大震度６強		6.9		
	4月2日		ソロモン諸島沖	8.1		
	7月16日	新潟県中越沖地震 新潟・長野、最大震度６強		6.8	●中越沖地震の２週間ほど前、“突き上げ”感覚１回。“脈打ち”数回。	
	8月16日		ペルー南部沖	7.9 ～ 8.0		
	9月12日		インドネシア北西部・スマトラ南部	8.3 ～ 8.4	●数日前から“突き下げ”または“脈打ち”感覚。	

	11月14日		チリ北部	7.7		
	12月9日		フィジー近海	7.7～7.8		
2008	5月8日	茨城県沖　茨城・栃木、最大震度5弱		7.0	●茨城県沖の1日前に“横滑り”のような揺れ。数分置き・3回ほど。	
	5月12日		中国四川省中部（文川地震／四川大地震）	7.9～8.0		
	6月14日	岩手・宮城内陸地震　最大震度6強		7.2	●内陸地震の2週間ほど前、“上下に細動”または“脈打ち”感覚。2日間で5回ほど。	
	7月5日		ロシア極東・サハリン	7.7		
	7月24日	岩手県沿岸北部　最大震度6弱		7.2		※6月14日との関連性は薄い
	9月11日	十勝沖　最大震度5弱		7.1		
2009	1月4日		インドネシア東部・イリアンジャヤ	7.6		
	3月19日		トンガ近海	7.6		
	7月15日		ニュージーランド南部	7.6～7.8		
	8月10日		インド洋東部・アンダマン諸島	7.6		
	8月11日	駿河湾　静岡、最大震度6弱		6.5	●駿河湾の地震の4～5日前、ズンズン“突き下げ”られるような、または“脈打ち”感覚。2日間で4～5回ほど。	
	9月29日		サモア近海	7.9～8.1		
	9月30日		インドネシア北西部・スマトラ中部	7.5		
	10月8日		ヴァヌアツ・サンタクルーズ	7.6～8.0		
2010	2月27日	沖縄本島近海　糸満市で最大震度5弱	チリ中部	7.2 8.7～8.8	●1月12日のハイチ地震（M7）の直前から“微細震動”感覚。3日間・各1回ほど。	※1月12日ハイチ地震（M7.0）
	4月7日		インドネシア北西部・スマトラ北部沖	7.8		
	6月13日		インド洋東部・ニコバル諸島	7.5		
	7月24日		フィリピン	7.6		
	10月25日		インドネシア北西部・スマトラ中部沖	7.5～7.7	●スマトラ中部沖の地震の発生前後、10月初旬～11月初旬の約1か月間、過去に記憶がない“大波に揺られるような上下動”。3日連続・数時間置き。き。その後も断続的に続く。→東日本大震災が起きるまではスマトラが原因と思い、スマトラ近海でもっと大きい地震が来るのだろうと思っていた。 →2月のニュージーランド地震の約2週間前に別の“微細震動”あり。	
	11月30日	小笠原諸島西方沖		7.1		
	12月22日	父島近海		7.4		
2011	3月9日	三陸沖　宮城県で最大震度5弱		7.2		※2月22日カンタベリー地震
	3月11日	東日本大震災（太平洋プレート内の地震）		9.0		※最大30m超の津波

／M5.4／浅発／神奈川県との境の丹沢山系で発生した直下型／☆2月6日／フィリピンのネグロス島とセブ島の間の海峡（ビサヤ諸島）／M6.7／震源深度20－40km／死・不明者43以上／**★2月8日21:01頃／佐渡付近**／M5.7／浅発／**★2月14日／茨城県沖**／M6.1／浅発／3/11の余震／**★2月19日14:54頃／茨城県北部**／M5.2／浅発／3/19の茨城県北部地震の余震／**★2月29日／小笠原諸島西方沖**／M6.0／深発521km／**★3月1日07:32頃／茨城県沖**／M5.3／浅発／3/11の余震／**★3月10日02:25／茨城県北部**／M5.4／浅発／3/19茨城県北部地震の余震／**★3月14日18:08頃／三陸沖**／M6.9／太平洋プレート内部の正断層型／北海道、青森、岩手各地で20cmの津波／**★同月同日21：05頃／千葉県東方沖**／M6.1／浅発／千葉・茨城両県で震度5強／死者1／北米プレートの浅い所で発生した正断層の地殻内誘発地震／銚子市、神栖市などで液状化現象／☆3月20日／メキシコ南部オアハカ／M7.6／メキシコシティも揺れた／☆3月25日／チリ中部／M7.2／**★3月27日20:00頃／岩手県沖**／M6.5／北米プレートの浅い場所で発生した逆断層地殻内地震／3/11の余震／**★4月1日23:04頃／福島県北東沖**／M5.9／浅発／余震／☆4月11日／メキシコの太平洋沖／M7.0／浅発／☆同月同日／インド洋東部スマトラ沖／M8.7／スマトラ北部の西方はるか沖で発生／余震でもM8.2／海溝型でなく海底プレート内のアウターライズ地震／断層成分が横揺れで小津波／死者10／揺れ自体は広くマレーシアやシンガポールに到達／横揺れ断層型では観測史上最大級／☆同月同日／メキシコ、ミチョアカン／M6.5／**★4月13日19:10頃／福島県南東沖**／M6.0／浅発／北米プレート内で発生／3/11の余震／**★4月29日19:28頃／千葉県北東部**／M5.8／浅発／**★5月20日／三陸沖**／①M6.1、②M6.5／共に浅発／3/11の余震／☆5月22日／ブルガリア／M5.6／**★5月24日00:02頃／青森県東方沖**／M6.1／浅発／海溝型／**★5月27日／小笠原諸島西方沖**／M6.3／深発499km／**★6月6日／千葉県東方沖**／M6.3／浅発／太平洋プレート内部／**★6月18日／宮城県沖**／M6.1／浅発／**★7月8日／ウルップ島東方沖**／M6.2／浅発／**★7月10日／長野県北部**／M5.2／浅発／**★8月14日／オホーツク海南部**／M7.3／深発654km／☆9月7日11:19／中国雲南省昭通市／M5.7／浅発

／スペイン／ M5.1 ／**★5月25日／福島県浜通り**／ M5.0 ／浅発／ 3/11の余震／**★5月26日05:36頃／福島県浜通り**／ M5.1 ／**★6月3日／福島県はるか沖**／ M6.1 ／浅発／**★6月4日／福島県南東沖**／ M5.5 ／浅発／▲同月同日／チリのプィエフエ火山51年ぶり大噴火／**★6月14日／三陸南部沖**／ M6.0 ／浅発／**★6月18日／福島県北東沖**／ M6.0 ／浅発／**★6月23日06:51頃／岩手県沖**／ M6.8 ／浅発／海溝型／☆同月同日／米国アリューシャン列島付近／M7.2 ／**★6月30日08:16頃／長野県中部**／ M5.4 ／浅発／松本市で最大震度6弱／死者1 ／牛伏活断層による直下型／**★7月5日19:18頃／和歌山県北部**／ M5.5 ／浅発／直下型／☆7月7日／ NZのケルマデク諸島／ M7.6 ／**★7月10日10:07頃／三陸沖**／ M7.3 ／岩手・宮城・福島各県で最大震度4 ／岩手県大船渡港、福島県相馬港で10cm、宮城県仙台港で12cmの津波／ 3/11の余震／太平洋プレート内部／**★7月15日21:01頃／茨城県南部**／ M5.4 ／深発／**★7月23日13:34頃／宮城県沖**／ M6.5 ／浅発／海溝型余震／**★7月25日03:51頃／福島県沖**／ M6.2 ／浅発／余震／**★7月31日03:54頃／福島県南東沖**／ M6.4 ／浅発／太平洋プレート内部の余震／**★8月2日23:58頃／駿河湾**／ M6.1 ／浅発／フィリピン海プレート内部／**★8月12日03:22頃／福島県沖**／ M6.0 ／浅発／海溝型余震／**★8月17日／関東東方沖**／ M6.2 ／浅発／**★8月19日14:36頃／福島県沖**／ M6.6 ／浅発／太平洋プレート内部余震／**★8月22日／茨城県沖**／ M6.1 ／浅発／☆8月23日／米国コロラド州トリニダッド南西部／ M5.3 ／☆同月同日／米国ヴァージニア州ルイザ郡／ M5.8 ／☆8月24日／ペルー東部／ M7.0 ／☆9月2日／米国アリューシャン列島／ M7.1 ／**★9月7日22:29頃／北海道日高中部**／ M5.1 ／浅発／**★9月15日／茨城県沖**／M6.3 ／浅発／**★9月17日／三陸沖**／①M6.6、②6.1 ／共に浅発／**★9月21日22:30 ／茨城県北部**／ M5.2 ／浅発／**★9月29日19:05頃／福島県浜通り**／ M5.4 ／浅発／**★10月5日18:59頃／富山・長野県境近く**／群発／ M5.4、3日～ 12日にM5.2(最大震度4)の地震が相次ぐ／ 10/7のM2.4(最大震度1)の地震による落石で死者1 ／浅発／黒部峡谷発生地震／**★同月同日23:33頃／熊本県熊本地方**／ M4.5 ／浅発／**★10月21日17:02頃／上川地方中部**／ M6.3／深発196km ／☆10月23日／トルコ東部／ M7.2 ／死・不明者600以上／☆11月6日／米国オクラホマ州リンカーン郡／ M5.6 ／**★11月8日11:59 ／沖縄本島北西沖**／ M6.9 ／深発217km ／**★11月20日10:23頃／茨城県北部**／M5.3 ／浅発／**★11月21日19:16頃／広島県北部**／ M5.4 ／浅発／**★11月24日19:25頃／福島県沖**／ M6.0 ／浅発／**★同月同日／北海道浦河沖**／ M6.1／浅発／プレート境界発生の海溝型

2012(平成23)年

★1月1日14:27頃／鳥島近海／ M7.0 ／深発397km ／東北南部～関東の広範囲で最大震度4 ／太平洋プレート内部で発生／**★1月23日20:45頃／福島県南東沖**／ M5.1 ／余震／浅発／**★1月28日07:43頃／山梨県東部(富士五湖)**

沖／M6.2／**★同日23:34頃／長野県北部栄村**／M3.7／**★同日／秋田県沖**／M6.4／浅発／3/11の誘発地震／**★同日／茨城沖**／M6.0／浅発／3/11の余震／**★3月13日08:24頃／宮城・福島・茨城沖**／M6.0／浅発／3/11の余震か／宮城県沖／M6.2／**★3月14日10:02頃／福島・茨城沖**／M6.2／浅発／3/11の余震／**★3月15日／静岡県東部**／22:31頃／富士宮市／M6.4／最大震度6強／3/11の誘発地震／浅発／**★同日／福島・三陸沖**／M6.0／余震／**★3月16日12:52頃／千葉県東方沖**／M6.0／浅発／3/11の余震／北米プレートの浅い場所で起きた地殻内地震／**★3月19日18:56頃／茨城県北部**／M6.1／浅発／東進する北米プレートの張力が働いて発生した誘発地震。高萩断層の活動による正断層型／**★3月22日／福島・三陸沖**／M6.0／浅発／3/11の余震／**★3月23日07:12頃／福島県浜通り**／M6.0／3/11の余震／水石山の断層活動によると推定／**★同日07:34頃／福島県浜通り**／M5.5／**★同日07:36頃／福島県浜通り**／M5.8／**★同日18:55頃／福島県浜通り**／M4.7／**★3月24日08:56頃／岩手県沖**／M6.1／浅発／3/11の余震／茨城県南部／M4.8／**★同日17:20頃／岩手県沖**／M6.2／☆同月同日21:55／ビルマ・ミャンマー／M7.2／浅発／死・不明者250000／**★3月25日／宮城県沖**／M6.0／浅発／3/11余震／**★3月28日07:23頃／宮城県沖**／M6.3／浅発／3/11の余震／**★3月29日／福島県沖**／M6.0／浅発／3/11の余震／**★3月30日／関東東方沖**／M6.3／深発／3/11の余震／**★3月31日16:15頃／宮城県沖**／M6.1／3/11の余震／**★4月1日19:49頃／秋田県内陸北部**／M5.0／浅発／3/11の誘発地震／**★4月2日16:55／茨城県南部**／M5.0／浅発／3/11の誘発地震／**★4月7日／23:32頃／宮城県沖**／M7.2／浅発／宮城県で最大震度6強／死者4／太平洋プレート内部での3/11の余震／**★4月9日18:42頃／宮城県沖**／M5.4／浅発／宮城県沖地震の最大余震／**★4月11日17:16頃／福島県東部**、①浜通り／M7.0、②中通り／M5.4、③浜通り／M5.9／全て浅発／いわき市・鉾田市などで最大震度6弱／死者5／3/11の余震／**★同日17:26頃／福島県中通り**／M5.4／**★同日20:42頃／福島県浜通り**／M5.9／**★4月12日07:26頃／長野県北部**／M5.6／極浅／長野県北部地震の余震／**★同日／福島県中通り**／M6.0／福島県いわき市、茨城県北茨城市で最大震度6弱／3/11の余震／**★同日08:08頃／千葉県東方沖**／M6.4／フィリピン海プレート内部／**★同日14.07頃／福島県中通り**／M6.4／**★4月13日10:07頃／福島県浜通り**／M5.7／浅発／3/11の余震／**★4月14日／三陸沖**／M6.15／浅発／3/11の余震／**★4月16日11:19頃／茨城県南部**／M5.9／深発／フィリピン海プレートと太平洋プレートとの境界／**★4月17日00:56頃／新潟県中越地方**／M4.9／**★4月21日22:37頃／千葉県東方沖**／M6.0／浅発／**★4月23日／三陸沖**／M6.0／浅発／3/11の余震／**★同月同日／千葉県東方沖**／M6.0／**★同月同日／00:25頃／福島県沖**／M5.4／**★5月5日／三陸はるか沖**／M6.1／浅発／3/11の余震／**★5月6日02:04頃／福島県浜通り**／M5.3／☆5月11日

浅発／▲8月30日／インドネシア、スマトラ島のシナブン火山噴火／400年ぶり／☆9月4日04:35／NZ南島カンタベリー／M6.7／死・不明者180／**★9月29日／福島県中通り**／M5.7／浅発／内陸部の活断層による／余震多数連続／**★10月3日／新潟県上越地方**／M4.7／前震活動活発／**★10月4日／宮古島近海**／M6.4／浅発／☆10月25日／インドネシア北西部のスマトラ島沖／M7.5／死・不明者580／メンタワイ諸島で最大3～6mの津波発生／▲10月26日／インドネシア、ジャワ島のメラピ火山噴火／火砕流発生／▲10月28日／ロシア極東クリュチェフスカヤ火山等二山同時噴火／**★11月30日／小笠原諸島西方沖**／M7.1／深発494km／最大震度3／**★12月22日／小笠原父島近海**／M7.8／父島と母島で最大震度4／小笠原諸島に一時津波警報発令／八丈島で津波最大60cm／太平洋プレート内部で発生した正断層型／☆12月30日02:31／西蔵ニーマ地震／M5.0／深発160km

2011（平成22）年

★1月10日／硫黄島近海／M6.0／深発147km／☆1月12日09:19中国南黄海／M5.0／浅発／**★1月13日／小笠原諸島西方沖**／M6.3／深発516km／☆1月18日／パキスタン／M7.2／▲1月27日／鹿児島県の新燃岳噴火／52年ぶりの爆発的噴火／☆2月13日01:57／トンガ群島／M6.1／浅発／☆2月22日／NZ南島カンタベリー内陸／M6.2／特にクライストチャーチ市中心に死者・行方不明者181、滞在中の日本人28人が犠牲に／浅発／**★2月27日／岐阜県飛騨**／M5.5／浅発／直下型／この後群発化／**★3月9日／三陸沖**／①M7.2、②M6.3、③M6.1／浅発／最大震度5弱／津波最大60cm／東北地方太平洋沖地震の前震／海溝型／上記のM6以上の余震／**★3月10日／三陸沖**／①M6.5、②M6.25、③M6.45／2/27のM6以上の余震3回／☆同月同日／中国雲南省盈江／M5.8／浅発／死者10／**★3月11日14:46頃／東北地方太平洋沖**／東日本又は東北関東大震災／M9.0／浅発／日本の観測史上最大の巨大地震／栗原市で最大震度7／東日本7県で震度6弱以上／死・不明約19680／戦後最悪の震災／北海道～関東地方にかけ太平洋沿岸部に最大遡上高39.5m、波高9.3m以上の大津波／福島第一原発事故を招く／3月11日以降の数日間に震源域から離れた場所で発生した地震誘発の可能性／太平洋沿岸の各地に遠隔地津波／**★同月同日／福島県沖14:51**／M6.8、14:54／M6.1、14.58／M6.6、**岩手県沖**／15:06頃(M6.8)、**静岡県伊豆**／15:08頃(M4.8)、**岩手県沖**／15:08頃(M7.4)、**福島県沖**／15:12頃(M6.1)、**茨城県沖**／15:15頃(M7.7)、**三陸沖**／15:25頃(M7.5)、**岩手県沖**／16:29頃(M6.5)、**福島県沖**／17:40(M6.1)、**岩手県沖**／20:36(M6.7)／**北海道、東北地方、関東地方**の広い範囲で最大震度4／東北地方太平洋沖地震の余震／**★3月12日／03:59頃／長野県北部**／M6.7／**長野県栄村**で最大震度6強／死者3／3/11の誘発地震／**★04：31頃同地でM5.9**／最大震度6弱／長野県北部地震の余震／**★同日05:42頃／長野県北部**／M5.3／**★同日22:15頃／福島県**

日／M6.1／死者11／**★9月29日／沖縄本島北西沖**／M6.1／浅発／☆同月同日／サモア沖／M7.9／死・不明者192以上／波高4m～6mの大津波発生、米領サモアなどで大被害／日本にも最大36cmの津波が到達／☆9月30日／インドネシア北西部・スマトラ島／M7.4／死者1140／やや深発／西スマトラ州都パダンなどで大被害／☆10月1日／インドネシア、南スマトラ／M6.6／☆10月4日／フィリピン、ミンダナオ島モロ湾／M6.6／☆10月7日／セレベス海／M6.8／☆同月同日／ヴァヌアツ・サンタクルーズ諸島沖／M7.7、7.8超が二回／ヴァヌアツ沖地震の15分後にすぐ北のサンタクルーズ諸島でM7.5以上の地震発生／☆10月8日／ヴァヌアツ、サンタクルーズ諸島／M6.7／☆10月24日／バンダ海／M6.9／☆10月29日／アフガニスタン、ヒンドゥークシュ地方／M6.2／**★10月30日／奄美大島北東沖**／M6.8／浅発／フィリピン海プレートの沈み込みに伴う海溝型／☆11月9日／フィジー諸島／M7.3／☆11月13日／チリ、タラパカ沿岸沖合／M6.5／☆11月17日／カナダ西部クィーンシャーロット諸島／M6.6／☆11月24日／トンガ諸島／M6.8／**★12月18日／伊豆半島東方沖**／M5.1／深度？／火山性群発／☆12月19日21.02／台湾花蓮海域／M6.5／浅発／☆12月30日／メキシコ、バハカリフォルニア／M5.9

2010（平成22）年

☆1月3日／ソロモン諸島／M7.1／☆1月10日／米国カリフォルニア州沿岸沖合／M6.5／☆1月12日05:53／ハイチのポルトプランス／M7.2／死・不明者242250／**★2月27日／沖縄本島近海**／M7.2／一時津波警報発令／南城市で10cmの津波／フィリピン海プレート内部で発生／浅発／☆同月同日20:05／チリ中部西岸ビオビオ沖／M8.7／死・不明者520／巨大な海溝型／浅発／日本など太平洋沿岸各地に津波（2m）、ポリネシアで4mなど／☆3月8日／トルコ東部／M6.1／死者42／**★3月14日／福島県北東沖**／M6.7／浅発／太平洋プレートの沈み込みに伴う海溝型／☆4月4日／メキシコ、バハカリフォルニア／M7.2／死者2／☆4月6日05:15／インドネシア北西部、スマトラ中北部沖／M8.3／死・不明者1300／小津波？／☆4月14日05:39:57、07:49／中国青海省玉樹県／M7.0／浅発／死・不明者1450／▲4月14日／アイスランドのアイヤフィアリャヨクル火山噴火／欧州の航空ストップ／**★4月26日／石垣島南方沖**／M6.6／浅発／☆5月9日／インドネシア、スマトラ北部／M7.2／**★6月13日／福島県北東沖**／M6.2／浅発／太平洋プレートの沈み込みに伴う海溝型／3/14の余震／☆同月同日01:26／インド洋東部、ニコバル諸島／M7.5／津波／**★6月18日／択捉島南東沖**／M6.5／浅発／**★7月5日／岩手県沖**／M6.4／浅発／☆7月23日／フィリピン、ミンダナオ島／①M7.6、②M7.6、③M7.4／震源深度590km／死・不明者800以上／20m？超の大津波／広域被害／首都サンティアゴでも死傷者／太平洋沿岸に津波伝播／三陸沿岸などでも1m余りで漁港が浸水、養殖筏などが流された／震源域の規模は推定500km×200km／☆7月24日／フィリピンで深発／M7.6／**★8月10日／三陸沖**／M6.3／

74／☆10月6日／中国西蔵省当雄／M6.5／死者10／☆10月28日／パキスタン／M6.4／死者166／☆11月16日／インドネシア、ミナハサ・スラウェシ／M7.4／死者6／☆11月24日／オホーツク海／M7.3／☆12月9日／ケルマデク諸島付近／M6.8／**★12月4日／三陸南部沖**／M6.1／浅発／**★12月20日／関東東方沖**／M6.6／極浅／太平洋プレートの沈み込みに伴う海溝型／**★12月21日／関東東方沖**／M6.2／極浅

2009（平成21）年

☆1月3日／インドネシア、パプア北岸付近／①M7.7、②7.4／死者5／☆1月4日／インドネシア東部・イリアンジャヤ／M7.6／死者4以上／小津波／日本でも観測／☆1月8日／コスタリカ／M6.1／死・不明者40／☆1月15日／ニューヘブリデス諸島、ローヤルティ諸島南東部／M6.7／☆1月16日／千島列島東部／M7.4／浅発／☆1月18日／NZケルマデク諸島／M6.4／☆1月19日／ローヤルティ諸島南東部／M6.6／☆1月24日／米国アラスカ州南部／M5.8／☆2月11日／インドネシア、ケプラウアン・タラウド／M7.2／☆2月18日／NZケルマデク諸島／M7.0／☆3月19日／トンガ近海／M7.6／津波?／☆4月5日／イタリア中部、ラクイラ地震／M6.3／震源深度5km／死・不明者310／1月から続いた群発地震最大の地震／☆4月7日／ウルップ島東方沖／M6.8／浅発／太平洋プレートの沈み込みに伴う海溝型／☆4月14日／ハワイ島／M5.2／☆4月16日／南サンドウィッチ諸島付近／M6.7／☆4月19日／ウルップ島東方沖／M6.6／浅発／☆5月16日／NZケルマデク諸島付近／M6.5／☆5月28日／ホンデュラス沿岸沖合／M7.3／死者7／☆6月2日／ヴァヌアツ／M6.3／**★6月5日／十勝沖**／M6.4／浅発／太平洋プレートの沈み込みに伴う海溝型／☆6月23日／パプアニューギニア、ニューアイルランド島付近／M6.7／☆6月30日／中国四川省綿竹／M5.6／☆同月同日／中国雲南省姚安／M6.0／死1／☆7月1日／ギリシャ、クレタ島／M6.4／☆7月14日／台湾花蓮海域／M6.7／☆7月15日／NZ南部／M7.7／小津波／☂7月19日〜中国・九州北部豪雨／☆8月3日／米国カリフォルニア湾／M6.9／**★8月9日／東海道南方沖**／M6.9／深発333km／関東から東北地方南部にかけ最大震度4／☆8月10日／サンタクルーズ諸島／M6.6／☆同月同日／インド洋東部・アンダマン諸島で津波／M7.6／**★8月11日／静岡県駿河湾**／M6.5／浅発／静岡県で最大震度6弱／死者1／最大40cmの津波／気象庁は史上初の東海地震観測情報を発表／東海地震とは無関係／フィリピン海プレート内部浅発／**★8月13日／八丈島東方沖**／M6.6／浅発／フィリピン海プレート内部で発生／☆8月16日／インドネシア、ケプラウアン・メンタワイ地方／M6.7／**★8月17日／石垣島近海**／M6.7／浅発／☆8月28日／バンダ海／M6.9／☆8月30日／サモア諸島付近／M6.6／☆9月2日／ジャワ島西部沖／M7.0／死者110／**★9月3日／薩摩半島西方沖**／M6.0／深発167km／☆9月6日／アルバニア／M5.5／☆9月12日／ヴェネズエラ、カラボロ沿岸沖合／M6.3／☆9月21

／M7.2／☆12月20日／NZ北島東岸沖／M6.6／死者1／☆12月26日／米国アリューシャン列島フォックス諸島／M6.4

2008（平成20）年

☆1月5日／カナダ西部クィーンシャーロット島付近／M6.6／☆2月3日／コンゴ共和国ラククルヴ／M5.9／死者44／☆2月4日／チリ、タラパカ／M6・3／☆2月8日／北大西洋中部海嶺／M6.9／☆2月10日／南サンドウィッチ諸島／M6.6／☆2月12日／メキシコ、オアハカ／M6.5／☆2月14日／ギリシャ南部／M6.9／☆2月20日／インドネシア、シメウルエ／M7.4／死者3／☆2月21日／米国ネヴァダ州／M6.0／☆2月23日／南サンドウィッチ諸島／M6.8／☆2月25日／インドネシア、ケプラウアン・メンタワイ地方／M7.2／**★2月27日／小笠原父島近海**／M6.6／浅発／☆3月3日／フィリピン／M6.9／☆3月12日／ヴァヌアツ／M6.4／**★3月15日／小笠原父島近海**／M6.6／浅発／伊豆・小笠原海溝東側で発生／プレート内／☆3月20日／中国邢台・西蔵省境付近／M7.2／☆4月9日／ニューヘブリデス諸島、ローヤルティ諸島／M7.3／☆4月12日／マッコリー島付近／M7.1／☆4月16日／米国アリューシャン列島アンドレアノフ諸島／M6.6／**★4月17日／秋田県沿岸南部**／M5.8／深発166km／☆4月18日／米国イリノイ州／M5.4／☆4月26日／米国ネヴァダ州／M5.0／☆4月30日／米国カリフォルニア州北部／M5.4／☆5月2日／米国アリューシャン列島アンドレアノフ諸島／M6.6／▲同月同日／チリ、チャイテン火山が数世紀の休眠を経て大噴火／**★5月8日／茨城県沖**／浅発／海溝型／①01:02頃M6.4、その14分後、②M6.3、③01:45にM7.0の本震発生／太平洋プレートの境界で発生／☆5月9日／グアム島付近／M6.8／☆5月12日14:28:04／中国四川省汶川／M8.0／死・不明者80205／数百万棟倒壊／被害総額12兆円以上／全長180kmの龍門山断層が最大12mずれた／☆6月8日／ギリシャ／M6.4／死者2／**★6月14日／岩手・宮城両県内陸（南部）**／M7.2／岩手・宮城両県で最大震度6強／栗駒山などで山崩れ・地滑り多発／死・不明者23／岩手・宮城両県に跨る活断層で発生／一関で観測された4022ガルがギネス世界記録に認定／☆6月30日／南サンドウィッチ諸島／M7.0／☆7月5日／ロシア、サハリン・オホーツク海／M7.25／深発633km／**★7月8日／沖縄本島近海**／M6.1／浅発／フィリピン海プレートの沈み込みに伴う海溝型／▲7月12日／米国アラスカ州オクモク火山噴火／1805年以来／**★7月19日／福島県東方沖**／M7.0／浅発／太平洋プレートの沈み込みに伴う日本海溝沿いの海溝型／**★7月21日／福島県南東沖**／M6.1／浅発／**★7月24日／岩手県沿岸北部**／M6.8／最大震度6弱／死者1／深発／太平洋プレート内の二重深発地震面で発生／☆7月29日／米国カリフォルニア州ロサンゼルス地域／M5.5／☆8月30日／中国四川省攀枝花／M6.1／☆9月8日／ヴァヌアツ／M6.9／**★9月11日／十勝沖**／M7.1／津波／浅発／太平洋プレートの沈み込みに伴う海溝型／☆9月29日／NZケルマデク諸島／M7.0／☆同月同日／キルギスタン／M6.6／死者

月同日／ヴァヌアツ／ M7.1 ／☆4月1日／ソロモン諸島沖／ M8.0 ／大津波(最大波高5m) ／死・不明者170 ／小津波／同諸島で非常事態宣言／**★4月15日／三重県中部**／ M5.4 ／浅発／布引山地東縁断層帯の活動？／**★4月20日／宮古島北西沖**／①M6.3、②M6.7、③6.1 ／全て浅発／沖縄トラフ拡大による／津波注意報発令／☆5月9日／米国カリフォルニア北部沿岸沖合／ M5.2 ／☆6月3日／中国雲南省普洱／ M6.4 ／余震300回以上／☆6月13日／グァテマラ沿岸沖合／ M6.7 ／☆6月28日／パプアニューギニア、ブーゲンヴィル島／ M6.7 ／**★7月16日／新潟県上中越沖**／ M6.7 ／浅発／新潟・長野両県で最大震度6強／柏崎刈羽原発付近の活断層により震度7相当の試算。但し計測地震計によるものではない／柏崎市を中心に家屋倒壊や土砂崩れなどの被害／死者15 ／ピンポイントで最大1mの津波も／ 15:37頃／余震M5.8 ／長岡市、出雲崎町で最大震度6弱／死者6 ／**★同月同日／京都府沖**／ M6.7 ／深発374km ／異常震域発生、最大震度は北海道／☆7月17日／タンザニア／ M5.9 ／☆7月26日／モルッカ海／ M6.9 ／☆8月1日／ヴァヌアツ／ M7.2 ／**★同月同日／沖縄本島北西沖**／ M6.1 ／浅発／☆8月2日／米国アリューシャン列島アンドレアノフ諸島／ M6.7 ／**★8月7日／沖縄本島北西沖**／M6.3／浅発／☆8月8日／インドネシア、ジャワ島／ M7.5 ／☆8月14日／ハワイ島／ M5.4 ／☆8月15日／米国アリューシャン列島アンドレアノフ諸島／ M6.5 ／☆同月同日／ペルーのイカ／ M7.9 ／死・不明者514以上／☆8月16日／ソロモン群島／ M6.5 ／☆8月20日／フィリピン／ M6.4 ／☆9月2日／サンタクルーズ諸島／ M7.2 ／**★9月4日／ウルップ島東方沖**／ M6.3 ／深発／☆9月6日／台湾／ M6.2 ／☆9月10日／コロンビア西海岸付近／ M6.8 ／☆9月12日／インドネシア北西部・スマトラ島南沖のケプラウアン-メンタワイ／ M8.2 ／死者25 ／小津波(最大波高5m) ／翌日にM8.1の余震発生／☆9月20日／インドネシア、南スマトラ／ M6.7 ／☆9月26日／パプアニューギニア、ニューアイルランド島／ M6.8 ／☆9月28日／ローヤルティ諸島南東部／ M6.5 ／☆同月同日／マリアナ諸島／ M7.5 ／深発268km ／☆9月30日／マリアナ諸島南部／ M6.9 ／☆同月同日／ NZオックランド諸島／①M7.4、②M6.6 ／☆10月15日／ NZ南島／ M6.8 ／☆10月24日／インドネシア、南スマトラ／ M6.8 ／☆10月31日／米国カリフォルニア州サンフランシスコ湾付近／ M5.6 ／☆同月同日／マリアナ諸島北部パガン地方／ M7.2 ／☆11月10日／豪州マッコリー島北部／ M6.8 ／☆11月14日／チリ北部アントファガスタ／ M7.7 ／死者2 ／☆11月16日／ペルー・エクアドル国境付近／ M6.8 ／☆11月22日／パプアニューギニア東ニューギニア地方／ M6.8 ／☆11月25日／インドネシア、スンバワ地方／ M6.5 ／死者3 ／**★11月26日／福島県南東沖**／ M6.0 ／浅発／☆11月27日／ソロモン群島／ M6.6 ／ウインドワード諸島マルチニック島／ M7.4 ／死者1 ／**★12月7日／鳥島近海**／ M6.0 ／深発／☆12月9日／フィジー南方近海／ M7.8 ／深発地震／☆12月16日／チリ、アントファガスタ／ M6.7 ／☆12月19日／米国アリューシャン列島アンドレアノフ諸島

2006（平成18）年

☆1月2日／サンドウィッチ諸島東部／M7.4／☆1月4日／米国カリフォルニア湾／M6.6／☆1月8日／ギリシャ南部／M6.7／☆1月27日／インドネシア東部バンダ海／M7.6／☆2月22日／モザンビーク／M7.0／死者4／☆2月26日／フィジー島南部／M6.4／☆3月14日／インドネシア、セラム／M6.7／死者4／**★3月26日／鳥島近海**／M6.0／深発439km／☆3月31日／イラン西部／死・不明者70／☆4月20日／ロシア、カムチャッカ半島北方／M7.5／**★4月21日／伊豆半島東方沖**／M5.8／伊東市で最大震度6弱（東京大学地震研究所の計測震度計による）／気象庁では震度4／浅発／9年ぶりの火山性群発型／☆5月3日／トンガ／M8.0／小津波／☆5月16日／NZケルマデク諸島／M7.4／☆同月同日／インドネシア、ニアス地方／M6.8／☆5月26日／ジャワ島ジョグジャカルタ中部／M6.2／死者5570？／**★6月12日／大分県西部**／M6.2／深発146km／ユーラシアプレート下に沈み込んだフィリピン海プレート内部／☂6月25日〜山口・九州で豪雨／☆7月4日11:56／中国河北省文安県／M5.1／☂7月15日〜中部・中国・九州で豪雨／☆7月17日／インドネシア南部、ジャワ島南西沖パンガンダラン／M7.7／死・不明者790／津波（最大波高3m）／☆7月22日09:11:21／中国雲南省昭通市塩津県／M5.1／死・不明者22／**★7月28日／与那国島近海**／M6.1／浅発／**★8月7日／小笠原諸島東方沖**／M6.2／浅発／☆8月11日／メキシコ、ミチョアカン／M5.9／☆8月20日／スコチア海／M7.0／☆8月25日13:51／中国雲南省昭通市塩津県／M5.1／死1／☆9月1日／パプアニューギニア、ブーゲンヴィル島／M6.8／☆9月10日／メキシコ湾／M5.8／☆9月28日／サモア諸島／M6.9／☆10月1日／シンシル島東方沖／M6.8／深度？／太平洋プレート境界で発生／海溝型／**★10月11日／福島県南東沖**／M6.0／浅発／**★10月12日／与那国島近海**／M6.2／浅発／☆10月15日／ハワイ島／M6.7／☆10月17日／パプアニューギニア、ニューブリテン島／M6.7／☆10月20日／ペルー中部沿岸付近／M6.7／**★10月24日／鳥島近海**／M6.8／浅発／☆11月13日／アルゼンチン、サンチャゴデルエステロ／M6.8／☆11月15日／ロシア、ウルップ島近海／千島列島東方沖／M8.1／浅発／海溝型／小笠原や近畿などで津波90cm／**★11月18日／奄美大島近海**／M6.0／浅発／☆12月26日／台湾屏東恒春近海／①M7.1、②6.9／死者2

2007（平成19）年

☆1月13日／ロシア、千島列島東方沖／M8.2／浅発／前年の地震が誘発か／太平洋プレート内部の正断層型アウターライズ地震／☆1月21日／モルッカ海／M7.5／死者4／☆1月30日／NZ南西マッコリー島西部／M6.9／☆1月31日／NZケルマデク諸島／M6.5／**★2月17日／十勝沖**／M6.2／浅発／☆3月6日／インドネシア、南スマトラ／M6.4／死者67／**★3月8日／鳥島近海**／M6.0／深発152km／**★3月9日／日本海北部**／M6.2／深発501km／**★3月25日／能登半島沖**／M6.8／死者1／小津波も発生／海底断層が震源／☆同日／インドネシア北西部、スマトラ島沖／M8.5／震源地に近いニアス島などで死者1313／津波(最大波高3m)／昨年12/6地震の誘発地震／☆4月10日／インドネシア、ケプラウワン・メンタワイ地方／M6.7／**★4月11日／千葉県北東部**／M6.1／浅発／☆同月同日／ローヤルティ諸島南東部／M6.7／**★4月19日／鳥島近海**／M6.0／深発441km／☆5月14日／インドネシア、ニアス地方／M6.7／☆5月19日／インドネシア、ニアス地方／M6.9／☆同月同日／米国カリフォルニア州南部／M6.9／☆6月13日／チリ北部タラパカ／M7.8／死者10以上／深発地震／☆6月14日／米国アリューシャン列島ラット島／M6.8／☆6月15日／米国カリフォルニア北部沿岸沖／M7.2／☆6月17日／米国カリフォルニア北部沿岸沖合／M6.6／☂6月27日～新潟で大雨／☆7月2日／ニカラグア沿岸沖合／M6.6／☆7月5日／インドネシア、ニアス地方／M6.7／☆7月15日／ハワイ島／M5.3／☆7月17日／ハワイ島／M5.1／**★7月23日／千葉県北西部**／M6.0／深発／直下型プレート境界地震／太平洋とフィリピン海の両プレートの境界で発生／逆断層型／☆7月24日／インド、ニコバル諸島／M7.2／☆7月25日23:43／中国黒竜江省甸県／23:43／M5.1／浅発／死1／☆7月26日／米国モンタナ州西部／M5.6／☆8月10日／米国ニューメキシコ州／M5.0／M7.6／**★8月16日／宮城県南部沖**／M7.2／浅発／最大震度6弱／宮城県沖南東側海溝型／**★8月24日／三陸南部沖**／M6.3／浅発／**★8月31日／三陸南部沖**／M6.3／浅発／☂9月4日～首都圏豪雨／☆9月9日／パプアニューギニア、ニューアイルランド島／M7.5／**★9月21日／国後島付近**／M6.0／深発／☆9月26日／ペルー北部／M7.5／死者5／☆9月29日／パプアニューギニア、ニューブリテン島／M6.6／☆10月8日／パキスタン北部のカシミール／M7.7／死・不明者86000以上／山岳＆紛争地震災で救助活動難航／パキスタン最悪の震災で100km近い地震断層出現／**★10月16日／石垣島北西沖**／M6.5／深発175km／**★10月19日茨城県沖**／M6.3／浅発／太平洋プレート境界で発生／海溝型／**★10月23日／日本海中部**／M6.1／深発411km／太平洋プレート境界で発生の海溝型／**★11月15日／三陸はるか沖**／M7.1／最大震度3／大船渡市で最大50cmの津波／日本海溝東側で発生／正断層型プレート内部地震／☆11月17日／ボリヴィア、ポトシ／M6.9／☆11月19日／インドネシア、シメウルエ／M6.5／**★11月22日／種子島近海**／M6.0／深発146km／☆11月26日08:49／中国江西省九江瑞昌／M5.7／死14／☆11月27日／イラン南部／M6.0／死者13／**★12月2日／宮城県沖**／M6.6／浅発／**★12月4日／奄美大島北東沖**／M6.1／浅発／☆12月5日／コンゴ・タンザニア国境タンガニーカ湖付近／M6.8／死者6／☆12月11日／パプアニューギニア、ニューブリテン島／M6.6／☆12月12日／アフガニスタン、ヒンドゥークシュ地方／M6.5／死者5／**★12月17日／宮城県沖**／M6.1／浅発

USGSなどにより地震予知が可能とされたが最終的に見逃した／**★10月6日／茨城県南部**／M5.7／浅発／☆10月8日／ソロモン群島／M6.8／☆同月同日／フィリピン、ミンダナオ島／M6.5／☆10月9日／ニカラグア沿岸付近／M7.0／☆10月15日／台湾・与那国島近海／M6.7／深発／**★10月23日／新潟県中越**／M6.7／浅発／計測震度計で最大震度7を観測した最初の地震／死・不明者68／震度6弱以上4回含め余震多発／川口町の地震計で当時世界最高の1516ガルを記録／浅発／余震多発／未知の活断層による／☆10月27日／ルーマニア／M5.9／☆11月2日／カナダ西岸ヴァンクーヴァー島／M6.7／**★11月7日／オホーツク海南部**／M6.0／深発507km／☆11月8日／台湾／M6.3／☆11月9日／ソロモン群島／M6.9／**★同月同日／与那国島近海**／M6.4／浅発／☆11月11日／ソロモン群島／M6.7／**★同月同日／十勝沖**／M6.4／浅発／☆同月同日／インドネシア、カプラウアン・アロル／M7.5／死者34／☆11月15日／コロンビア西海岸付近／M7.2／☆11月20日／コスタリカ／M6.4／死者8／☆11月21日／西インド諸島のリーワード諸島／M6.3／死者1／☆11月22日／NZ南島西海岸沖合／M7.1／☆11月26日／インドネシア、パプア／M7.1／死者32／**★11月29日／釧路沖**／M7.05／最大震度5強／浅発／太平洋プレート境界で発生の海溝型／最大余震は4分後のM6.0／**★同年12月6日にもほぼ同海域**でM6.85の地震発生／北海道太平洋沿岸東部に津波警報発令／**★12月14日／留萌支庁南部**／M6.1／浅発／小平町で最大震度6弱(5強説も)／☆同月同日／カリブ海ケイマン諸島／M6.8／☆12月23日／豪州マッコリー島周辺／M8.1／☆12月26日／イラン、ケルマーン州バム／M6.8／建物崩落で約43200が死亡しアルゲ・バム遺跡も崩壊／☆同月同日09時頃／インドネシアのスマトラ島北部アンダマン諸島沖／M8.8／アチェ(スマトラ島北西部)、インド、アンダマン諸島でサンゴ礁1m隆起／インド洋周辺諸国の海岸地域に最大波高34m、遡上高30m超の世界史上最悪の大津波被害／震源域1300km×150kmも世界最大級／インド洋広域伝播／モルディヴは冠水、東アフリカでも死者／現地での死・不明者は日本人など外国人観光客を含む205750

2005(平成17)年

☆1月1日／スマトラ北部西海岸沖合／M6.7／☆1月16日／ミクロネシア連邦最西端、ヤップ島／M6.6／**★1月19日／房総半島南東沖**／M6.8／浅発／プレート三重会合点で発生／☆2月5日／セレベス海／M7.1／死者2／☆2月8日／ヴァヌアツ／ニューヘブリデス諸島／M6.7／**★2月10日／小笠原諸島東方沖**／M6.5／極浅／**★2月16日／茨城県南部**／M5.3／浅発／フィリピン海プレートの境界付近で発生／☆2月19日／インドネシア、スラウェシ島／M6.5／☆2月22日／イラン中部ケルマーン州ザランド近郊／M6.4／死・不明者560／☆2月26日／インドネシア、シメウルエ／M6.8／☆3月2日／インドネシア、バンダ海／M7.1／**★3月20日／福岡県西方沖**／M6. 8／福岡・佐賀両県で最大震度6弱／死者1／警固海底活断層による／4/20にM5.8の余震／☆3月28

／NZ南島／M7.2／☆同月同日／ミャンマー／M6.6／**▲9月1日／浅間山噴火**／☆同月同日／ウラジオストク付近／M6.1／深発539km／**★9月20日／千葉県南部**／M5.8／深発／☆9月22日／ドミニカ共和国付近／M6.4／死者3／**★9月26日06:08頃／十勝沖**／①M8.0／最大震度6弱／津波警報発令。2m超の津波が来襲し死者2／②M7.1／浦河町で最大震度6弱／十勝沖地震の余震／海溝型地震／☆9月27日／ロシア南西シベリア／M7.3／死者3／**★9月28日／奄美大島北西沖**／M6.0／極浅／☆10月1日／ロシア南西シベリア／M6.7／☆10月16日／中国雲南省大姚／M6.1／夜間発生／☆10月25日／中国甘粛省張掖市民楽／M5.8／**★10月29日／北海道東方沖**／M6.0／浅発／**★10月31日／宮城県沖**／M6.8／浅発／太平洋プレート境界で発生の海溝型／**★11月1日／福島県はるか沖**／M6.2／浅発／☆11月6日／ヴァヌアツ諸島／M6.6／**★11月12日／三重県南東沖**／M6.5／深発395km／☆11月17日／米国アリューシャン列島ラット諸島／M7.75／☆11月18日／フィリピン、サマル／M6.5／死者1／☆12月1日／中国新疆伊犂／M6.1／死10／☆12月5日／ロシア、コマンドルスキエ・オストラヴァ／M6.7／☆12月10日／台湾／M6.8／☆12月22日／米国カリフォルニア州サンシメオン／M6.6／死者2／**★12月24日／沖縄本島北西沖**／M6.0／極浅／☆12月26日／イラン南東部バム／M 6.7／死・不明者37100？／☆12月27日／ニューヘブリデス諸島、ローヤルティ諸島南東部／M7.3

2004（平成16）年

☆1月7日／米国ワイオミング州／M5.0／☆1月28日／インドネシア、セラム／M6.7／☆2月5日／インドネシア、イリアンジャヤ／M7.15／死者37／☆2月7日／インドネシア、パプア州（ニューギニア島）／M7.4／死者37人以上／前日にM6.5以上、翌日M6.0以上の地震が発生／☆2月11日／ヨルダン死海付近／M5.3／☆2月24日／ジブラルタル海峡／M6.4／死・不明者631／☆4月5日／アフガニスタン、ヒンドゥークシュ地方／M6.6／死者3／☆5月3日／チリ、ビオビオ／M6.6／☆5月28日／イラン北部／M6.3／死者35／**★5月30日／房総半島南東沖**／M6.6／浅発／プレート三重会合点で発生／プレート内部／☆6月10日／ロシア、カムチャッカ半島／M6.9／☆6月15日／メキシコ、バハカリフォルニア半島沿岸沖合／M5.1／☆6月28日／米国アラスカ州南東部／M6.8／☆7月1日／トルコ西部／M5.1／死者18／**★7月8日／千島列島**／M6.3／深発168km／☂7月16日〜東北で豪雨／☂7月17日〜福井豪雨／**★7月22日／沖縄本島近海**／M6.1／浅発／☆7月25日／インドネシア、南スマトラ／M7.3／☆8月10日／中国雲南省昭通市魯甸県／M5.6／死4／**★9月5日／三重県南東沖**／①M7.2／②M7.4／浅発／フィリピン海プレート内部／数時間前にM7.1の前震／**★9月6日／三重県南東沖**／M6.6／奈良・和歌山・三重各県で最大震度5弱／一時津波警報発令／**★9月26日／北海道十勝沖**／M8.0／☆9月28日／米国カリフォルニア州パークフィールド／M6.0／＊

／☆9月22日／イギリス／M5.0／☆10月10日／インドネシア、イリアンジャヤ／M7.6／死者8／☆10月12日／ペルー・ブラジル国境付近／M6.9／**★10月14日／青森県東方沖**／M6.1／浅発／☆10月23日／米国アラスカ州デナリ／M6.7／☆10月24日／アフリカ、タンガニーカ湖付近／M6.2／☆10月31日／イタリア南部／M5.65／幼稚園の屋根が崩落／死者29／☆11月1日／イタリア南部／M5.8／☆11月2日／インドネシア、スマトラ南部／M7.4／死者3／**★11月3日／宮城県北部沖**／M6.3／浅発／海溝型／M6以上が25年前後に一度発生／☆同月同日／ロシア、千島列島／M7.3／☆同月同日／米国アラスカ州中部デナリ断層／M7.9／長さ300km以上の断層出現／**★同月同日／オホーツク海南部**／M7.0／深発496km／**★11月17日／オホーツク海南部**／M7.0／深発496km／☆11月20日／インド・パキスタン国境カシミール北西部／M6.3／死・不明者19／☆12月25日／キルギスタン・中国新疆国境付近／M5.7

2003(平成15)年

☆1月10日／パプアニューギニア、ニューアイルランド島／M6.7／☆1月16日／米国オレゴン州沿岸沖合／ブランコ破砕帯(？)／M6.3／☆1月20日／ソロモン諸島／M7.55／☆1月21日／メキシコ南部太平洋岸コリマ沖合／M7.7／死者30／☆1月27日／トルコ／M6.1／**★2月19日／留萌地方中北部**／M5.9／深発222km／☆同月同日／米国アラスカ州ウニマク島付近／M6.6／☆2月22日／米国カリフォルニア州ビッグベア市／M5.2／☆2月24日／中国新疆ウイグル自治区／M6.55／死・不明者290／☆3月11日／パプアニューギニア、ニューアイルランド島付近／M6.8／☆3月17日／米国アラスカ州ラット諸島／M7.1／**★4月8日／茨城県沖**／M6.0／浅発／**★4月29日／北海道東方沖**／M6.0／浅発／☆5月1日／トルコ南東部／M6.4／死・不明者170／☆5月4日／NZ、ケルマデク諸島／M6.7／☆5月21日／アルジェリア北部／M6.9／死・不明者2270／**★5月26日／宮城県北部沖**／M7.0／深発／北米プレートに沈み込む太平洋プレート内部の横ずれ断層型／☆同月同日／インドネシア、ハルマヘラ島／M7.0／死者1／☆5月27日／アルジェリア北部／M5.8／死者9／☆6月7日／パプアニューギニア、ニューブリテン島付近／M6.6／☆6月20日／ブラジル、アマゾナス／M7.1／☆同月同日／チリ中部沿岸付近／M6.8／☆6月23日／米国アリューシャン列島ラット島／M6.9／☆7月16日／インド洋(カールスバーグ海嶺)／M7.6／☂7月19日～九州で豪雨／☆7月21日／中国雲南省大姚／M6.1／30秒余り続いた／死者16／**★7月26日／宮城県中部**／M6.3／浅発／活断層による直下型／1日に震度6が3回／震源は推定旭川活褶曲活断層／☆7月27日／ロシア沿海州／M7.0／深発487km／☆8月4日／スコシア海嶺／M7.55／☆8月14日／ギリシャ／M6.3／☆8月15日／米国カリフォルニア州フンボルトヒル／M5.3／☆8月16日18:58(北京時間)／中国内蒙古赤峰／M6.1／☆8月21日／イラン南東部／M5.9／☆同月同日

月26日／オホーツク海南部／M6.0／深発416km／☆2月28日／米国ワシントン州シアトル、ニスクアリィ／M6.8／死者1／**★3月23日／北海道東方沖**／M6.0／極浅／**★3月24日／安芸灘**／芸予地震／M6.7／死者2／浅発／フィリピン海プレート内部で発生した正断層型のスラブ内地震／**★4月3日／静岡県中部**／M5.3／深度？／広島県南部で最大震度6弱／死者2／フィリピン海プレート内の地震／**★4月15日／鳥島東方沖**／M6.4／極浅／太平洋プレートの沈み込みに伴う海溝型／**★5月25日／択捉島南東沖**／M6.9／浅発／☂6月18日～全国で豪雨／☆6月23日／ペルー・チリ南部沖／M8.3／死・不明者140／チリでも被害？／☆7月7日／ペルー・チリ南部沖／M7.6／死者1／上記の最大余震？／☂7月30日～秋田・岩手で豪雨／**★8月14日／青森県東方沖**／M6.4／浅発／**★8月18日／沖縄本島近海**／M6.4／浅発／**★8月25日／京都府南部**／M5.4／深度？／☂9月2日～高知で豪雨／☆10月19日／インドネシア東部バンダ海／M7.5／☆11月14日17:26／中国西蔵、青海北東部崑崙山／M8.0／長さ400km以上の断層出現／**★12月2日／岩手県内陸南部**／M6.4／深発／**★12月9日／奄美大島近海**／M6.0／浅発／**★12月18日／与那国島近海**／M7.3／西表島で最大高20cmの津波／浅発／フィリピン海プレート内部で発生の横ずれ型／**★12月23日／小笠原父島近海**／M6.1／浅発☆

2002（平成14）年

☆1月2日／南太平洋ヴァヌアツ諸島／M7.2／▲1月17日／コンゴ、ニーラゴンゴ火山噴火／世界で最も危険な火山の一つ／☆2月2日／メキシコ、メヒカリ付近／M5.7／☆2月4日／トルコ西部／M6.25／死・不明者45／☆2月6日／米国アラスカ州クニク付近／M5.3／☆3月3日／アフガニスタン北部バグフラン州／M7.3／死・不明者160／☆3月5日／フィリピン、ミンダナオ島／M7.5／死者15／☆3月25日／アフガニスタン北部バグフラン州／M6.15／死・不明者1000／**★3月26日／石垣島近海**／M7.0／極浅／☆3月31日／台湾北東部／M7.3／死者5／☆4月20日／米国NY州アウサブレフォークス／M5.1／☆4月25日／イラン北西部・グルジア／M5.5／死者3／☆4月26日／マリアナ諸島／M7.1／☆5月15日／台湾／M6.2／死者1／**★5月30日／房総半島南東沖**／M6.7／浅発／プレート三重会合点で発生／プレート内部／☆6月17日／米国カリフォルニア州ベイヴュー／M5.3／☆6月18日／チリ・アルゼンチン国境付近／M6.6／☆6月22日／イラン北西部・グルジア／M6.4／死・不明者250／☆6月28日／中国・北朝鮮国境付近／M7.3／☆6月29日／ロシア、ウラジオストク付近／M7.0／深発589km／**★7月8日／千島列島**／M6.3／深発168km／**★7月22日／沖縄本島近海**／M6.1／浅発／**★8月3日／鳥島近海**／M6.2／深発深発449km／☆8月19日／フィジー近海／M7.7相当が7分間に二度発生／**★8月20日／鳥島東方沖**／M6.1／太平洋プレートの沈み込みに伴う／**★8月25日／根室半島南東沖**／M6.0／浅発／☆9月6日／イタリー南部／M6.0／死者2／☆9月9日／パプアニューギニア／M7.6／死者4

M5.6 ／深度？／☆9月7日／ギリシャ／ M6.0 ／死・不明者143 ／☆9月21日01:47:12 ／台湾、集集／ M7.6 ／死者2366 ／浅発／大断層／山崩れ／台中などの地域に大被害／☆9月30日／メキシコ南部オアハカ／ M7.45 ／死者・不明者35 ／オアハカ被災／☆10月16日／米国カリフォルニア州ヘクトル鉱山／ M7.1 ／☂10月27日～東北・関東で豪雨／☆11月1日／中国山西省大同／M5.6 ／☆11月12日／トルコ北西部、デュズジェ／ M7.2 ／死・不明者650 ／☆11月29日／中国遼寧省岫岩／ M5.4

2000
(平成12) 年

☆1月12日／中国遼寧省岫岩／ M5.1 ／**★1月28日／根室半島南東沖**／ M7.0 ／浅発／プレート内部／**★3月28日／硫黄島近海**／ M7.9 ／深発128km ／ (マリアナ北部？) 深発地震／▲3月31日／北海道、有珠山大噴火／☆5月4日／インドネシア北部スラウェシ島／ M7.5 ／死・不明者50 ／**★6月3日／千葉県北東沖**／ M6.1 ／浅発／☆6月4日／インドネシア西部南スマトラ島沖／ M8.0 ／死・不明者103 ／津波／**★6月6日／種子島南東沖**／ M6.2 ／浅発／**★6月7日／石川県西方沖**／ M6.2 ／浅発／**★6月8日／熊本県熊本市付近**／ M5.0 ／深度？／**★6月10日／鳥島近海**／ M6.2 ／深発527km ／☆6月18日／インド洋南部 (海嶺？) ／ M7.9 ／**★6月25日／大隅半島東方沖**／ M6.0 ／浅発／**★6月26日／伊豆諸島三宅島近海**／ M6.5 ／**★7月1日～ 8月18日／新島・神津島・三宅島近海**／ M6.5が二回 (7月1、30日)、M6.3が一回 (7月15日) ／死者1 ／極浅／約1か月後の三宅島噴火に伴う火山性群発地震／活動は6月26日から／深度6を6回観測／震度1以上は7千回以上／▲7月8日／三宅島噴火／**★7月21日／茨城県沖**／ M6.4 ／浅発／▲8月1日／三宅島噴火／**★8月6日／鳥島近海**／深発／ M7.2 ／深発445km ／▲8月10日／三宅島噴火／☆9月3日／米国カリフォルニア州ナパ／ M5.0 ／☂9月8日～群馬で大雨／☂9月11日～東海豪雨／**★10月2日／トカラ列島近海**／ M5.9 ／浅発／**★10月3日／三陸北部沖**／ M6.0 ／浅発／**★10月6日／鳥取県西部**／ M7.2 ／最大震度6強／防災科学技術研究所Kik-netの計測震度計による／内陸活断層型／**★10月31日／三重県南部**／ M5.7 ／深度？／**★11月14日／釧路沖**／ M6.1 ／浅発／☆11月16日／パプアニューギニア、ニューアイルランド島①／ M8.1 ／津波／②／ M7.8 ／津波／死者2 ／☆11月17日／パプアニューギニアのニューブリテン島／ M7.9 ／津波／**★12月22日／択捉島付近**／ M6.1 ／深発141km

2001
(平成13) 年

☆1月1日／フィリピン、ミンダナオ島／ M7.5 ／**★1月4日／新潟県中越地方**／ M5.3 ／深度？／**★1月12日／兵庫県北部**／ M5.6 ／浅発／☆1月13日／エルサルバドル・グァテマラ／ M7.7 ／死者852 ／損壊10万超／山崩れ地滑り多発／☆1月26日／パキスタンとインド西部グジャラート州／ M7.75 ／死・不明者2万／損壊100万超／数都市壊滅／パキスタンでも死傷被害／**★2月8日／宮古島近海**／ M6.0 ／浅発／☆2月13日／エルサルバドル／ M6.6 ／死者315 ／**★2**

平洋プレートの沈み込みに伴う／海溝型／☆10月14日／フィジー南部／M7.7／深発／**★11月6日／小笠原父島近海**／M6.1／浅発／☆11月8日／中国西蔵省／M7.55／断層地震？／**★11月11日／鳥島近海**／M6.0／浅発／**★11月15日／根室地方北部**／M6.1／深発155km／☆12月5日／ロシア、カムチャッカ半島／小津波

1998（平成10）年

★1月1日／硫黄島近海／M6.5／深発169km／☆1月4日／ローヤルティ諸島／M7.5／☆1月10日11:50／中国河北省張北一尚叉東／M6.0／死・不明者65／☆1月30日／チリ北部沿岸近海／M7.1／☆2月4日／アフガニスタン北東部ロスタク地方／M6.0／死者2323／**★2月7日／硫黄島近海**／M6.4／深発552km／☆3月14日／イラン北部／M6.6／☆3月25日／南極海バレニイ島付近／M8.0／浅発／昭和基地は揺れず／**★4月20日～5月／伊豆半島東方沖**／群発／最大M5.7／深度？／**★4月22日／三重県北部**／M5.5／深度？／**★5月3日／伊豆半島東方沖**／M5.9／深度？／火山性群発／**★5月4日／石垣島南方沖**／M7.6／一時津波警報発令／フィリピン海プレート内部／浅発／☆5月30日／アフガニスタン・タジキスタン国境北部／M6.8／死・不明者4500／☆7月17日／パプアニューギニアのシッサーノ／M7.0／死・不明者2750／深発467km／☆8月4日／エクアドル沿岸近海／M7.2／**★8月16日／岐阜県飛騨**／M5.6／群発／深度？／**★8月20日／小笠原諸島西方沖**／M7.1／深発467km／**★9月3日／岩手県内陸北部**／M6.2／浅発／活断層による／☆9月25日／米国ペンシルヴァニア州／M5.2／**★10月3日／奄美大島北西沖**／M6.1／深発183km／**★10月27日／八丈島東方沖**／M6.1／深度？／☆11月29日／インドネシア東部（セラム海）／M8.0

1999（平成11）年

★1月12日／小笠原諸島西方沖／M6.0／深発469km／**★1月24日／種子島近海**／M6.6／浅発／プレート内部／☆1月25日／コロンビアのキンディオ／M5.9／死・不明者1900／☆2月6日／ソロモン諸島、サンタクルーズ諸島／M7.3／☆3月11日／中国河北省張北／M5.6／**★3月24日／奄美大島北西沖**／M6.1／極浅／※岡山で地盤沈下／☆4月8日／ウラジオストク付近／M7.1／深発633km／☆5月10日／パプアニューギニア、ニューブリテン諸島／M7.1／**★5月13日／釧路地方中南部**／M6.3／深発／☆5月16日／パプアニューギニア、ニューブリテン諸島／M7.1／☆6月15日／メキシコ中部／M7.0／☂6月29日～中国・四国・九州で豪雨／**★7月3日／小笠原諸島西方沖**／M6.1／深発449km／☆7月11日／ホンデュラス／M6.7／☂7月13日～東北・関東で豪雨／☂7月21日～関東で大雨／☂8月13日～関東で大雨／☆8月17日／トルコ北西部イズミットのコジャエリ／M7.7／建物崩壊／死・不明者17117／沿岸部水没／被害額50億ドル以上／北アナトリア断層の西部が120kmにわたり活動／☆8月20日／コスタリカ／M6.9／**★8月21日／和歌山県北部**／

発／**★2月8日／ウルップ島東方沖**／M6.8／浅発／**★2月15日／鳥島近海**／M6.0／深発177km／☆2月17日14:59／インドネシア、イリアンジャヤのビアク島ニューギニア島沖／M8.1／浅発／地震と津波で死者166／現地6～7mの大津波で日本にも被害／　→　▽この地震で日本本土の全太平洋岸に津波警報又は注意報を発令、父島で波高1.03m、潮岬で92cmの津波／**★同月同日／福島県南東沖**／M6.8／浅発／太平洋プレート内部／**★2月22日／択捉島南東沖**／M6.1／深発177km／▲3月5日／北海道駒ケ岳噴火／**★3月6日／山梨県東部（前震）**／①23:12、M4.7／②23:35(本震)、M5.3／共に浅発／**★3月17日／小笠原諸島西方沖**／M6.6／深発471km／☆5月3日／中国内蒙古包頭西／M6.4／☆6月9日／米国アリューシャン列島／M7.75／☆6月10日／米国アリューシャン列島／M7.6／☆6月17日／インドネシア東部フロレス海／M7.8／深発地震／**★6月26日／小笠原諸島西方沖**／M6.1／深発491km／**★8月11日／秋田県内陸南部**／M6.1／浅発／活断層地震／**★9月9日13:34／種子島付近**／M6.6／浅発／**★9月11日11:37／千葉県東方沖**／M6.3／浅発／**★10月18日／種子島南東沖**／浅発／フィリピン海とユーラシアの両プレート境界で発生／海溝型／**★10月19日23:44／日向灘南部**／M6.75／前日と同型／フィリピン海プレートの沈み込みに伴う／海溝型／**★11月7日／小笠原父島近海**／M6.6／浅発／☆11月9日／中国長江河口（南黄海）／M6.1／☆11月12日／ペルー南部／M7.5／死者14／小津波／**★11月20日／房総半島南東沖**／M6.2／浅発／**★12月3日07:17／日向灘南部**／M6.6／小津波／フィリピン海プレートの沈み込みに伴う／海溝型／**★12月21日10:28／茨城県南西部**／M5.4／浅発

1997（平成9）年

★1月18日／奄美大島近海／M6.2／浅発／☆2月28日／イラン北西部アルデビル／M6.1／死者1033／**★3月3日23:09／伊豆半島東方沖**／M5.7／極浅／火山性群発／**★3月7日16:33／伊豆半島東方沖**／M4.5／深度1km／**★3月16日14:51／愛知県東部**／M5.8／浅発／**★3月26日17:31／鹿児島県薩摩地方**／M6.5／浅発／活断層型地震説も／**★4月3日04:33／鹿児島県薩摩地方（余震）**／M5.6／浅発／☆4月21日／サンタクルーズ諸島／M7.9／津波／☆5月10日／イラン北東部クアイエン、ビルジャンド／M7.3／死・不明者1590／断層／**★5月13日14:38／鹿児島県薩摩地方**／M6.4／浅発／3/26よりも南下／**★5月24日／遠州灘**／M6.0／浅発／**★6月25日18:50／山口・島根県境**／M6.4／☆7月9日／ヴェネズエラ沿岸近海／M7.0／**★7月15日／根室半島南東沖**／M6.0／浅発／☆7月28日／中国黄海／M5.1／**★8月11日／秋田・宮城県境**／①03:12／M5.9／②03:54／M5.4／③08:10／M5.7／内陸型／群発／**★8月13日11:13／山形県北東部**／M5.1／**★同月同日／宮古島近海**／M6.2／深度？／**★9月4日／鳥取県西部**／M5.5／深度？／☆9月26日／イタリア中部／M6.4／**★9月30日／鳥島東方沖**／M6.2／太

余震／**★10月16日／択捉島南東沖**／M6.6／深発144km／☆11月15日／フィリピン中部で地震・津波／M?.?／死・不明者200／**★12月18日20:07／福島県中部**／M5.5／深度?／**★12月28日／青森・岩手両県北部／三陸はるか沖**／M7.6／死者3／小津波／極浅／海溝型

1995（平成7）年

★1月7日07:37／岩手県沖／M7.2／三陸はるか沖地震の最大余震／浅発／**★同月同日21:34／茨城県南西部**／M5.4／浅発／**★1月10日／茨城県沖**／M6.2／浅発／**★1月17日05:46／兵庫県南部**／阪神・淡路大震災／M7.3／兵庫県南部で最大震度7／死者6434／当初は最大震度6、実地検分により7に修正／断層地震／浅発／活断層による直下型／前日に震度1の前震／**★1月21日／根室半島南東沖**／M6.2／浅発／☆2月3日／米国ワイオミング州／M5.3／死者1／▲2月11日／長野県安房峠で水蒸気爆発／**★3月12日／択捉島南東沖**／M6.0／浅発／**★3月31日／日本海中部**／M6.2／深発390km／**★4月1日12:49／新潟県下越地方**／M5.8／浅発／局所型地震／同震源で地震頻発／**★4月2日／新潟県北部（余震）**／M4.3／浅発／☆4月7日／トンガ／M8.0／M過大?／☆4月18日／ウルップ島東方沖／M7.2／浅発／太平洋プレート境界で発生／海溝型／☆5月13日／ギリシャ／M6.6／☆5月14日／東ティモール／M?.?／死傷者40／津波／☆5月17日／ニューヘブリデス諸島、ローヤルティ諸島／M7.5／**★5月23日／北海道上川地方中部**／M5.9／浅発／**★同月同日19:01／北海道空知**／M5.7／浅発／☆5月27日／ロシア、サハリン北部ネフチェゴルスク／M7.5／死・不明者1960／断層地震／☆6月10日／米国アラスカ州アンドレアノフ諸島／M7.9／☆6月15日／ギリシャ／M6.5／死者26／☂6月30日～中部以西で豪雨／☆7月30日／チリ北部／M8.0／死者3／やや深い地震?／☆8月16日／ソロモン諸島沖／M7.8／死者0／小津波／☆9月20日／中国山東省蒼山／M5.2／**★10月1日11:42／静岡県東部（伊東）**／M4.8／浅発／**★10月6日21:43／神津島付近**／M5.6／浅発／☆同月同日／中国遼寧省唐山市古冶／M5.0／☆10月9日／メキシコ西部コリマ／M7.9／死者行方不明者40／津波／**★10月18日19:37／喜界島南東沖**／M6.8／津波／浅発／フィリピン海プレート内部／海溝型／**★10月19日11:41／喜界島南東沖**／M6.6／深度34km／津波／海溝型／**★11月25日／択捉島南東沖**／M6.8／浅発／**★12月1日／国後島付近**／M6.0／深発147km／**★12月3日／択捉・ウルップ島南東沖**／M7.9／日本本土有感／根室17cm、八戸13cm、釧路10cmの津波／**★12月4日／択捉島南東沖**／M7.7／浅発／太平洋プレート境界で発生／海溝型／**★12月30日／宮古島北西沖**／M6.1／浅発

1996（平成8）年

☆1月1日／インドネシア北部スラウェシ島／M7.6／死者8／津波／**★2月1日／国後島付近**／M6.2／深発198km／☆2月3日／中国雲南省麗江／M7.0／浅発／死・不明者309／**★2月7日10:33／福井県嶺北地方**／M4.9／浅

月2日／ニカラグア／M7.4／地震・津波で死・不明者148／☆同月同日／米国ユタ州／M5.6／☆10月12日／エジプト／M5.9／死・不明者546／**★10月20日16:18／西表島付近**／M5.0／浅発／10/14から続く群発／**★10月30日／鳥島近海**／M6.7／深発410km／**★12月7日／北海道東方沖**／M6.1／浅発／☆12月12日／インドネシア東部フロレス島付近／M7.7／地震・津波で死・不明者2210／大津波最波高25m

1993（平成5）年

★1月15日20:06／北海道釧路沖／M7.5／地滑り／死者2／深発／太平洋プレート内の二重深発地震面／**★1月19日／日本海中部**／M6.6／深発489km／**★2月7日22:27／能登半島沖**／M6.6／浅発／活断層による地震／☆3月13日／トルコ／M6.8／死・不明者500／**★5月21日／茨城県南西部**／M5.3／浅発／**★7月12日22:17／北海道南西奥尻島沖**／M7.8／死・不明者230。ロシアで行方不明3／▽奥尻島などに津波(最大波高16.8m、遡上高30m)／浅発／北海道南西沖の日本海東縁部変動帯で発生／沿海州でも津波被害／**★8月7日／沖縄本島北西沖**／M6.3／深発160km／☆8月8日／マリアナ諸島グアム島／M8.0／グアムで中規模被害／小津波／☆同月同日／米国オレゴン州クラマス瀑布／M6.0／死者2／☆9月29日／インド南部ラツル-オスマナバド地方／M6.2／死・不明者8680？／**★10月12日00:54／東海道南方沖**／M6.9／死者1(ショック死)／深発391km

1994（平成6）年

☆1月17日／米国カリフォルニア州ノースリッジ(サンフランシスコ)／M6.8／死者60／都市型地震災害の典型／**★2月13日／鹿児島県薩摩**／M5.7／☆2月15日／インドネシア／M7.0／死・不明者210／☆3月10日／フィジー／M7.5／深発／**★3月11日12:12／式根島付近**①12:54／M5.3／②M4.3／共に浅発／☀4月～10月／ほぼ全国で干害／**★4月8日／三陸北部沖**／M6.5／浅発／**★4月30日／大隅半島東方沖**／M6.0／浅発／**★5月23日／与那国島近海**／M6.1／浅発／**★5月28日17:04／滋賀県中部**／M5.2／浅発／☆6月2日／インドネシア東ジャワ州／M7.2／死・不明者280／☆6月6日／コロンビア／M6.6／死・不明者800／☆同月同日／インドネシア、ジャワ島／M7.8／死者270／津波／☆6月9日／ボリビア・ペルーで巨大深発／M8.2／死者10／深発地震では20世紀最大級／カナダで有感／**★7月22日／日本海北部**／M7.3／深発552km／**★8月14日／宮城県北部沖**／M6.0／浅発／★8月16日／宮城県沖／M6.0／浅発／☆8月18日／アルジェリア／M5.9／死・不明者160／**★8月20日／択捉島南東沖**／M6.1／浅発／**★8月31日18：07／国後島南方沖**／M6.4／死者1／深発／☆9月1日／米国カリフォルニア州メンドシナ岬／M7.0／**★10月4日／北海道色丹島沖**／M8.2／死者は北方領土で11、本土でショック死1／津波最大波高1.73m／浅発／太平洋プレート内／**★10月9日／北海道東方沖**／M7.3／釧路市で震度4／北海道東方沖地震の最大

ン最悪の震災／断層地震／☂6月28日〜九州で豪雨／☆7月16日／フィリピン北部ルソン島バギオ／M7.8／死・不明者2030／フィリピン断層北部が100kmにわたって活動／**★8月5日／本州南方沖**／M6.2／深発529km／**★9月24日／東海道南方沖**／①M6.6／浅発／②M6.0／浅発／**★10月1日／宮古島近海**／M6.1／浅発／☂11月4日〜北海道・東北・中部で豪雨／▲11月17日／雲仙・普賢岳噴火／**★12月7日／新潟県南部**①18:38／M5.4／②18:40／M5.3／共に浅発

1991（平成3）年

☆1月29日／中国山西省忻州市西／M5.1／☆2月1日／アフガニスタンとパキスタン／M6.4／死・不明者600／☆3月26日／中国山西省大同（渾源）／M5.8／☆4月22日／コスタリカ／M7.7／死・不明者62／パナマでも被害／津波／**★4月24日09:32／釧路沖**／M5.4／**★5月3日／小笠原諸島西方沖**／M6.6／深発460km／**★5月7日／三陸はるか沖**／M6.0／浅発／☆5月30日／中国遼寧省唐山豊南老区／M5.1／▲6月3日／長崎県雲仙岳噴火／火砕流発生／▲6月15日／フィリピン、ピナトゥボ火山噴火／二十世紀最大規模の噴火活動／☆6月28日／米国カリフォルニア州シェラマドレ／M5.6／死者2／▲8月12日／チリのセッロフドソン火山噴火／☆8月17日／米国カリフォルニア州ハニーデュー／M7.0／**★8月28日10:29／島根県東部**／M5.9／浅発／**★9月3日／三宅島近海**／M6.3／浅発／**★10月8日／択捉島南東沖**／M6.0／深発145km／☆10月19日／インド北部ウッタルカシ／M6.9／死・不明者1700／**★10月28日10:09／周防灘**／M5.9／浅発／**★11月27日／浦河沖**／M6.3／浅発／**★12月7日／長野県南部**①18:38／M5.4／②18:40／M5.3／☆12月13日／ウルップ島東方沖／M6.3／極浅／☆12月14日／ウルップ島東方沖／①M6.3、②M6.3／共に極浅／☆12月19日／ウルップ島東方沖／M6.4／浅発／☆12月22日／ウルップ島東方沖／M6.8／浅発

1992（平成4）年

☆1月23日／中国黄海／M5.3／**★2月2日04:04／浦賀水道**／M5.9／深発／☆3月13日／トルコ／M6.8／死者500／☆4月23日／米国カリフォルニア州ヨシュアツリー／M6.2／☆4月25日／米国カリフォルニア州ケープメンドシーノ／M7.2／**★5月11日19:07／茨城県中北部**／M5.6／浅発／☆5月17日／フィリピン南部ミンダナオ島／M7.5／**★6月15日10:46／神津島付近**／M5.2／浅発／**★6月16日／宗谷東方沖**／M6.1／深発348km／▲6月27日／米国アラスカ州スプール火山噴火／☆6月28日／米国カリフォルニア州ランダース／M7.5／死者3／モハヴェ砂漠に断層／☆同月同日／米国カリフォルニア州ビッグベア／M6.5／☆6月29日／米国ネヴァダ州リトルスカルマウンテン／M5.7／**★7月12日／青森県東方沖**／M6.3／浅発／**★7月18日／三陸沖**／M6.9／極浅／太平洋プレート境界で発生／海溝型／**★8月24日／渡島地方東部**／M6.1／深発／**★8月30日／東海道南方沖**／M6.2／深発325km／☆9

(昭和63)年

ア、テナントクリーク／M6.6／**★3月6日／千葉県東方沖**／M6.0／深度？／☆同月同日／米国アリューシャン諸島アラスカ湾近海／M7.8／**★3月18日05:34／東京都東部**／M6.0／深発／☂5月3日〜九州で豪雨／**★5月7日／十勝沖**／M6.1／深発／☂6月2日〜西日本で豪雨／▲6月?日／桜島南岳降灰／☂6月23日〜愛媛・徳島・福岡で豪雨／**★7月7日／十勝沖**／M6.2／浅発／☂7月13日〜西日本で豪雨／☂8月11日〜関東・中部・四国・九州で豪雨／☆8月20日／インド・ネパール国境付近／M6.6／死者910？／☂8月28日〜岩手で集中豪雨／**★9月5日00:49／山梨県東南部**／M5.6／浅発／**★9月7日／本州南方沖**／M6.4／深発514km／☆11月6日／中国・ミャンマー国境／M7.3／死者730／☆11月25日／カナダ東部ケベック州サゲナイ／M5.9／☆12月7日11:41／アルメニアのスピタクとトルコ東部／M6.8／死・不明者25000

1989(平成元)年

★2月19日21:27／茨城県南西部／M5.6／浅発／**★3月6日23:39／千葉県北東部**／M6.1／浅発／**★4月27日／鳥島東方沖**／M6.5／深発／太平洋プレートの沈み込みに伴う海溝型／☆5月23日／NZはるか沖マッコリー・リッジ／NZと南極大陸との間／M8.2／津波？／**★6月17日／鳥島近海**／M6.6／深発385km／**★6月30日〜7月24日／伊豆半島東方沖**／群発／最大M5.5／**★7月5日02:28／伊豆半島東方沖**／M4.7／深度2km／**★7月7日00:01／伊豆半島東方沖**／M5.2／浅発／**★7月9日11:09／伊豆半島東方沖**／M5.5／群発／浅発／▲7月13日／伊豆東部火山群の海底火山噴火／☂7月31日〜関東で豪雨／☆8月8日／米国カリフォルニア州サンタクルーズ郡／M5.4／死者1／**★10月14日06:19／伊豆大島近海**／M5.7／浅発／☆10月17日／中国山西省大同(渾源一陽高の間？)／M5.7、M5.5(二回)／☆10月18日／米国カリフォルニア州ロマ・プリータ／M7.0／死・不明者63／**★10月27日07:41／鳥取県西部**／M5.3／深度？／**★同月同日／三陸沖**／M6.2／浅発／**★10月29日／三陸沖**／M6.5／極浅／**★11月2日03:25／三陸沖**／M7.1／久慈で1.3mの津波を観測／極浅／海溝型／**★同月同日04:57／鳥取県西部**／M5.4／深度？／☆12月25日カナダ東部ケベック州ウンガヴァ／M6.0／☆12月28日／オーストラリア、ニューカッスル／M5.6／死者13

1990(平成2)年

☆2月10日／中国江蘇省常熟／M5.1／※2月11日・長野・小谷村で鉄砲水／**★2月20日15:53／伊豆大島近海**／M6.5／浅発／☆4月6日／マリアナ諸島／M6.75／**★4月12日／福井県嶺南**／M6.1／深発481km?／▲4月20日／阿蘇中岳噴火／▲5月1日／桜島噴煙／**★5月3日16:45／茨城県沿岸**／M5.2／浅発／**★5月11日／日本海西部**／M6.2／深発596km／**★5月12日／サハリン南部付近**／M7.2／深発594km／**★6月1日／千葉県東方沖**／M6.0／浅発／**★6月16日／沖縄本島北西沖**／M6.1／浅発／☆6月20日／イラン北部とアゼルバイジャン／M7.5／死・不明者45840？／過去200年でイラ

月23日／カナダ北東部、ナハンニ地方／M6.8／▲この年桜島噴火

1986（昭和61）年

☆1月31日／米国オハイオ州北東部／M5.0／**★2月4日／小笠原諸島西方沖**／M6.6／深発541km／**★2月12日／茨城県沖**／M6.1／浅発／**★3月2日／宮城県北部沖**／M6.0／浅発／**★3月24日／奄美大島近海**／M6.1／浅発／**★4月16日／北海道東方沖**／M6.2／極浅／☆5月7日／米国アラスカ州アンドレアノフ諸島／M7.9／**★5月11日／沖縄本島北西沖**／M6.6／深発206km／**★6月24日／千葉県南東沖**／M6.4／深発／☆7月8日／米国カリフォルニア州北パームスプリングス／M6.1／☆7月21日／米国カリフォルニア州チャルフォント渓谷／M6.2／☆9月13日／ギリシャ／M5.7／死者20／☆10月10日／エルサルバドルのサンサルバドル／M5.4／死・不明者1130／断層地震／☆10月20日／NZのケルマデク諸島／M8.2／**★11月13日21:44／空知北部**／M5.3／☆11月14日／台湾／M7.8／死者16／▲11月15日～16日／東京都伊豆諸島の伊豆大島三原山大噴火／**★11月22日09:41／伊豆大島付近**／大島噴火に伴う火山性群発／M6.0／浅発／▲11月23日／桜島爆発／**★12月1日／宮城県北部沖**／M6.0／浅発／海溝型／**★12月30日09:38／長野県北部**／M5.9／浅発

1987（昭和62）年

★1月9日15:14／岩手県北部／M6.6／深発／**★1月14日20:03／十勝南西部**／M6.6／深発／**★2月6日22:16／福島県南東沖**／M6.7／小津波／浅発／太平洋プレート境界で発生した海溝型／**★2月13日19:01／茨城県沖**／M5.2／浅発／☆2月17日／中国江蘇省射陽東南鹽城／M5.0／☆3月6日／エクアドル・コロンビア／M6.9／死・不明者2000／**★3月18日12:36／日向灘南部**／M6.6／死者1／深度?／**★4月7日09:40／福島県沖**／M6.6／浅発／**★4月23日05:13／福島県沖**／M6.5／浅発／**★5月7日／日本海北部**／M7.0／深発463km／**★5月9日12:54／和歌山県北東部**／M5.6／浅発／**★5月18日／オホーツク海南部**／M6.7／深発497km／☀6月16日～8月25日／首都圏で渇水、干害／☆6月10日／米国イリノイ州オルニー近郊／M5.1／☆10月1日／米国カリフォルニア州ウィットラ河峡／M5.9／死者8／☆10月4日／米国カリフォルニア州ウィットラ河峡／M5.6／死者1／▲11月17日／桜島南岳爆発／**★11月18日00:57／山口県北部**／M5.4／☆11月24日／米国カリフォルニア州スーパースティション／①M6.5、②M6.7／死者2／☆11月30日／米国アラスカ州南部／M7.7／津波?／**★12月12日／鳥島近海**／M6.4／深発198km／**★12月17日11:08／千葉県東方沖**／M6.7／死者2／浅発／関東で戦後初の被害／九十九里浜直下のフィリピン海プレート内部のスラブ内地震

1988

★1月2日／上川地方南部／M6.1／深発175km／☆1月22日／オーストラリ

10月30日／トルコ東部ナルマン-ホラサン／M6.9／死・不明者1410／**★10月31日01:51／鳥取県沿岸**／M6.2／4分後M5.7／浅発／**★同月同日／鳥取県中部**／M6.2／☆11月7日／中国山東省菏澤／M5.9～6.0／☆11月16日／ハワイ、カオイキ／M6.7／☆12月22日／ギニア共和国／M6.2／死・不明者643／※この年、全国で地盤沈下

1984（昭和59）年

★1月1日／三重県南東沖／M7.0／深発388km／**★2月1日／オホーツク海南部**／M6.4／深発532km／**★2月14日01:53／神奈川・山梨県境**／M5.2／浅発／**★3月6日11:17／鳥島近海**／M7.6／深発452km／太平洋プレート内部／死者1(ショック死)／**★3月24日／択捉島南東沖**／M6.8／浅発／**★4月24日／鳥島近海**／M6.2／深発407km／**★同月同日／オホーツク海南部**／M6.3／深発401km／☆同月同日／米国カリフォルニア州モーガンヒル／M6.2／☆5月21日／中国南黄海／M6.2／**★5月30日09:39／兵庫県南西部**／M5.6／深度？／☀6月～9月／山形で干害／▲7月21日／桜島南岳爆発／**★8月6日17:30／長崎県橘湾**／M5.7／**★8月7日04:06／日向灘**／M7.1／浅発／約18cmの小津波／フィリピン海プレート内部／**★9月14日08:48／長野県南西部**／M6.8／極浅／死・不明者29／御嶽山南麓震源の活断層型／**★9月15日07:14／長野県西部**(余震)／M6.2／深度6km／**★9月19日／房総半島南東沖**／M6.6／浅発／プレート内部三重会合点で発生／**★10月3日09:12／長野県西部(余震)**／M5.3／浅発／**★10月18日12:22／能登半島沖**／M5.7／浅発／☆11月23日／米国カリフォルニア州ラウンド渓谷／M5.8／**★12月3日／択捉島南東沖**／M6.3／浅発／※この年、神奈川で地盤沈下

1985（昭和60）年

☆1月26日／アルゼンチン、メンドサ／M6.0／☆3月3日／チリ中部サンアントニオ、ヴァルパライソ近海／M7.8／死・不明者177／**★3月27日／国後島付近**／M6.2／深発157km／**★3月29日／秋田県内陸北部**／M6.4／深発164km／**★4月4日／小笠原諸島西方沖**／M6.4／深発458km／**★4月11日／鳥島近海**／M6.6／深発415km／**★5月13日／愛媛県南予**／M6.0／浅発／☂6月18日～全国で梅雨前線豪雨／☀7月～9月／中国～東北で干害／☂長野・岐阜で暴風雨／**★8月12日／福島県北東沖**／M6.4／浅発／海溝型／ほぼ20年周期でM6.5級前後に発生する地震の一つ／**★9月10日／小笠原諸島西方沖**／M6.2／深発511km／☆9月19日07:19／メキシコ南西部、ミチョアカン／M8.1／震源から400km離れたメキシコシティで甚大な被害／死・不明者8250／軟弱地盤による震動増幅が注目された地震の一つ／津波／**★10月4日／茨城県南部**／①M6.1／深発／②21:25／M6.1／深発／**★10月18日12:22／能登半島沖**／M5.7／浅発／**★11月9日／小笠原諸島西方沖**／M6.2／深度？／▲11月13日／コロンビアのネヴァドデルルイス火山噴火／20世紀で2番目の被害／☆11月30日／中国河北省任県(邢台西南？)／M5.3／☆12

☆6月11日／イラン南部ケルマーン州／M6.8／死・不明者3000／断層地震／☂6月25日〜四国・九州で豪雨／☆7月28日／イラン南部ケルマーン州／M7.2／死・不明者4750／断層地震／☆8月13日／中国内蒙古豊鎮／M5.6／**★9月3日／北海道東方沖**／M6.5／浅発／☂9月3日〜奥尻島で豪雨／☂9月26日〜東北で集中豪雨／**★10月15日／岩手県沖**／M6.0／浅発／☆11月9日／中国河北省邢台（隆堯東か寧晋東南？）／M5.9／**★11月23日／根室半島南東沖**／M6.0／浅発／☆11月28日／ロシア、ウラジオストク付近／M6.0／深発600km／**★12月2日／青森県東方沖**／M6.2／浅発／**★12月12日／宮古島近海**／M6.3／浅発／※この年、全国で地盤沈下

1982（昭和57）年

★1月2日／小笠原父島近海／M6.3／浅発／**★2月21日／八丈島東方沖**／M6.4／浅発／**★2月28日／硫黄島近海**／M6.7／深発／**★3月7日08:14／茨城県沖**／M5.5／**★3月21日11:32／北海道浦河沖**／M7.2／浅発／プレート内部／小津波80cm／本震8時間後に余震M5.8／▲4月3日／メキシコのエルチチョン火山噴火／▲5月17日／インドネシア、ジャワ島のガルングン火山噴火／**★6月1日／宮城県北部沖**／M6.2／浅発／**★6月30日／ウルップ島東方沖**／M6.9／浅発／**★7月4日／本州南方沖**／M6.6／深発560km／☂7月11日〜九州・四国で豪雨／**★7月23日／茨城県沖**／M7.0／群発／浅発／海溝型／ほぼ15年間隔でM6.7以上の地震が繰り返し発生／**★8月12日13:33／伊豆大島付近**／M5.7／浅発／**★9月3日／択捉島南東沖**／M6.2／浅発／**★9月6日／鳥島近海**／M6.6／深発180km／☆12月13日／イエメンアラブ共和国ダハマール／M6.0／死・不明者2690／断層地震／**★12月17日／与那国島近海**／M6.2／浅発／**★12月28日15:37／三宅島南方沖**／M6.4／浅発／※この年、関東で地盤沈下

1983（昭和58）年

★2月27日21:14／茨城県南部／M6.0／深発／**★3月16日02:27／静岡県西部**／M.5.7／浅発／▲4月8日／浅間山噴火／**★4月30日／十勝沖**／M6.4／深発／☆5月2日／米国カリフォルニア州コーリンガ／M6.4／**★5月26日11:59／日本海中部**（秋田県沖）／M7.7／秋田県で最大震度5／浅発／日本海に大津波（津軽で波高14.9m）島根県も被害／死・不明者104。韓国で死・不明者3／日本海東縁部変動帯の逆断層型／**★6月21日15:25／青森県西方沖**／M7.1／最大震度4／日本海中部地震の最大余震／小津波／**★同月同日／択捉島南東沖**／M6.2／浅発／**★同月同日／与那国島近海**／M6.0／極浅／**★6月24日／与那国島近海**／M6.3／浅発／☂7月22日〜山陰で集中豪雨／**★8月8日／神奈川県北部・山梨県東部**／M6.0／浅発／死者1／丹沢山系で土砂崩れ／**★8月26日05:23／大分県北部**／M6.7／深発／▲10月3日22:33／三宅島大噴火／南方沖／M6.2／浅発／☆10月7日／米国NY州ブルーマウンテン湖／M5.3／☆10月28日／米国アイダホ州ボラピーク／M6.9／死者2／☆

1979
(昭和54)年

★2月20日/三陸北部沖/M6.5/極浅/☆2月28日/米国アラスカ州セントエリアス山/M7.5/▲5月?日/阿蘇山爆発/☆6月19日/中国山西省介休/M5.2/☂6月26日〜西日本集中豪雨/☆7月9日/中国江蘇省溧陽西南/M6.0/**★7月13日/周防灘**/M6.1/深発/☆8月6日/米国カリフォルニア州コヨーテ湖/M5.7/☆8月17日/ロシア、ウラジオストク付近/M6.4/深発600km/☆8月25日/中国内蒙古五原/M6.0/☆8月29日/中国内蒙古五原/M6.0/▲9月6日/阿蘇山中岳爆発/☆9月12日/インドネシア東部イリアンジャヤ/M7.9/死者15/津波?/☆9月20日/中国河北省唐山/M5/☆10月15日/米国・メキシコ国境インペリアル渓谷/M6.4/☆10月17日/マリアナ諸島/M7.4/深発600km/▲10月28日/御嶽山噴火/**★12月12日/鳥島近海**/M6.3/深発160km/☆同月同日/コロンビア南部/M7.9/死・不明者600/津波

1980
(昭和55)年

☆1月1日/ポルトガル、アゾレス諸島/M7.2/死・不明者60/☆1月8日/中国遼寧省中朝辺(国)境/M5.3/**★1月13日/十勝沖**/M6.1/浅発/**★1月19日/日本海中部**/M6.3/深発440km/☆1月24日/米国カリフォルニア州ライヴモア渓谷/M5.8/☆1月27日/米国カリフォルニア州ライヴモア渓谷/M5.8/**★2月23日/北海道東方沖**/M6.8/浅発/**★3月3日/沖縄本島北西沖**/M6.7/浅発/**★4月22日/東海道南方沖**/M6.5/深発400km/▲5月18日/米国セントヘレンズ火山噴火/M5.0/山体崩壊/☆5月25日/米国カリフォルニア州マンモス湖/M6.2/☆5月27日/米国カリフォルニア州マンモス湖/M6.0/**★6月25日〜7月/伊豆半島東方(伊東)沖**/群発/6月29日16:20に最大M6.7/浅発/☂7月8日〜四国・九州で豪雨/☆7月17日/ソロモン諸島、サンタクルーズ島/M7.9/☆7月27日/米国ケンタッキー州メイスヴィル/M5.2/☂8月28日・佐賀県で水害/☂8月29日〜北海道・九州で豪雨/**★9月24日04:10/埼玉県南東部**/M5.4/深発/**★9月25日02:54/千葉県北西部**/M6.1/死者2/深発/フィリピン海と太平洋両プレートの境界/☆10月10日/アルジェリアのエルアスナム/M7.5/死・不明者4350?/断層地震/☆11月8日/米国カリフォルニア州フンボキット郡/M7.2/☆11月23日/イタリア南部イルピリナ/M6.6/死・不明者3130/**★12月12日/日向灘北部**/M6.0/浅発/**★12月20日/鳥島近海**/M6.1/浅発/**★12月31日/ウルップ島東方沖**/M6.9/深発

1981
(昭和56)年

★1月3日/奄美大島北西沖/M6.6/深発220km/**★1月19日/三陸南部沖**/M7.0/最大余震M6.6/極浅/海溝型/☆同月同日/インドネシアのイリアンジャヤ/M6.76/死・不明者790/**★1月23日13:58/日高西部**/M6.9/深発/**★同月同日/浦河沖**/M6.9/深発140km/☆2月24日/ギリシャ/M6.8/死者16/**★5月9日/北海道南西沖**/M6.4/深発240km/

コ国境ムラディエ／M7.3／死・不明者5180／断層地震／☆12月2日／中国天津市宝坻／M4.7～5.3／**★12月12日／小笠原諸島西方沖**／M6.6／深発540km／☆12月13日／中国雲南・四川両省境界、塩源一寧蒗／M6.8／**★12月15日／奄美大島近海**／M6.0／浅発

1977（昭和52）年

★1月17日／小笠原父島近海／M6.1／深発／**★2月24日／日高地方中部**／M5.8／深発／☆3月4日／ルーマニア、ブカレスト他／M7.2／死・不明者1490／**★3月9日／日本海西部**／M6.8／深発600km／**★5月2日01:23／島根県中部**／M5.45／☂5月15日～東北で豪雨／☂6月15日～梅雨前線豪雨／☂8月4日～青森で豪雨／▲8月6～7日／北海道有珠山大噴火／☂8月7日～隠岐で豪雨／☆8月19日／インドネシア南部スンバワ島／M7.9／死・不明者189／大津波／正断層型地震／**★10月5日00:39／茨城県南西部**／M5.45／浅発／☆11月23日／アルゼンチン、サンファン／M7.4／**★12月21日／硫黄島近海**／M6.0／浅発

1978（昭和53）年

★1月14日12:24／伊豆大島近海／M7.0／死者25／極浅／伊豆半島と伊豆大島の間のプレート内部／持越鉱山のシアン汚染を起こす／**★1月15日07:31／伊豆半島西部**／M5.8／浅発／**★2月20日13:36／宮城県沖**／M6.7／浅発／**★3月7日／東海道南方沖**／M7.2／深発440km／栃木・千葉両県で最大震度4／**★3月16日／小笠原諸島西方沖**／M6.6／深発280km／**★3月20日／茨城県南部**／M5.5／浅発／**★3月23日12:15／択捉島沖**／M7.0／**★3月25日04:47／択捉島沖**／M7.3／小津波／M7.3／浅発／☂4月6日・関東で浸水／**★4月7日／房総半島南東沖**／M6.1／浅発／☀5月～9月／全国規模で干害／**★5月16日16:35／青森県東岸①**／M5.8／②17:23／M5.8／☆5月18日／中国遼寧省海城営口／①M5.9、②M5.2／**★5月23日／種子島近海**／M6.4／深発160km／**★6月4日05:03／島根県中東部**／M6.1／極浅／直下型／☂6月10日～九州北部で豪雨／**★6月12日17:14／宮城県沖**／M7.4／宮城県などで最大震度5／浅発／死者28／津波／**★6月14日／宮城県牡鹿半島沖**／死者28／浅発／海溝型／☆6月20日／ギリシャ／M6.6／死・不明者50／**★6月21日／オホーツク海南部**／M6.3／深発380km／☂6月21日～関東以西梅雨前線活発化／☂6月25日～新潟で豪雨／**★7月4日／宮崎県北部山沿い**／M6.0／深発／**★7月13日17:10／伊予灘**／M6.1／☆7月23日／台湾付近／M7.3／浅発／☂7月13日・高知で浸水／★9月13日13:28／小笠原母島付近／M5.3／浅発／☆9月16日／イランのタバス／M7.7／死・不明者16320／断層地震／※10月24日・北海道で泥流／**★12月3日22:15／伊豆半島東方沖**／M5.4／浅発／**★12月6日／択捉島付近**／M7.2／深発／**★12月23日／与那国島近海**／M6.9／浅発／▲この年？月？日桜島爆発

☂5月17日～北海道東部で豪雨／**★5月24日／石垣島南方沖**／M6.5／浅発／☆5月26日／大西洋ポルトガル、アゾレス諸島／M8.1／☆5月29日／中国雲南省竜陵／M7.6、7.5／**★6月10日22:47／北海道東方沖**／M6.5／最大震度は1だが、色丹島で4～3.5m、花咲港で95cmの津波を観測／M6.0／極浅／**★6月14日／北海道東方沖**／M6.4／☂6月16日～九州で豪雨／☂6月24日～九州で豪雨／**★6月29日／日本海西部**／M7.4／深発600km／☆6月30日／米国ワイオミング州イエローストーン国立公園／M6.1／☂7月2日～鹿児島県／▲7月6日／ロシア、カムチャッカ半島トルバチク火山噴火／☆7月9日／中国雲南省建水／M5.5／☂7月12日～島根で豪雨／☆7月20日／パプアニューギニア、ブーゲンヴィル島／M7.9／☂7月27日～青森で水害／☆8月1日／米国カリフォルニア州オロヴィル／M5.8／**★8月12日／鳥島近海**／M6.6／深発400km／**★8月15日03:09／福島県沿岸**／M5.5／浅発／☂北海道で水害／☆9月2日／中国黄海郎家沙／M5.3／☆9月4日／中国雲南省漾濞／M5.0／☆9月6日／トルコ東部リセ／M7.2／死者2240／☂10月7日～静岡で豪雨／☆10月11日／トンガ／M7.8／☂10月15日～奄美大島で豪雨／**★10月30日／浦河沖**／M6.0／浅発／☆11月29日／ハワイ、カラパナ／M7.2／死者2／☆12月1日／中国雲南省麗江／M5.5／☆12月26日／トンガ／M7.8／▲この年?月?日桜島爆発

1976（昭和51）年

☆1月14日／NZ、ケルマデク諸島／①M7.8、②M8.2／**★1月21日／択捉島南東沖**／M6.5／極浅／☆2月4日／グァテマラ／M7.5／死・不明者23000／断層地震／☆4月6日／中国内蒙古和林格爾／M6.2／☆5月6日／イタリア北東部／M6.5／死者970／☆5月29日／中国雲南省龍陵／①20:23／M7.5、②22:00／7.6／＊直前予報に成功／★6月16日07:36／山梨県東部／M5.5／浅発／丹沢が震源地／**★6月20日／宮古島近海**／M6.2／浅発／☂6月22日～梅雨前線豪雨／☆6月25日／インドネシア、イリアンジャヤ／M7.1／死・不明者5070／**★7月10日／オホーツク海南部**／M6.0／深発440km／☂7月10日～関東・東海で集中豪雨／☆7月27日～28日02:30、03:42:54、18:45／中国河北省唐山／M7.8、M7.1／死・不明者242800(二十世紀最大の死者数)／浅発／断層地震／直前予報に失敗／☆7月28日／中国河北省灤県／M7.1／☆8月16日22:06／中国四川省松潘一平武／M7.2／直前予報に成功／☆同月同日／フィリピン南部ミンダナオ島／M7.9／死・不明者7150／モロ湾に津波／**★8月18日02:18／伊豆半島東部**／M5.4／☆8月22日05:49／中国四川省松潘一平武／M6.7／☆8月23日11:30／中国四川省松潘一平武／M7.2／☆10月29日／インドネシア、イリアンジャヤ／M7.2／死・不明者2100／☆11月7日02:04／中国雲南・四川省境界、塩源一寧蒗／M6.9／直前予報に成功／**★11月8日／宮城県沖**／M6.2／浅発／☆11月15日／中国天津寧河西／M6.9／☆11月24日／イラン・トル

浅発／繰り返し発生／海溝型／**★11月25日13:24／和歌山県北西部**／M5.9／浅発／プレート内部／☆12月28日／ヴァヌアツ、エスピリトゥサント／M7.8／☆12月31日／中国河北省里坦(河間東？)／M5.3

1974（昭和49）年

★1月25日／十勝沖／M6.0／浅発／**★2月22日／三重県南東沖**／M6.5／深発400km／**★3月3日／千葉県東方沖**／M6.1／☆4月22日／中国江蘇省溧陽／M5.5／**★5月9日08:33／伊豆半島南方沖**(駿河湾)／M6.9／浅発／死者32／小津波／活断層による直下型／これから伊豆半島周辺は活動期に／石廊崎断層が右へ動いた／☆5月11日03:25／中国雲南省昭通、大関県永繕／M7.1／死者2552／※愛知・濃尾平野南西部で地盤沈下／☆6月15日／中国雲南省桧渓／M5.7／☂6月17日～梅雨前線豪雨／鹿児島で鉄砲水／**★6月23日10:40／宮城県北部**／M4.7／**★6月27日10.49／三宅島南西沖**／M6.1／浅発／☂7月?日～三重で豪雨／▲7月?日～／阿蘇山爆発／**★7月8日／茨城県沖**／M6.3／浅発／☆7月13日／パナマ・コロンビア国境／M7.3／☂7月16日～中国西部・九州北部で豪雨／☂7月20日・東京・神田川氾濫／☂7月24日～東海西部で豪雨／▲7月28日／新潟県焼山爆発／☂7月31日～東北中部で豪雨／**★8月4日03:16**／茨城県南西部／M5.8／浅発／死者2(ショック死)／☆8月11日／中国新疆ウイグル自治区喀什以西／M7.3／**★8月12日／東海道南方沖**／M6.9／深発399km／**★9月4日18:20／岩手県沿岸**／M5.6／深度?／☆9月23日／中国甘粛省曲瑪／M5.6／**★9月27日／八丈島東方沖**／M6.4／浅発／**★同月同日／根室半島南東沖**／M6.6／浅発／☆10月3日／ペルー中部沿岸近海／M8.1／☆10月8日／西インド諸島リーワード島／M7.5／**★10月9日／択捉島南東沖**／M6.5／浅発／**★10月10日／三陸北部沖**／M6.4／浅発／▲10月17日／グァテマラのフエゴ火山噴火／**★11月9日06:23／苫小牧沖**／M6.4／深発／**★11月13日／東京都鳥島近海**／M7.3／深発420km／福島・千葉両県で最大震度4／**★11月16日／千葉県東方沖**／M6.1／浅発／**★11月30日／鳥島近海**／M7.3／深発420km／☆12月28日／パキスタン北東部パタン／M6.2／死・不明者3700

1975（昭和50）年

☆1月12日／中国雲南省楚雄／M5.5／**★1月22日13:40／熊本県阿蘇**／M5.5／極浅／**★1月23日23:19／熊本県阿蘇**／M6.1／極浅／阿蘇山付近の直下型／火山活動とは無関係／一宮に被害集中群発／☆2月2日／米国アラスカ州ニューアイランド諸島／M7.6／☆2月4日19:36／中国遼寧省海城／震央地点：岔溝公社／震源深度：12km／M7.2／死・不明者1330／断層地震／直前予報に成功／2月4日～8月28日までM5以上の余震は6回／平均M5.45／☆3月2日／米国アイダホ州東部／M6.2／☆3月8日／中国雲南省塩津／M5.2／**★4月21日／大分県中西部**／湯布院付近／M6.4／極浅／活断層による直下型／熊本県側でも山崩れ／**★5月4日／福島県南東沖**／M6.0／浅発／

日／阿蘇山爆発／**★8月2日16:24／十勝沖**／M7.0／小津波／浅発／海溝型／☆8月16日～17日／中国四川省馬辺／M5.9、M5.0／☂8月20日～九州で豪雨／**★9月6日／サハリン西方沖**／M6.9／極浅／日本海東縁部で発生／☂9月9日～愛知・三重・和歌山で豪雨／**★9月15日／三陸沖**／M6.3／浅発／**★12月3日／ウルップ島東方沖**／M6.5／極浅／千島海溝外側で発生／☆12月15日／ロシア、カムチャッカ半島／M7.8／※この年、静岡で地下水塩水化

1972（昭和47）年

☆1月4日／台湾東方沖／M6・9／浅発／**★1月14日16：14／伊豆大島付近**／M3・8／☆1月23日／中国雲南省紅河／M5・5／☆1月25日／台湾東方沖新港東海中／①M7・5、②M7・0／死者1／小津波／浅発／**★2月29日18：22／八丈島東方沖**／M7・0／深発／小津波／フィリピン海と太平洋の両プレート境界で発生／海溝型／**★3月20日／青森県東方沖**／M6・4／深発／**★3月26日／根室半島南東沖**／M6・1／浅発／☆4月10日／イラン南部キール／M7・0／死者5270／断層地震／☆4月24日／台湾／M7・2／死者4／☂6月6日～九州南部で豪雨／☂6月21日～福岡で豪雨／☂7月4日～梅雨前線豪雨／**★7月7日13：00／小宝島付近**／M3・5／深度？／☆7月30日／米国アラスカ州シトカ／M7・6／**★8月20日19：09／山形県中部**／M5・3／深度？／**★8月31日／福井県嶺北**／M6・0／浅発／**★9月2日／奄美大島北東沖**／M6・1／深発／**★9月6日20：42／有明海**／M5・2／深度？／☂9月8日～中国・四国で豪雨／▲9月13日／桜島爆発／☂9月14日～秋雨前線豪雨／☆9月27日／中国四川省乾寧西部／M5・6／▲10月2日／桜島南岳爆発／☆12月2日／フィリピンのミンダナオ島／M7・8／**★12月4日19：16／八丈島東方沖**／M7・2／浅発／フィリピン海と太平洋の両プレート境界／海溝型／福井地震以来震度6の観測事例なく、この地震で24年ぶりに公式に震度6を観測／☆12月23日／ニカラグアのマナグア／M6・3／死・不明者6500／断層地震／**★12月27日／オホーツク海南部**／M6・1／深発340㎞

1973（昭和48）年

☆1月31日／メキシコ／M7.4／死・不明者60／**★2月1日／小笠原諸島西方沖**／M6.8／深発500km／▲2月1日／浅間山爆発／☆2月6日／中国四川省炉霍／M7.8／死・不明者2190／☆4月26日／ハワイ島／M6.2／▲5月1日／桜島爆発／☂5月7日～九州で暴風雨／**★6月17日12:55／根室半島南東沖**／M7.4／浅発／花咲で波高2.8mの津波／逆断層27度／繰り返し発生／海溝型／**★6月24日11:43／根室沖**／M7.1／小津波／7/1に余震M7発生／空白域／☂6月26日～中国・九州で豪雨／☆7月14日／中国西蔵・赤基台錯／M7.3／☂7月30日～九州北部で豪雨／**★9月5日／三陸沖**／M6.1／浅発／**★9月12日／宮古島近海**／M6.0／深発180km／☂9月24日～青函・新潟豪雨／☆9月29日／ロシア、ウラジオストク付近／M7.6／深発600km／☆同月同日／中国吉林省琿春東南／M7.7／**★11月19日／宮城県北部沖**／M6.4／

不明者136／☆10月2日／米国カリフォルニア州サンタローザ／M5.7／死者1／**★12月18日／サハリン南部付近**／M6.4／深発360km／☆12月25日／西インド諸島リーワード諸島／M7.2

1970（昭和45）年

★1月1日04:01／奄美大島付近／M6.1／浅発／☆1月5日01:00:34／中国雲南省通海／M7.7／死・不明者12820／浅発／断層地震／☆1月14日／中国雲南省峨山／M5.5／**★1月21日02:33／十勝支庁南部**／M6.7／浅発／プレート内部／余震最大M4.8／☂1月30日～東北・関東・中部・近畿で豪雨／**★3月10日／択捉島南東沖**／M6.1／深発／☆3月28日／トルコ西部ゲディズ／M7.0／死・不明者1090／断層地震／☂5月10日～北海道で豪雨／☆5月25日／中国河北省豊南（豊山？）／M5.2／**★5月27日／小笠原諸島西方沖**／M7.0／深発440km／**★5月28日／三陸北部沖**／M6.2／浅発／☆5月31日／ペルー中北部アンカシュ／M7.8／ユンガイ等で死・不明者63100／津波と大規模土石流発生／南米最悪の震災の一つ／☂6月12日～関東以西で豪雨／☆6月24日／カナダ西部クィーンシャーロット島南部／M7.0／☂6月30日～関東南部で豪雨／☆7月18日／中国渤海湾／M7.4／**★7月26日07:41／日向灘北部**／M6.7／小津波／浅発／☆7月31日／コロンビア／M8.1／死者1／巨大深発地震／**★9月14日／宮城県北部沖**／M6.2／浅発／繰り返し発生／海溝型／☆8月10日／中国山東省曲阜／M5.0／▲9月18日／秋田県駒ケ岳爆発／**★10月16日14:26／秋田県内陸南部**／M6.2／浅発／直下型／陸羽地震の川舟断層の延長線上／群発／余震最大M4.9／☂10月25日～北海道北部で豪雨／☆11月8日／中国四川省壌塘／M5.5／**★11月10日／伊勢湾**／M5.9／深発340km／☂11月19日～福島・関東で豪雨／☆12月3日／中国寧夏回族自治区西吉／M5.4／**★12月7日／十勝沖**／M6.1／浅発／**★12月8日／鳥島近海**／M6.5／深発180km／☆12月15日／ロシア、カムチャッカ半島／M7.8

1971（昭和46）年

★1月5日／遠州灘／M6.1／浅発／☆1月10日／インドネシア東部イリアンジャヤ／M8.1／☆2月9日／米国カリフォルニア州サンフェルナンド／M6.6／死・不明者65／**★2月26日04:27／新潟県南西部**／M5.5／死者1／極浅／☆3月23日～24日／中国新疆烏什／青海、都蘭、托索湖／M6.0、M6.1／☆4月3日／中国青海省トンパー／M6.6／**★4月5日／宮城県沖**／M6.0／浅発／☆4月28日／中国雲南省普洱／M6.6／☆5月12日／トルコ西部／M6.3／☆5月22日／トルコ東部／M6.8／死・不明者1000／**★6月11日／青森県西方沖**／M6.1／深発260km／☆7月9日／チリ、ヴァルパライソ／M7.5／死・不明者90／☆7月14日／パプアニューギニア・ニューブリテン島／M7.9／津波／死者2／☂7月15日～東日本で豪雨／☂7月21日～広島・高知・九州で豪雨／☆7月26日／パプアニューギニア・ニューアイルランド島／M7.9／▲7月29

M5.4 ／☆12月20日／中国山西省蒲県／ M5.0

1968
(昭和43) 年

☆1月15日／イタリアのシシリー島西部／ M6.5 ／死・不明者231 ／☆2月12日／パプアニューギニア、ニューアイルランド島／ M7.8 ／**★1月29日／北海道東方沖**／ M6.9 ／浅発／**★2月21日／鹿児島県北部(えびの)** ／①08:51 ／ M5.7 ／②10:44 ／ M6.1 ／直下型／極浅／**★2月22日19:19 ／鹿児島県北部(えびの)** ／ M5.6 ／前日と合わせ死者３／極浅／**★2月25日新島・神津島近海**／①00:24 ／ M5.0、②01:01 ／ M4.9 ／浅発／**★2月28日／東海道南方沖**／ M6.3 ／深発340km ／海溝型／**★同月同日／鹿児島県北部**／①00:58 ／ M5.7 ／②01:21 ／ M5.4 ／**★4月1日／日向灘北部**／ M7.5 ／死者１／浅発／海溝型／九州・四国で被害／☂5月13日〜青森で豪雨／**★5月14日／トカラ列島近海**／ M6.1 ／深発160km ／**★5月16日／三陸北部沖**／①09:48、M7.9と②19:39、M8.2 ／三陸沿岸で３〜5mの津波／青森県で大被害？／死・不明者52 ／浅発／三陸沖北部の固有地震／左逆断層／☆5月23日／ NZイナンガウア／ M7.1 ／死者２／**★6月12日／三陸沖**／ M7.2 ／浅発／海溝型／☆6月19日／ペルー、モヨバンバ／ M6.9 ／死者46 ／☂6月28日〜関東以西で豪雨／**★7月1日19:45 ／埼玉県中南部**／ M6.1 ／浅発／**★7月5日／宮城県沖**／ M6.4 ／浅発／**★7月17日01:53 ／北海道留萌北部**／ M4.0 ／☆8月2日／メキシコ、オアハカ／ M7.1 ／死者18 ／**★8月3日／沖縄本島近海**／ M6.3 ／深発／**★8月6日／愛媛県西方(豊後水道)** ／ M6.6 ／浅発／フィリピン海プレート内部／最大余震は12時間後のM5.3 ／**★8月18日16:12 ／京都府中部** ／ M5.6 ／☂8月20日〜北海道南西部・青森で豪雨／☆8月31日／イラン北東部ダシトイビラズ／ M7.3 ／死・不明者12450 ／断層／☆9月3日／トルコ、バルチン／ M6.6 ／死者24 ／**★9月21日07:25 ／長野県北部**／ M5.3 ／深度10km ／**★同月同日22:06 ／日高・浦河沖**／ M6.9 ／深発／**★10月8日／小笠原諸島西方沖**／ M7.4 ／深発480km ／**★10月8日05:49 ／日高沖**／ M6.2 ／浅発／☆10月14日／オーストラリア、メッケリング／ M6.9 ／☆11月9日／米国イリノイ州南部／ M5.4

1969
(昭和44) 年

☆1月?日／インドネシア、モルッカ海／ M7.9 ／**★1月19日／網走沖／ M6.7** ／深発260km ／☆2月28日／北大西洋モロッコとポルトガル沖／ M7.9 ／死者14 ／津波？／**★3月17日／三陸南部沖**／ M6.0 ／深発／☆3月26日／トルコ、アラセヒイル／ M6.4 ／死者11 ／**★4月1日／日本海中部**／ M6.5 ／深発420km ／**★4月21日16:19 ／日向灘北部**／ M6.5 ／浅発／☆7月18日／中国渤海／ M7.4 ／☆7月26日／中国広東省陽江？／ M6.2 ／死・不明者3000 ／☂東北・北陸・信越で豪雨／**★8月12日06:27 ／北海道東方沖**／ M7.8 ／津波／逆断層16度／浅発／海溝型／**★9月9日14:15 ／岐阜県中部**／ M6.6 ／死者１／左断層極浅／直下型／☆10月1日／チリ、コマス地方／ M6.4 ／死・

1966（昭和41）年

★1月8日22:34～1970年4月9日01:43まで、長野県松代／群発／1965年11月25日からM4.1以上の地震記録は50回に及ぶ／極浅／最大地震は1967年2月3日17:17のM5.4／深度?／☆1月23日／米国ニューメキシコ州デュルセ／M5.1／☆2月5日／中国雲南省東川／M6.5／☆2月17日／インドネシア／M?.?／　→　▽2月17日14:59父島で高1、03m、潮岬で92cmの津波／☆3月8日05:29:14／中国河北省邢台（隆堯東?）／M6.8／死・不明者4957／☆3月13日01:31／台湾東方沖／M7.8／浅発／与那国島近海／死者2／小津波／海溝型／3/23にM6.3の余震／☆3月20日／ウガンダ・ザイール国境付近／M6.8／死・不明者2000／☆3月22日／中国河北省邢台（寧晋東南?）／M7.2／死・不明者2350／☆3月26日／中国河北省邢台／M7.0／死・不明者3200／☆4月25日／ウズベキスタン、タシケント／M5.0／死者10／☂5月21日～近畿・四国・九州で豪雨／☆6月15日／ソロモン群島／M7.8／☆6月28日／米国カリフォルニア州パークフィールド／M6.1／☂6月30日～東北・西日本で豪雨／**★7月1日／台湾付近**／M6.1／☂九州で豪雨／☂7月11日～石川県で豪雨／☂7月15日～山形・新潟で豪雨／☆8月7日／米国アラスカ州ラット島／M7.0／☂8月17日～北海道中南部で豪雨／☆8月19日／トルコ東部ヴァルト／M7.0／死・不明者2630／断層地震／☆9月12日／米国カリフォルニア州トルッキー／M5.9／☂10月11日～愛知県で豪雨／☂10月13日～青森・岩手で豪雨／☆10月17日／ペルー沿岸沖合／M8.1／死・不明者125／**★11月12日21:01／有明海**／M5.5／**★11月22日／オホーツク海南部**／M6.2／深発500km／☆12月28日／チリ、タルタル／M7.8／死者3

1967（昭和42）年

★1月17日／宮城県沖／M6.3／浅発／☆3月27日／中国河北省河間、大城／M6.3／**★4月1日09:42／宮崎県沖**／M7.5／死者1／深度?／**★4月6日15:17／神津島付近**／M5.3／浅発／火山性群発／▲5月?日～／櫻島爆発／☀7月～10月／西日本で干害／**★7月5日／上川地方南部**／M6.1／深発170km／**★7月6日／新島・神津島近海**／M5.3／☂7月8日～近畿以西で豪雨／☆7月22日／トルコ、ムドゥム渓谷／M7.3／死者173／☆7月28日／中国河北省河間（懐来東北?）／M6.7／☆7月29日／ヴェネズエラ沿岸沖／M6.5／**★8月6日01:17／愛媛県西岸**／M6.6／☆8月9日／米国コロラド州デンヴァー／M5.3／☂8月11日～石川県で豪雨／**★8月14日／福井県嶺南**／M6.3／深発360km／☆8月30日／中国四川省爐霍／M6.8／**★9月19日／釧路沖**／M6.2／深発／☂9月21日～青森・岩手で豪雨／▲10月?日～／阿蘇山爆発／**★11月4日23:30／釧路北部**／M6.5／浅発／弟子屈付近の活断層による直下型／**★同月同日23:45／釧路北部**／M5.7／**★11月19日／茨城県沖**／M6.0／浅発／**★11月28日／宮崎県南部山沿い**／M6.0／深発／☆12月10日／インド、コイナ／M6.3／死者177／☆12月18日／中国山西省蒲県／

陰豪雨／☂8月?日～宮城県で豪雨／☂8月15日～熊本で豪雨／☂8月23日～北関東で豪雨／☆10月6日／トルコ西部／M7.0／死者36／**★11月14日／豊後水道**／M5.9／浅発／**★12月9日02:49／伊豆大島南方沖**／M5.8／**★12月11日00:11／秋田県沖**／M6.45／浅発／小津波／**★12月25日22:50／伊豆大島付近**／M5.3／浅発／**★12月26日02:01／伊豆大島付近**／M5.5

1965（昭和40）年

☆1月1日／アルジェリアのムシラ／M5.5／死者4／☆1月24日／インドネシア、セラム海サナナ／M7.6／死者71／☆2月4日14:01／アリューシャン列島ラット島／M8.7／深度36km／大津波（ハワイでも観測）／震源域の長さ600kmに及ぶ／　→　▽同月同日／和歌山県串本で高55cmの津波／☆2月10日／イラン、ボスタナバド／M5.1／死者20／☆2月23日／チリ、タルタル／M7.0／死者1／☆3月9日／ギリシャ、北部スポラデス／M6.3／死者2／☆3月14日／アフガニスタン、ヒンドゥークシュ／M7.8／**★3月17日／三陸北部沖**／M6.4／浅発／☆3月28日／チリ、ラリグア／M7.6／死・不明者400／☆3月30日／米国アラスカ州ラット島／M7.3／☆3月31日／ギリシャ中部／M7.1／死者6／☆4月5日／ギリシャ、ペロポネソス／M6.2／死者32／**★4月6日／茨城県南部**／M5.5／浅発／**★4月20日／静岡県中部**／M6.1／清水市付近で被害／死者2／浅発／☆4月29日／米国ワシントン州プゲット海峡／M6.5／死者7／☆5月3日／エルサルバドル、ラリベルタ／M6.3／死・不明者125／**★5月18日／台湾付近**／M6.2／**★6月11日／択捉島南東沖**／M6.4／極浅／**★6月13日／十勝沖**／M6.0／浅発／☆同月同日／トルコ、デニズリ／M5.4／死者2／☂6月30日～東北・信越・九州で豪雨／☆7月6日／ギリシャ中部／M6.3／死者1／☂7月14日～秋田県で豪雨／☂7月20日～北陸・近畿・中国で豪雨／**★8月3日17:30／新島付近**／M5.0／**★8月3日～'70年6月5日／長野県北部松代**／群発／最大M5.4(1966年4月5日)／極浅／全地震のエネルギー総計はM6.4相当／☆8月23日／メキシコ、オアハカ／M7.6／死者6／**★8月31日／釧路北部**①16:48／M5.1／②17:04／M5.0／共に深度?／**★9月18日／茨城県沖**／M6.7／浅発／繰り返し発生／**★9月21日／トカラ列島近海**／M6.2／深発240km／▲9月28日／フィリピン、ルソン島タール火山噴火／**★10月9日／長野県北部（皆神山）**／M5.4／極浅／松代（半径5km）群発／有感数62826回／**★10月26日07:34／国後島南岸**／M6.8／やや深発／深発160km／**★11月3日／鳥島東方沖**／M6.5／極浅／太平洋プレートの沈み込みに伴う／**★11月6日／07:02、17:57／神津島付近**／M5.6、M5.2／浅発／☆11月13日／中国ウルムチ／M6.6／**★11月22日／長野県北部（松代）**／松代群発地震初被害／①21:09／M4.5／②22:30／M4.7／共に極浅／皆神山が1m隆起、元に戻る／**★11月23日02:57／長野県北部**／M5.0／極浅

／深発／**★12月28日／岩手県沿岸北部**／M5.9／浅発／太平洋プレート内部

1963（昭和38）年

★1月28日13:05／根室中部(養老牛)／M5.3／深度？／**★1月31日／沖縄本島近海**／M6.2／浅発／☆2月13日／台湾付近／M7.3／**★3月16日／千島列島東方沖**／M7.1／浅発／千島海溝外側の地震／▲3月17日／インドネシアのアグン火山噴火／**★3月27日06:34／福井県若狭湾越前岬沖**／M6.9／浅発／海底活断層による直下型／最大余震M5.2／☆4月10日／中国青海省阿蘭湖／M7.0／**★4月20日08:42／静岡県中部**／M6.1／浅発／死者2／☂5月7日～九州で豪雨／**★5月8日／茨城県沖**／M6.1／浅発／☂5月15日～東海・近畿南部で豪雨／☂6月29日～九州北部で豪雨／☂7月10日～西日本で豪雨／☂7月24日～青森・秋田で豪雨／☆7月26日／旧ユーゴスラビア南部マケドニアのスコピエ／M6.1／死・不明者1120／☂8月14日～九州で豪雨／**★8月15日／福島県北東沖**／M6.6／浅発／相馬沖の繰り返し地震／海溝型／**★8月17日／種子島近海**／M6.3／浅発／**★9月7日／日本海西部**／M6.2／浅発／☂9月15日～北海道南部で豪雨／**★10月4日／日向灘北部**／M6.3／浅発／☆10月8日／中国内蒙古／M5.4／**★10月13日14:17／択捉島南東沖**／M8.5／極浅／波高10m以上の大津波／花咲で1.2m、三陸沿岸で津波1.3m／極浅／海溝型／**★10月20日09:53／ウルップ島沖**／M7.2／深度？／☆11月4日／インドネシア東部バンダ海／M8.2／※この年、関東地方で地盤沈下

1964（昭和39）年

★1月10日／浦河沖／M6.1／**★1月16日／鳥島近海**／M6.4／浅発／☆1月18日／台湾台南白河／M7.0／死者98／**★2月5日／茨城県沖**／M6.0／浅発／☆3月28日12:36／米国アラスカ州南部沿岸／M8.9／浅発／死・不明者130／広域地殻変動／大規模地盤陥没／最大波高30m、遡上高67mの大津波で太平洋沿岸各地に波及／世界最大級の超巨大地震の一つ／震源域は500km×300kmに及ぶ／　→　▽3月28日／大船渡で波高75cmの津波／☆同月同日／米国ネブラスカ州メリマン／M5.1／☂4月1日～秋田県で豪雨／**★5月7日／鳥島近海**／M6.0／深発496km／**★同月同日16:58／秋田県男鹿半島沖**／M6.9／浅発／日本海東縁部／逆断層／小津波／**★5月8日／青森県西方沖**／M6.5／浅発／**★5月30日／茨城県沖**／M6.2／浅発／**★5月31日／北海道東方沖**／M6.7／浅発／☂6月3日～北海道で豪雨／**★6月16日13:01／新潟県下越沖**／M7.5／浅発／死者26／最大震度5／逆断層60度～70度／粟島が約1m隆起／沿岸津波(波高2～4m、最大6.5m)／地盤の液状化による被害多大／日本海東縁部変動帯浅発／余震最大M6.1／☂6月19日～九州で豪雨／**★6月23日10:26／北海道根室沖**／M6.45／☂6月24日～西日本で豪雨／**★7月1日／オホーツク海南部**／M6.0／深発371km／☆7月6日／メキシコ、ゲレロ／M6.9／死者30／☂7月6日～東北・信越・北陸で豪雨／☀7月10日～10月1日／東京都で渇水／☂7月14日～山陰で豪雨／☂7月17日～北陸・山

重県南部／ M6.0 ／浅発

1961
(昭和36) 年

★1月16日／茨城県沖／ M6.8 ／浅発／北米と太平洋の両プレート境界で発生の海溝型／ M6.5、M6.4の余震／**★2月2日03:39 ／新潟県中越**（長岡地方）／ M5.2 ／浅発／死者5 ／極浅／活断層による局地的直下型／被害は震源から直径2kmの範囲に集中／**★2月13日／北海道東方沖**／ M6.4 ／極浅／**★2月23日／三陸南部沖**／ M6.4 ／浅発／**★2月27日03:14 ／日向灘南部**／ M7.0 ／死者2 ／津波最波高50cm ／浅発／プレート境界で発生の海溝型／土佐清水で50cmの津波／**★3月16日07:16 ／鹿児島県北部**／ M5.5 ／ 3/18にもM5.5 ／**★3月25日／千葉県東方沖**／ M6.1 ／浅発／**★5月2日／兵庫県南西部**／ M5.9 ／浅発／**★5月7日21:14 ／兵庫県西部**／ M5.9 ／浅発／☆6月12日／中国雲南省騰冲／ M5.8 ／☂6月23日～東北～九州まで梅雨前線豪雨／☂7月3日～東北・北陸・山陰で豪雨／**★7月18日／種子島南東沖**／ M6.6 ／浅発／☂7月24日～北海道中央部で豪雨／☂8月5日～新潟で豪雨／**★8月12日00:51 ／北海道釧路沖**／ M7.2 ／小津波／浅発／北米と太平洋の両プレート境界の海溝型／ 8/4から前震発生、8日後／**★8月18日／ウルップ島東方沖**／ M6.1 ／深発200km ／**★8月19日14:33 ／石川県加賀・北美濃地方**／ M7.0 ／死者8 ／山崩れ99 ／浅発／活断層による直下型／**★同月同日22:24 ／富山・長野県境**／ M4.9 ／前の地震との関係がある?／☂10月5日～北海道南部で豪雨／☂10月25日～四国・九州で豪雨／**★11月15日16:17 ／根室**（釧路）**沖**／ M6.9 ／小津波／浅発／**★11月27日／大隅半島東方**沖／ M6.1 ／深発／**★12月2日／宮古島北西沖**／ M6.2 ／深発258km

1962
(昭和37) 年

★1月4日13:35 ／和歌山県南西部／ M6.4 ／浅発／**★2月21日／釧路地方中南部**／ M6.3 ／浅発／☆3月19日／中国広東省河源／ M6.1 ／☂4月3日～北海道・秋田で洪水／**★4月12日／三陸南部沖**／ M6.8 ／浅発／**★4月23日14:58 ／十勝**（広尾）**沖**／ M7.1 ／小津波／浅発／海溝型／**★4月26日／三陸南部沖**／ M6.4 ／浅発／**★4月30日11:26 ／宮城県北部**／ M6.5 ／死者3 ／浅発／活断層による内陸直下型／**★5月8日／択捉島付近**／ M6.4 ／深発／☆5月11日／メキシコのゲレロ／ M7.0 ／死者4 ／☆5月19日／メキシコのゲレロ／ M7.1 ／☂5月26日～鹿児島県で豪雨／▲6月17日／焼岳爆発／☂6月9日～東北～四国まで豪雨／**★6月23日／沖縄本島近海**／ M6.0 ／深発／▲6月29日／十勝岳爆発／☂7月1日～西日本一帯で豪雨／**★8月11日／石垣島北西沖**／ M6.6 ／深発140km ／▲8月24日／三宅島爆発／**★8月26日15:48 ／東京都三宅島近海**（三宅島噴火に伴う）／ M5.9 ／浅発／☆9月1日／イラン北西部ボインザラのカズヴィン／ M7.2 ／死者11680 ／断層地震／**★10月6日／沖縄本島近海**／ M6.4 ／極浅／**★11月10日／北海道東方沖**／ M6.2 ／浅発／**★12月7日／鳥島近海**／ M6.3 ／深発418km ／**★12月21日／浦河沖**／ M6.1

本島北西沖／M6.4／深発260km／**★11月7日07:58／択捉島付近**／M8.2／逆断層30度／太平洋岸各地に津波／太平洋プレート内部・深発／▲11月10日／浅間山爆発

1959（昭和34）年

★1月22日／福島県東方沖／M6.8／浅発／**★1月31日／釧路支庁北部弟子屈**／①05:38／M6.3／②07:16／M6.1／共に浅発／内陸直下型／1/22にM5.6の前震／▲2月17日／霧島山爆発／**★2月28日05:56／奄美大島南西沖**／M5.9／深発／**★3月17日／沖縄本島近海**／M6.0／浅発／▲4月14日～／浅間山爆発／☆4月26日／台湾／M7.5／死者2／**★5月26日／沖縄本島近海**／M6.0／深発／☂7月1日～東北南部・信越で豪雨／☂7月10日～東北・北陸で豪雨／☂7月13日～西日本一帯で豪雨／☆7月21日／米国アリゾナ・ユタ州境／M5.6／☂8月12日～関東・東海・近畿で豪雨／☆8月18日／米国モンタナ州ヘブゲン／M7.3／死・不明者26／☆同月同日／米国ワイオミング州／M6.5／☂8月25日～北陸・中部・東海で豪雨／☆8月26日／メキシコ、ヴェラクルス／M6.8／死者20／**★9月24日／山梨県中・西部**／M5.7／浅発／**★10月26日／福島県東方沖**／日本海溝付近で発生／M6.8／浅発／**★10月27日／ウルップ島東方沖**／M7.2／深発／**★11月8日22:54積丹半島沖**／M6.2／極浅／☆12月31日／中国内蒙古／M5.8

1960（昭和35）年

☆1月13日／ペルー、アレキパ／M7.5／死・不明者57／**★1月14日／茨城県南部**／M5.7／浅発／**★1月31日／四国沖**／M6.2／浅発／**★2月5日01:50／宮城県沖**／M6.1／極浅／☆2月29日／モロッコのアガディール／M5.7／死・不明者11770／**★3月4日／鹿児島湾**／M6.4／深発140km／**★3月21日02:07／三陸(岩手県)沖**／M7.2／小津波／極浅／海溝型／**★5月18日／トカラ列島近海**／M6.2／極浅／☆5月21日04:11／チリ／M8.0／死者数人／チリ地震の前震／☆5月22日／チリ南部沿岸アラウコ半島(史上最大規模の地震)／M9.5／死・不明者2450／広域地殻変動／火山噴火も誘発／大津波(最大遡上高24m)／世界史上最大の超巨大地震／深度?／津波は太平洋を伝播、ハワイで死者60／1km×200kmにも及ぶ震源域が平均20m以上も移動／地球の自由震動が観測され、自転速度に変化発生／過去半世紀の全地震エネルギーの半分以上を占める／前震活動が活発だった(最大の前震はM8級)／日本にも大規模遠地津波(最大波高6m／最大遡上高25m)／　→　▽5月23日／三陸沿岸八戸などで5.82m、御前崎で3.8mの津波／死者140以上／**★6月16日／岩手県沖**／M6.2／浅発／☀7月～8月／西部・中部日本で干害／☆7月6日／中国広東省陽江／M6.4／☂7月13日～福島・新潟で豪雨／**★7月30日／岩手県沖**／M6.7／海溝型・浅発／☂8月13日～静岡で豪雨／**★9月12日／沖縄本島近海**／M6.1／浅発／☆10月8日／朝鮮半島北部／M6.8／深発613km／**★10月9日／青森県東方沖**／M6.6／深発／**★12月26日／三**

★10月12日／釧路沖／M6.0／浅発／**★11月4日／千葉県北西部**／M5.8／深発／**★11月12日／択捉島南東沖**／M6.0／極浅／**★11月21日／宮城県沖**／M6.1／浅発／**★11月26日／小笠原父島近海**／M6.6／深発／**★12月23日**／三宅島近海／M6.0／浅発

1957（昭和32）年

☆2月24日／台湾付近／M7.0／極浅／☆3月9日23:22／米国アリューシャン列島東部アンドレアノフ島／①M8.6、②M7.1／波高12mの大津波（最大遡上高22m）／ハワイからも観測／震源域の長さ1.2kmに及ぶ／　→　▽北海道広尾で高1.06mの津波／☆同月同日／米国アラスカ州フォックス諸島／M7.1／☆3月12日／米国アンドレアノフ諸島／M7.0／☆3月14日／米国アンドレアノフ諸島／M7.1／☆3月16日／米国アラスカ州アンドレアノフ諸島／M7.0／☆3月22日／米国カリフォルニア州ダリシティ／M5.3／死者1／**★4月9日／鳥島近海**／M6.4／深発457km／☆4月25日／トルコ、フェトヒエ／M7.1／死者15／☆5月26日／トルコ、ボル地方／M7.1／**★6月12日／青森県東方沖**／M6.3／浅発／☆6月27日／ロシア、スタノヴォイ山脈／M7.6／☆同月同日／ロシア、バイカル湖北東部／M7.9／死・不明者1200／☂7月1日～中国西部・九州北部で豪雨／☆7月2日／イラン、マザンダラン／M7.1／死・不明者1330／☂7月7日～東北南部・新潟県で豪雨／☂7月25日～九州北部で豪雨／☆7月28日／メキシコ、ゲレロ／M7.9／死・不明者68／☂8月4日～北海道・東北・関東で豪雨／☂8月7日～東海で豪雨／**★9月28日／鳥島近海**／M6.0／深発468km／▲10月13日／三原山爆発／**★10月20日／国後島付近**／M6.0／深発／**★11月11日04:20／新島・神津島近海**／M6.0／浅発／☆11月29日／ボリヴィア・チリ／M7.8／☆12月4日／モンゴル、ゴビ・アルタイ／M8.1／死・不明者1200（30の説もあるが疑問）／250kmの断層形成／☆12月13日／イラン西部ファルシナイ／M7.2／死・不明者1600

1958（昭和33）年

☆1月15日／ペルー、アレキパ／M7.3／死者28／☆1月19日／エクアドル・コロンビア、エスメラルダス地方／M7.8／死・不明者20／**★1月23日／国後島付近**／M6.2／深発140km／**★2月16日／宮城県沖**／M6.1／浅発／☀3月～7月／西部・中部日本で干害／**★3月11日09:26／宮古・石垣島付近**／M7.2／深発／死者2／☆4月7日／米国アラスカ州フスリア／M7.3／**★4月8日／三陸南部沖**／M6.7／極浅／☂4月22日／北陸・西日本で豪雨／▲6月24日／熊本県、阿蘇山中岳噴火／死者12／噴石降下／☂6月30日～中国・四国で豪雨／☆7月9日／米国アラスカ州南東部リツヤ湾／M7.8／山崩れで局地的に巨大津波が発生／遡上高540mは史上最大記録／死者6／断層地震／**★7月21日／北海道東方沖**／M6.3／極浅／☂7月23日～東北・北陸・中部・東海で豪雨／**★7月23日／鳥島近海**／M6.5／極浅／**★8月5日／北海道東方沖**／M6.3／深発／**★9月3日／三陸北部沖**／M6.0／浅発／**★10月13日／沖縄**

1954（昭和29）年

★2月1日／小笠原諸島東方沖／M6.9／極浅／☆2月11日／中国甘粛省山丹／M7.25／**★2月25日／茨城県南部**／M5.7／浅発／**★2月28日／薩南諸島東方沖**／M6.2／極浅／☆3月29日／スペイン南部？／M7.9／深発／**★4月5日**／浦河沖／M6.1／浅発／**★4月14日／四国沖**／M6.0／浅発／☆4月30日／ギリシャ／M7.1／死者31／**★5月15日／長野県南部**／M6.6／深発250km／福島県いわき市で最大震度観測／☂5月23日～九州北部で豪雨／☂6月8日～九州南部で豪雨／**★6月19日／奄美大島北東沖**／M6.2／浅発／☂6月22日～紀伊半島で豪雨／☂6月28日～近畿・四国・九州北部で豪雨／☂7月4日～中国西部・九州北部で豪雨／☆7月6日／米国ネヴァダ州／M6.6／**★7月18日／千葉県東方沖**／M6.4／浅発／☆8月24日／米国ネヴァダ州／M6.8／▲9月6日／浅間山爆発／☆9月9日／アルジェリア北部エルアスナム／M6.7／死・不明者1290／**★9月12日／三陸北部沖**／M6.2／極浅／**★11月19日／宮城県北部沖**／M6.1／海溝型地震／☆12月16日／米国ネヴァダ州フェアヴューピーク／M7.1／☆同月同日／米国ネヴァダ州デキシーヴァレー／M6.8／☆12月21日／米国カリフォルニア州エウレカ／M6.5／死者1

1955（昭和30）年

★1月17日／千葉県北西部／M5.7／深度？／☆2月27日／NZのケルマデク島／M7.8／**★3月28日／奄美大島北東沖**／M6.3／浅発／☂4月16日～長崎県で豪雨／☆4月14日／中国四川省康定、折多塘／M7.5／☆4月15日／中国新疆烏恰／M7.0／**★5月1日／三陸沖**／M6.1／浅発／**★5月30日／硫黄島近海**／M7.5／深発600km／☂6月7日／九州北部で豪雨／**★6月23日22:41／鳥取県西部**／M5.5／深度？／☂6月24日北東北で豪雨／☂7月3日～北海道南西部で豪雨／☂7月6日～九州北西部で豪雨／**★7月24日／千葉県北西部**／M6.0／浅発／**★7月27日10:20／徳島県南部**／M6.4／死者1／浅発／活断層による直下型／▲同月同日／チリのカッラン-ロスヴェナドス火山噴火／☆9月23日／中国四川省魚鮓／M6.75／**★9月30日／岩手県内陸北部**／M6.0／深発／▲10月13日／桜島南岳爆発／**★10月19日10:45／秋田県沿岸北部二ツ井**／M5.9／極浅／活断層による直下型／有感余震100回／☆10月24日／米国カリフォルニア州コンコード／M5.4／死者1

1956（昭和31）年

★2月10日／福島県南東沖／M6.1／浅発／**★2月14日09:52／千葉県北西部**／M5.9／浅発／**★2月18日／鳥島近海**／M6.9／深発494km／**★3月6日08:29／網走沖オホーツク海**／M6.3／浅発／小津波／▲3月30日／ロシア、カムチャッカ半島ベズィミアニィ火山噴火／**★4月23日／釧路沖**／M6.4／浅発／☂7月14日～東北・北陸で豪雨／**★8月13日／新島・神津島近海**／M6.3／浅発／**★9月30日06:20／宮城県南部(白石)**／M6.0／死者1／浅発／**★同月同日08:20／千葉県北西部**／M6.3／深発／フィリピン海プレートと太平洋プレート境界で発生／**★10月11日／ウルップ島東方沖**／M6.6／深発144km／

月21日／中国雲南省剣川／ M6.25

1952（昭和27）年

★1月13日／石垣島南方沖／ M6・9 ／極浅／**★3月4日10：22 ／北海道釧路・十勝沖**／ M8・1 ／死・不明者33 ／霧多布では流氷が被害を拡大／津波（最大波高は厚岸湾で6・5m、八戸市で2m）／浅発／海溝型／**★3月7日16：32 ／石川県西方沖**／ M6・5 ／死者7 ／浅発／活断層による直下型／前日が'33年の昭和三陸地震記念日／**★3月10日02：03 ／北海道日高南東沖**／ M8・2 ／津波／**★3月13日／奄美大島北西沖**／ M6・1 ／深発212㎞／☆3月19日／フィリピン南部ミンダナオ島近海／ M7・9 ／☆4月9日／米国オクラホマ州エルレノ／ M5・5 ／**★4月15日／浦河沖**／ M6・3 ／浅発／**★4月28日／浦河沖**／ M6・1 ／深発／☂5月4日／九州南部で豪雨／**★5月8日／千葉県北西部**／ M6・3 ／浅発／**★5月28日／京都府南部**／ M6・3 ／深発364㎞／☂6月30日〜北陸地方で豪雨／☂7月9日〜近畿・中国・四国地方で豪雨／**★7月18日01：09 ／奈良県吉野地方**／ M6・7 ／死者9 ／浅発／フィリピン海プレート内部／☆7月21日／米国カリフォルニア州ケム郡／ M7・3 ／死者12 ／☆8月22日／米国カリフォルニア州ケム郡／ M5・8 ／死者2 ／▲9月23 〜 24日／東京都ベヨネーズ列岩噴火／死者11（観測船での殉職）／☆10月8日／中国山西省原平／ M5・5 ／死・不明者多数／**★10月26日／遠州灘**／ M6・4 ／深発296㎞／**★10月27日／三陸沖**／ M6・5 ／浅発／☆11月4日01：58 ／ロシア、カムチャッカ半島近海／ M9・0 ／死・不明者多数／波高18mの大津波／北海道、ハワイなど太平洋沿岸に波及／震源域の長さ800㎞に及ぶ／ → ▽11月5日／三陸の久慈で高1mの津波／漁業関係に被害

1953（昭和28）年

☆1月5日／米国アラスカ州ニア諸島／ M7.1 ／**★2月6日／十勝沖**／ M6.3 ／浅発／☆2月12日／イランのトルド／ M6.5 ／死・不明者970 ／☆3月18日／トルコ西部オノン／ M7.4 ／死・不明者880 ／断層地震／**★4月4日／茨城県沖**／ M6.2 ／浅発／▲4月27日／阿蘇山爆発／**★4月30日／十勝地方南部**／ M5.8 ／プレート内部・浅発／**★5月26日／浦河沖**／ M6.1 ／浅発／☂6月25日〜中国西部・九州北部で豪雨／**★7月14日21:44 ／檜山沖**／ M5.1 ／浅発／☂7月18日〜関東・東海・近畿地方で豪雨／**★7月22日／沖縄本島近海**／ M6.2 ／深発／☆8月12日／ギリシャ／ M7.1 ／死・不明者800 ／☂8月14日〜紀伊・近畿地方で豪雨／**★10月14日／釧路沖**／ M6.3 ／深発／**★11月26日02:48 ／千葉県房総南東沖**／ M7.4 ／浅発／銚子付近で最大波高2 〜 3mの小津波／太平洋・北米・フィリピンプレート三重会合点で発生・プレート内部／**★12月1日／奄美大島北西沖**／ M6.5 ／深発228km ／**★12月7日／宮城県北部沖**／ M6.4 ／浅発／☆12月12日／ペルーとエクアドル、ツンベス地方／ M7.6 ／死者7 ／**★12月22日／青森県東方沖**／ M6.1 ／浅発

トルコ、エルズルム／M6.8／死・不明者320／**★8月18日／釧路沖**／M6.5／深発／☆8月22日／カナダ西部クィーンシャーロット島／M8.1／断層地震・津波／カナダでほぼ唯一の巨大地震記録／☂9月22日〜中部地方で豪雨／☂10月3日〜九州地方南部で豪雨／☆12月17日／チリ、プンタアレナス／①M7.8／死者1／②M7.8／死者3／**★12月26日／栃木県北部**(今市)①08:17／M6.2(前震)／②08:24(本震)／M6.4／死者10／共に浅発／東西36km×南北25kmの被害／活断層による直下型

1950（昭和25）年

★2月28日／北海道宗谷東方沖／M7.7／深発343km／☂3月6日〜西日本で豪雨／▲4月13日／阿蘇山爆発／**★4月20日／ウルップ島東方沖**／M6.6／浅発／**★4月26日16:05／奈良・和歌山県南部**／M6.5／フィリピン海プレート内／浅発／**★5月17日／日本海西部**／M6.3／深発597km／☆5月21日／ペルー、クスコ／M6.0／死者63／☂6月7日〜東日本・東海地方で豪雨／**★6月28日／北海道南西沖**／M6.1／浅発／**★7月13日／小笠原諸島西方沖**／M6.7／深発309km／☂7月27日〜関東地方西部で豪雨／☂8月1日〜北海道で豪雨／☂8月2日〜中部地方で豪雨／☆8月15日22:09／インド・中国国境アッサム〜チベット西蔵察隅／M8.5／大断層出現／総計数億立方mとも言われる大規模な山崩れ発生／死・不明者4010／世界の内陸最大級地震の一つ／**★8月22日11:04／島根県中部**／三瓶山東麓で被害／M5.2／**★9月10日12:21／千葉県東岸**／M6.2／浅発／☆10月5日／コスタリカ、ニコヤ／M7.9／☆11月2日／インドネシア東部バンダ海／M8.1／**★11月6日02:27／四国沖**／M6.7／浅発／フィリピン海プレート内部／**★11月9日／千島列島**／M6.1／深発174km／☆12月2日／ヴァヌアツ、ニューヘブリデス諸島／M8.1／☆12月9日／チリ・アルゼンチン／M8.0／死者4／☆12月14日／フィジー島／M7.9

1951（昭和26）年

★1月9日03:32／千葉県中北西部／M6.1／浅発／**★3月6日／奄美大島北西沖**／M6.5／深発／**★3月11日／青森県東方沖**／M6.1／浅発／**★4月17日／鳥島近海**／M6.1／深発470km／**★5月4日／上川地方北部**／M6.2／深発261km／**★6月6日／種子島南東沖**／M6.5／浅発／☂7月7日〜近畿・中国・九州北部で豪雨／☀7月〜8月／西部・中部日本で干害／**★7月12日／小笠原諸島西方沖**／M7.2／深発490km／**★7月26日／三陸北部沖**／M6.0／浅発／**★8月2日18:57／新潟県南部**／M5.0／☆同月同日／ニカラグアのコシギナ／M5.8／死・不明者1000／**★8月12日／宗谷東方沖**／M6.1／深発／☆8月13日／トルコのクルスンル／M6.7／死・不明者50／☆8月21日／ハワイのコナ／M6.9／**★8月24日／千島列島**／M6.1／深発／▲8月31日／インドネシア、ジャワ島ケルト火山噴火／**★10月18日17:26／青森県東方沖**／M6.6／浅発・海溝型／☆10月22日／台湾付近／M7.2／極浅／☆11月18日／中国西蔵南部・当雄／M8.0／断層地震／☆12月8日／インド洋／M7.9／☆12

／M5.6／極浅／**★同月同日／23:05／大分県西部**（日田）／M5.5／☂6月22日〜九州地方で豪雨／☂7月21日〜東北地方で豪雨／☆7月29日／インド・ブータン／M7.9／☆8月5日／イランのパスニ／M7.3／▲8月14日／浅間山爆発／**★9月27日01:01／沖縄県、台湾東方沖の与那国島近海**／西表島と石垣島で死者5／M7.4／深度95km／死者5／深発／プレート内部地震／**★10月3日／鳥島近海**／M6.4／深発382km／**★10月10日／択捉島付近**／M6.2／深発／☆10月16日／米国アラスカ州ウッドリヴァ／M7.2／☆11月1日／ペルー、サティポ／M7.3／死・不明者233／**★11月4日09:09／北海道西方**（留萌）**沖**／M6.7／利尻島沓形で津波2m／日本海東縁で発生の浅発／**★11月14日／北海道上川地方北部**／M6.3／深発200km／☆11月23日／米国モンタナ州南西部／M6.3／※この年、東京・江東区で地盤沈下

1948
（昭和23）年

☆1月24日／フィリピン中部スル海／M8.3／死者72／断層が動く?／☆3月?日／インドネシア東部セラム海／M7.9／**★4月18日／和歌山県南西沖**／M7.0／左断層／浅発／南海地震の余震?／**★5月9日11:09／宮崎県・大隅半島東方沖**／M6.5／浅発／☆5月11日／ペルーのモケグア／M7.4／死・不明者70／**★5月12日／三陸南部沖**／M6.6／浅発／**★5月14日／福島県東方沖**／M6.2／浅発／☆5月23日／中国山東省威海海中／M6.0／☆5月25日／中国四川省／M7.3／死・不明者110000／**★6月15日20:44／和歌山県南東部・紀伊水道**／M6.7／深度10km／死者2／極浅直下型／**★6月28日16:13／福井県嶺北**／M7.2／死者3680／極浅／活断層による福井平野の直下型地震／*この地震を機に気象庁が震度7を制定／**★7月7日／三重県南東沖**／M6.5／浅発／南海地震の余震?／☂7月23日〜北陸地方で豪雨／☆8月7日／太平洋北西部／M7.3／極浅／☂8月24日〜近畿・四国・九州地方で豪雨／**★8月27日／小笠原諸島西方沖**／M6.1／深発490km／☆9月8日／トンガ／M7.9／**★9月10日／根室半島南東沖**／M6.5／極浅／☂同月同日〜中国・四国・九州地方で豪雨／**★9月23日／三陸北部沖**／M6.0／浅発／☆10月5日／イランとトルクメニスタンのアシガバード／M7.3／死・不明者24970(11万の説もあるが疑問）／**★10月29日／茨城県沖**／M6.3／浅発

1949
（昭和24）年

☆1月14日／中国黄海／M5.8／**★1月20日22:24／兵庫県北部**／M6.3／浅発／**★3月20日／鹿児島湾**／M5.9／深発165km／☆4月13日／米国ワシントン州／M7.1／死者8／**★5月22日／福島県南東沖**／M6.4／**★5月29日／福島県南東沖**／M6.4／浅発／☂6月26日〜九州南部で豪雨／☂7月5日〜紀伊・九州で豪雨／☆7月10日／タジキスタン、カイト／M7.5／死者10840／**★7月12日01:10／安芸灘**／M6.2／浅発／死者2／**★7月15日／鳥島近海**／M6.1／深発469km／**★7月19日／瀬戸内海、安芸灘**／M6.2／浅発／☆8月5日／エクアドル、ペリレオ／M6.8／死・不明者5290／☆8月17日／

浅発／**★4月10日／苫小牧沖**／M6.3／深発／**★6月3日／東京都多摩西部**／M5.5／深発177km／**★6月21日／静岡県西部**／M5.4／**★6月22日／国後島付近**／M6.6／深発／**★6月26日／宮城県中部**／M6.0／深発／☆8月21日／ウラジオストク付近／M6.1／深発650km／**★8月29日／鳥島近海**／M6.5／深発210km／☂9月17日〜西日本で豪雨／**★9月19日／十勝沖**／M6.6／浅発／☆9月23日／中国河北省灤県／M6.0〜6.3／**★10月9日／根室半島南東沖**／M6.7／浅発／**★10月24日／茨城県南部**／M5.6／浅発／☆11月27日／パキスタン南部とイランのマクラン海岸／M8.0／死・不明者3080／津波／☆12月28日／パプアニューギニア、ニューブリテン島／M7.8

1946（昭和21）年

☆1月11日／ウラジオストク付近／M6.7／深発598km／**★1月20日／東京湾**／M5.5／☆4月1日／米国アリューシャン列島／M7.8／▽ハワイ諸島を含む太平洋各地に津波（最大波高30m、遡上高35m）／死・不明者165、被害総額2600万ドル／**★4月6日／房総半島南方沖**／M6.0／深発／**★5月10日／三陸沖**／M6.0／極浅／☆5月31日／トルコのウスツクラン／M6.0／死・不明者1190／☆6月23日／カナダ西岸ヴァンクーヴァー島／M7.3／死者2／**★7月20日／茨城県沖**／M6.0／浅発／**★8月3日／茨城県沖**／M6.0／浅発／☆8月4日／ドミニカとプエルトリコ／M8.0／死・不明者100／☆8月8日／ドミニカとプエルトリコ／M7.75／4日の最大余震？／**★8月20日／豊後水道**／M5.9／深度？／☆9月12日／ミャンマー／M7.8／☆9月29日／パプアニューギニアのニューアイルランド島付近／M7.8／☆11月10日／ペルー、アンカシュ／M7.3／死・不明者1370／**★12月10日／釧路沖**／M6.0／浅発／**★12月19日／与那国島近海**／M6.8／深発／**★12月21日04:19／紀伊半島沖**／昭和南海地震／M8.0／浅発／海溝型／死・不明者1443／プレート境界で発生の海溝型／房総から九州一帯に津波（高知・徳島で最大波高6m）／逆断層10度／地盤は室戸・潮岬で1m前後上昇、須崎・甲浦で1m前後沈下／高知付近で田園15㎢が海面下に水没／火災／繰り返し型地震／地震く津波／**★同月同日／北海道東方沖**／M6.1／極浅／**★同月同日／択捉島南東沖**／M7.1／極浅／プレート境界で発生の海溝型／**★同月同日／北海道南東沖**／M6.1／極浅／**★12月22日／北海道東方沖**／①M6.1、②M6.2／極浅／——これ以後、西日本内陸部で地震活動が活発化—

★1月3日／千葉県東方沖／M6.0／浅発／**★2月5日／石狩地方南部**／M5.9／深発／**★2月11日／小笠原諸島西方沖**／M6.1／深発586km／**★2月18日／和歌山県南方沖**／M6.5／深発410km／**★2月21日／静岡県西部**／M5.5／**★3月11日／静岡県中部**／M5.8／浅発／▲3月29日／アイスランド、ヘクラ火山噴火／**★4月14日／新潟県上越地方**／M5.7／浅発／**★同月同日／択捉島南東沖**／M7.0／極浅／千島海溝より外側で発生／**★5月9日／和歌山県北部**

沖／M7.1／浅発／海溝型／☀7月〜8月／東北で干害／**★7月1日／茨城県南部**／M5.9／浅発／☆7月23日／インドネシア南部・ジャワ島中部沖／M8.1／ジョクジャカルタ被災／死・不明者213／☂7月?日〜瀬戸内地方で豪雨／☆7月29日／プエルトリコ、サンファン／M7.9／**★8月12日13:50／福島県会津**(田島地方)／M6.2／浅発／直下型／☆9月6日／NZはるか沖マッコリー島／M7.9／**★9月10日17:36／鳥取県東部**／M7.2／死者1180／火災発生／二つの活断層の横ずれによる逆断層を含む地震／鳥取市に被害集中の直下型／**★10月13日14:43／長野県北部**／M5.9／死者1／極浅／信濃町付近震源の直下型／☆11月3日／米国アラスカ州スクエンタ／M7.4／**★11月9日／北海道東方沖**／M6.0／深発／**★11月17日／三重県南東沖**／M6.1／深発361km／☆11月26日／トルコ中部ラディク／M7.6／死者3750／断層が活動／☆11月29日／ロシア、カムチャッカ半島／M7.9／M過大／**★12月3日／釧路沖**／M6.4／浅発／**★12月17日／奄美大島北東沖**／M6.1／浅発

1944(昭和19)年

☆1月15日／アルゼンチン、サンファン／M7.3／死・不明者6690／断層地震／**★2月1日／浦河沖**／M6.8／極浅／☆同月同日／トルコ、ボル／M7.4／死者3170／断層地震／**★3月10日／岩手県沖**／M6.2／浅発／**★3月22日／青森県東方沖**／M6.1／極浅／▲同月同日／イタリア、ベスビアス火山噴火／村が埋没／**★4月16日／硫黄島近海**／M6.4／深発／**★5月25日／石垣島南方沖**／M6.4／浅発／☀6月〜8月／西日本で干害／**★6月6日／青森県東方沖**／M6.0／極浅／**★6月7日／伊予灘**／M6.0／浅発／**★6月16日／茨城県南部**／M6.0／浅発／☆7月12日／米国アイダホ州羊山／M6.1／**★8月18日／山形県村山地方**／M6.4／深発142km／☆9月5日／北米大陸東部、カナダ・アメリカ国境／M7.3／死者2／**★10月3日／青森県東方沖**／M6.3／浅発／**★12月1日／宮城県北部沖**／M6.0／深発／**★12月7日01:27／山形県中部**(左沢)／M5.5／浅発／**★同月同日13:35／紀伊半島沖〜三重県沖**／昭和東南海地震／M7.9／死・不明者1232／伊豆から紀伊にかけて波高10mの津波(三重県尾鷲で波高7.5m)／逆断層10度／浅発／プレート境界で発生の海溝型／地盤沈下は遠州灘沿岸で1〜2m、紀伊半島東岸で30〜40cm／長野県諏訪盆地でも被害／戦時報道統制で戦後暫く詳細不明だった／**★12月9日／新島・神津島近海**／M6.3／浅発／☆12月19日／朝鮮半島北部／M6.8／浅発／☆同月同日／中国遼東半島、丹東南方沖合／M6.75／**★12月29日／奄美大島近海**／M6.0／極浅

1945(昭和20)年

★1月13日03:38／愛知県南部(三河湾)／M6.8／浅発／死・不明者2230／蒲郡で津波1m／右逆断層30度／深溝断層延長9km、上下ずれ最大2m／活断層動く／**★2月10日13:57／青森県東方沖**／M7.1／死者2／小津波／浅発／プレート境界で発生の海溝型／**★3月12日／福島県北東沖**／M6.7／

（昭和16）年

★3月7日12:00／長野県北部／M5.1／**★3月12日／三陸沖**／M6.2／浅発／**★3月19日／三陸沖**／M6.2／浅発／**★4月6日01:49／山口県北東部**／M6.1／浅発／☆4月29日／豪州メイベリー／M7.2／**★5月9日／茨城県沖**／M6.1／浅発／☂6月?日～西日本で豪雨／☆6月26日／インド洋北東部ミャンマー、アンダマン諸島／M8.1／死者5000／☂7月10日～中部・東海地方で豪雨／**★7月15日23:45／長野県北西部**／M6.1／深度7km／死者5／活断層による直下型／**★7月20日／日向灘南部**／M6.1／浅発／★7月24日／奄美大島近海／M6.1／極浅／**★11月14日／択捉島南東沖**／M6.3／深発143km／**★11月19日01:46／日向灘北部**／M7.2／九州東岸・四国沿岸で津波1m／死者2／浅発／プレート境界で発生の海溝型／☆11月25日／北大西洋（海嶺？）ポルトガル沖／M8.4／津波／**★11月26日／茨城県沖**／M6.2／浅発／☆12月17日／中国台湾省嘉義中埔／M7.0／死・不明者3586

1942（昭和17）年

★2月21日16:08／福島県北東沖／M6.5／浅発／プレート境界で発生の海溝型／**★3月6日／北海道留萌地方**／M6.5／深発256km／**★3月12日／三陸沖**／M6.2／浅発／**★3月19日／三陸沖**／M6.2／浅発／**★3月22日／トカラ列島近海**／M6.5／浅発／☆4月8日／フィリピン、ミンダナオ島／M7.8／**★4月13日／日向灘南部**／M6.0／浅発／**★4月20日／三重県南東沖**／M6.4／深発342km／☆5月14日／ペルー、エクアドル／M7.9／死・不明者多数？／☀7月～8月／全国で干害／☆7月9日／中国内蒙古通遼一帯／M6.0／☆8月6日／グァテマラ／M7.9／死・不明者24／**★8月22日／日向灘北部**／M6.2／浅発／☆8月24日／ペルー中部ナスカ／M8.1／死者28／**★9月9日／茨城県沖**／M6.2／深発／☆11月10日／インド洋南部（南極海の海嶺？）プリンスエドワード島／M8.3／**★11月16日／茨城県沖**／M6.5／浅発／**★11月20日／鳥島東方沖**／M6.6／極浅／**★11月26日／択捉島南東沖**／M6.7／浅発／☆同月同日／トルコ／M7.6／死・不明者4000／☆12月20日／トルコ中部ニクサール、エルバー／M7.3／死・不明者1400／**★12月20日／鳥島東方沖**／M6.5／極浅／太平洋プレートの沈み込みに伴う／**★12月21日／オホーツク海南部**／M6.0／深発

1943（昭和18）年

★1月7日／種子島近海／M6.0／極浅／☆1月15日／アルゼンチン中部／M7.2／死・不明者8000／☆1月30日／ペルー、ヤナオカ／M?.?／死・不明者200／**★3月4日／鳥取県東部**／①M6.2／右断層、②M5.7／19:35／9/10の前震／**★3月5日04:50／鳥取県東部**（9/10の前震?）浅発／M6.2／**★3月14日／茨城県沖**／M6.2／☆4月6日／チリ、イリャペルほか／M7.9／死者20／**★4月11日／茨城県沖**／M6.7／浅発／プレート境界で発生の海溝型／**★4月30日／北海道東方沖**／M6.6／深発194km／☆5月25日／フィリピン南部・ミンダナオ島近海／M7.9／**★6月13日／青森県東方（三陸北部）**

13日／択捉島南東沖／M6.3／極浅／**★12月7日／三陸南部沖**／M6.3／極浅／**★12月14日／三陸南部沖**／M6.3／浅発／**★12月19日／三陸南部沖／**M6.1／極浅／**★12月20日／北海道東方沖**／M6.0／極浅／**★12月23日／与那国島近海**／M6.0／浅発

1939(昭和14)年

☆1月25日／チリ中北部チリャン／M7.9／死・不明者28500／☆1月30日／パプアニューギニア、ソロモン諸島／M7.8／**★3月20日12:22／九州南東部、日向灘北部北寄り**／M6.5／死者1／小津波／宮城県で死者1／浅発／☂4月?日・長野・論電ヶ池決壊／**★4月21日／サハリン西方沖**／M6.9／深発563km／☆4月30日／ソロモン群島／M8.1／死者12／☀5月～9月／西日本で干害／**★5月1日／秋田県沿岸北部**(男鹿半島)／①14:58／M6.8、②15:00／M6.7／秋田市で震度5／小津波／半島東部と八郎潟の間で被害／半島西部が最大44cm隆起／極浅／直下型／死者27／**★7月28日／択捉島南東沖**／M6.0／極浅／**★8月12日／択捉島南東沖**／M6.4／極浅／**★8月22日／福島県北東沖**／M6.3／浅発／**★10月11日／三陸南部沖**／M6.9／浅発／**★12月16日／北海道東方沖**／M6.6／浅発／☆12月21日／インドネシア北部スラウェシ島／M8.6／深発・M過大?／☆12月26日／トルコ中北東部エルジンジャン／M7.9／死・不明者35850／北アナトリア断層が350km以上にわたり活動

1940(昭和15)年

☆1月19日／中国内蒙古庫倫旗西／M6.0／**★1月27日／薩南諸島東方沖**／M6.3／極浅／**★2月9日／岩手県沖**／M6.1／浅発／**★3月9日／小笠原諸島西方沖**／M6.3／深発499km／☆5月19日／米国カリフォルニア、インペリアルヴァレー／M7.1／死者9／☆5月24日／ペルー、リマ／M8.1／死者230／津波?／**★5月28日／徳島県南部**／M5.8／浅発／**★6月12日／房総半島南東沖**／M6.2／浅発／**★7月4日／網走沖**／M6.1／深発228km／☆7月10日／ウラジオストク付近／M6.8／深発585km／▲7月12日／東京都三宅島噴火／死者11／火山弾や溶岩流など／**★7月15日／茨城県南部**／M5.7／浅発／**★8月2日00:08／北海道北西積丹半島**(神威岬)**沖**／M7.5／死・不明者10／津波で天塩河口に溺死者10(利尻島で波高3m)／逆断層45度／極浅／日本海東縁部変動帯の海溝型／☆8月5日／中国遼東半島、熊岳城／M5.75／**★8月14日／隠岐島近海**／M6.6／浅発／**★11月7日／鳥島近海**／M6.0／深発500km／☆11月10日／ルーマニア、ブカレスト／M7.3／死・不明者840／**★11月14日／茨城県沖**／M6.1／浅発／**★11月18日／和歌山県北部**／M6.3／浅発／**★11月20日／宮城県北部沖**／M6.6／浅発／海溝型／☆12月20日／米国ニューハンプシャー州／M5.5／☆12月24日／米国ニューハンプシャー州／M5.5

1941

☆1月11日／イエメン／M5.8／死者1200／2/4と2/23に余震被害あり／

11月3日02:53／宮城県金華山沖／M7.4／小津波／浅発／牡鹿半島沖で繰り返し発生の海溝型／**★11月13日／択捉島付近**／M6.0／深発184km／**★12月1日／薩摩半島西方沖**／M6.0／深発311m／**★12月27日09:14／伊豆諸島新島・神津島西方沖近海**／M6.3／死者3／浅発／火山性か直下型かは不明／26日から前震数回

1937（昭和12）年

★1月5日／小笠原諸島西方沖／M6.1／深発／**★1月7日／宮城県北部沖**／M6.4／浅発／**★1月20日／浦河沖**／M6.0／浅発／**★1月27日16:04**／熊本県中部／M5.1／**★2月21日／択捉島南東沖**／M7.6／浅発／**★同月同日／千島列島**／M6.2／浅発／**★2月23日／択捉島南東沖**／M6.2／極浅／**★2月27日23:42／愛媛県伊予**（周防）**灘**／M5.9／浅発／☆3月9日／米国オハイオ州西部／M5. 4／**★3月22日／岩手県沖**／M6.3／浅発／☆4月16日／トンガ／M8.1／**★4月30日／日本海北部**／M6.5／深発461km／**★5月29日／硫黄島近海**／M6.5／深発495km／**★7月11日／八丈島東方沖**／M6.0／浅発／☂7月13日～／関東～東海地方で豪雨／☆7月22日／米国アラスカ州中部／M7.3／**★7月27日04:56／宮城県沖**／M7.1／宮城県沖地震の一つ／プレート境界で発生／浅発／☆8月1日／中国山東省菏澤／M7.0／死・不明者3440／**★8月27日／大隅半島東方沖**／M6.0／浅発／**★10月17日／千葉県東方沖**／M6.6／浅発／**★11月26日／西表島付近**／M6.5／浅発

1938（昭和13）年

★1月2日16:53／山口県・広島県／M5.5／**★1月12日00:11／和歌山県**（紀伊水道）／M6.8／浅発／☆1月23日／米国ハワイ州マウイ／M6.8／☆2月1日／インドネシア東部バンダ海／M8.5／大津波？／**★2月7日／埼玉県北部**／M6.1／深発／**★4月23日／奄美大島北西沖**／M6.0／極浅／☆5月19日／インドネシア北部スラウェシ島／M7.9／死・不明者多数／**★5月23日16:18／福島・茨城県沖**／M7.0／小津波／極浅／プレート境界で発生の海溝型／**★5月29日01:42／釧路支庁北部**（屈斜路湖）／M6.1／死者1／小津波／極浅／直下型／**★6月6日／茨城県南部**／M6.0／深発／**★6月10日18:53／宮古島北西方沖**／M7.2／2m前後の津波／浅発／沖縄トラフ拡大による？／**★6月16日／奄美大島近海**／M6.9／浅発／☂7月3日・兵庫県で水害／**★8月17日／北海道東方沖**／M6.1／深発／**★9月22日03:52／茨城県沖**／M6.5／内陸寄り浅発／**★10月12日／三陸北部沖**／M6.8／浅発／**★10月18日／北海道西方沖**／M6.2／深発244km／**★10月29日／房総半島東方沖**／M6.2／浅発／**★11月5日／福島県南東沖／（2回）～6日～7日17:43と19:50と17:53と06:38／福島県南東沖**／M7.5とM6.9／死者1／M7.5、M7.3、M7・4／浅発／福島・宮城両県で震度5／東北～関東に余震でも津波／小名浜・鮎川で波高1m／逆断層10度／プレート境界で発生の海溝型／震源は沖合70km／体感300回以上／☆11月10日／米国アラスカ州西部／M8.7／大津波／**★11月**

12日／米国ユタ州コスモ／ M6.6 ／死者２／**★３月21日12:40 ／伊豆半島／** M5.5 ／**★４月７日／福島県南東沖**／ M6.2 ／深発／**★４月20日／鳥島近海／** M6.2 ／深発447km ／☆５月４日／米国アラスカ州チュガッチ山地／ M7.1 ／☆６月８日／米国カリフォルニア州パークフィールド／ M6.1 ／**★６月13日／北海道東方沖**／ M6.4 ／浅発／☂７月10日～中部地方で豪雨／☆７月18日／ソロモン諸島、サンタクルーズ諸島／ M8.1 ／**★８月18日11:38 ／岐阜県中部**（八幡）／ M6.3 ／浅発／**★10月６日／十勝沖**／ M6.2 ／浅発／**★10月27日／奄美大島北東沖**／ M6.1 ／深発／☆同月同日／中国河北省撫寧／ M5.0 ／**★11月８日12:25 ／新潟県西部沿岸**／ M5.6 ／深度20km

---

1935（昭和10）年

★１月19日／宮古島北西沖／ M6.0 ／極浅／**★２月20日／千葉県北東部／** M6.0 ／浅発／**★３月31日／福島県東方沖**／ M6.4 ／浅発／☆４月21日／中国台湾省新竹・台中苗栗／ M7.0 ／死・不明者3280 ／☆５月５日／中国、台湾省後竜渓／ M6.5 ／死者2740 ／☆５月30日／パキスタンのクエッタ／ M7.5 ／死・不明者34170 ／**★５月31日／日本海中部**／ M6.3 ／深発466km ／☂６月27日～西日本で豪雨／★７月３日09:16 ／宮崎県中部／ M4.6 ／**★７月11日17:24 ／静岡県中部**／ M6.4 ／死者９ ／浅発／直下型／有度山西側と北側に被害／殆どの家屋が東向きに最長55cm滑る／**★７月19日／茨城県沖**／ M6.9 ／浅発／海溝型／プレート境界で発生／**★７月26日／オホーツク海南部**／ M6.2 ／深発486km ／☂８月21日～東北地方北部で豪雨／☂８月11日・京阪地方で水害／☂９月２日～近畿・東海地方で豪雨／**★９月11日／根室半島南東沖／** M6.9 ／極浅／**★９月18日／浦河沖**／ M6.4 ／浅発／プレート境界で発生／☆９月20日／パプアニューギニア／ M7.9 ／☂９月26日・群馬で水害／**★10月２日／根室半島南東沖**／ M6.7 ／浅発／☆10月12日／米国モンタナ州ヘレナ／ M5.9 ／**★10月18日／三陸北部沖**／ M7.1 ／浅発／日本海溝付近発生の海溝型／ 10/18に前震／☆10月19日／米国モンタナ州ヘレナ／ M6.3 ／死者２ ／☆10月31日／米国モンタナ州ヘレナ／ M6.0 ／死者２ ／☆11月１日／カナダ東部ケベック州／ M6.1 ／**★11月21日／宗谷海峡**／ M6.0 ／浅発／☆12月14日／マリアナ諸島／ M6.4 ／深発／**★12月18日／石垣島近海**／ M6.9 ／極浅／☆12月28日／インドネシア・スマトラ島沖／ M8.1

1936（昭和11）年

★２月21日10:07 ／大阪府・奈良県境付近／ M6.4 ／死者９ ／浅発／活断層直下型／**★３月１日／オホーツク海南部**／ M6.1 ／深発399km ／**★３月２日／十勝沖**／ M6.7 ／浅発／**★３月11日／三陸北部沖**／ M6.2 ／浅発／**★６月３日／青森県東方沖**／ M6.1 ／極浅／**★６月26日／東海道南方沖**／ M6.0 ／深発397km ／☂７月２日～九州北部で豪雨／**★７月19日／三陸北部沖**／ M6.2 ／極浅／**★９月４日／鳥島東方沖**／ M6.5 ／極浅／**★10月26日／千葉県南東沖**／ M6.0 ／深発／**★11月２日／千島列島シンシル島東方沖**／ M6.7 ／深発／★

火／☆5月14日／インドネシア東部・モルッカ海峡／M8.3／死・不明者多数／津波／☆5月26日／フィジー／M7.9／☆6月3日／メキシコ西部ハリスコ州グアダラハラ／M8.1／死・不明者60／津波／☆6月6日／米国カリフォルニア州エウレカ／M6.4／死者1／☆6月18日／メキシコ、ハリスコ州グアダラハラ、コリマ／M7.8／3日の最大余震？／**★6月22日／茨城県沖**／M6.3／浅発／▲6月26日／秋田県駒ケ岳爆発／☂7月?日／西日本で豪雨／**★7月10日／三陸沖**／M6.1／浅発／**★7月25日／福井県嶺南**／M6.0／深発／**★8月21日／与那国島近海**／M6.3／浅発／☆8月22日／中国黄海／M6.3／**★9月3日／三陸北部沖**／M6.7／浅発／**★9月23日／日本海北部**／M7.1／深発394km／**★10月26日／オホーツク海南部**／M6.3／深発366km／**★11月13日／日本海北部**／M6.8／深発401km／**★11月26日13:23／北海道日高中部**／M7.0／浅発／☆12月21日／米国ネヴァダ州シーダー山／M7.2／☆12月25日／中国甘粛省玉門、昌馬／M7.6／死者7万(一説に275人とあるが、規模からして疑問)／**★12月27日／東シナ**海／M6.5／深発

1933（昭和8）年

★1月7日／三陸はるか沖／M6.8／極浅／▲1月8日／ロシア千島列島カリムコタン火山噴火／▲2月24日／阿蘇中岳噴火／**★3月3日／東北地方東部**／昭和三陸地震／M8.1／▽震害なく大津波発生(綾里湾で最大遡上高28.7m)／死・不明者3064／正断層型地震／45度／太平洋プレート内部の日本海溝側で起きたアウターライズ地震？／極浅／☆3月11日／米国カリフォルニア州ロングビーチ／M6.4／死者115／**★3月12日／小笠原諸島西方沖**／M6.6／深発481km／**★5月2日／択捉島南東沖**／M6.1／極浅／**★6月4日／奄美大島近海**／M6.0／極浅／**★6月14日／三陸北部沖**／M6.2／深発／**★6月19日06:37／宮城県**(牡鹿半島)**沖**／M7.1／宮城県沖地震の一つ／浅発／☀7月〜8月／西日本で干害／**★7月9日／千島列島南東沖**／M6.3／極浅／**★同月同日／択捉島南東沖**／M6.7／極浅／**★7月10日／三陸南部沖**／M6.2／☂兵庫で水害／**★8月15日／鳥島近海**／M6.2／浅発／☆8月25日／中国四川省疊渓／M7.5／死・不明者14045／地震湖決壊洪水で2500水死／**★9月3日／鳥島近海**／M6.7／深発398km／▽9月?日・鹿児島・出水郡阿久根町で津波／▽9月6日・富山湾で津波／**★9月21日12:14／能登半島**／M6.0／死者3／浅発／七尾湾発生の直下型／☂10月?日・石川・大聖寺町で浸水／**★10月4日03:38／新潟県南部**／M6.0／浅発／☆11月20日／カナダ東部バフィン湾／M7.4／**★12月5日／オホーツク海南部**／M6.9／深発418km

1934（昭和9）年

☆1月15日／インド・ネパール国境ビハール／M8.2／死・不明者9840／広域被害／断層？／☆1月21日／中国内蒙古五原付近／M6.3／☆1月30日／米国ネヴァダ州エクセルシオール山地／M6.5／☆2月14日／フィリピン北部・ルソン島／M7.9／**★2月24日／硫黄島近海**／M7.1／海溝型／浅発／☆3月

津波／**★8月17日／千葉県南部**／M5.8／浅発／**★8月30日／国後島付近**／M6.1／深発203km／**★10月17日／石川県南西方沖**①06:32／M5.3、②06:36／M6:3／共に浅発／死者1／内陸型／**★11月26日04:02／静岡県伊豆半島北部**／M7.3／死・不明者272／直下型／丹那活断層／発生前に宏観異常現象が多発(静岡県南部で発光現象、はるか関東では地鳴り)／**★12月13日／日高地方中部**／M6.5／浅発／**★12月20日23:02／広島県北部**(三次)／M6.1／浅発／直下型／翌日M5.9の余震／**★12月24日／釧路沖**／M6.3／深発

1931
(昭和6)年

★1月2日／与那国島近海／M6.0／浅発／**★1月9日／岩手県内陸北部**／M5.8／深発／☆1月15日／メキシコ南部オアハカ／M7.8／死・不明者110／**★1月21日／根室半島南東沖**／M6.3／浅発／☆2月2日／NZ北島ホークス湾／M7.9／死・不明者256／津波／オセアニア最大級の震災の一つ／**★2月17日03:48／日高地方東部**／M6.8／浅発／**★2月20日／日本海北部**／M7.2／深発403km／**★3月1日／サハリン南部付近**／M6.2／深発324km／海溝型／**★3月9日12:48／青森県東方**(三陸)**沖**／M7.4／極浅／**★3月30日02:51／釧路中南西部**／M6.5／浅発／☆3月31日／ニカラグアのマナグア／M6.0／火災発生／死・不明者2180／断層地震／**★4月10日／根室半島南東沖**／M6.3／極浅／☆4月27日／アゼルバイジャンとアルメニア国境のザンゲズル山地／M5.7／死・不明者2800／**★6月2日／岐阜県飛騨地方**／M6.0／深発256km／**★6月9日／茨城県沖**／M6.0／浅発／**★6月11日／山梨県東部**(富士五湖)／M5.9／浅発／**★6月17日21:09／埼玉県南部東京都東部**／M6.2／浅発／フィリピンプレート内?／**★6月23日／茨城県沖**／M6.4／浅発／☂7月6日～鹿児島・新潟で豪雨／☂7月21日・大分で貯水池決壊／**★8月10日／静岡県中部**／M5.8／極浅／☆8月11日／中国新疆ウイグル自治区富蘊／M8.0／死・不明者8790／☆8月16日／米国テキサス州ヴァレンタイン／M5.8／**★8月18日／茨城県沖**／M6.0／**★9月9日／茨城県沖**／M6.2／極浅／**★9月16日／山梨県東部・富士五湖**／M6.3／浅発／**★9月21日11:19／埼玉県西北部**／M6.9／浅発／死・不明者16／深谷左断層活動／深さ10km未満の浅発直下型／☆10月3日／ソロモン群島／M7.9／**★11月2日19:03／日向灘**／M7.1／死者2／室戸で津波85cm／浅発／プレート境界付近発生の海溝型／16時間前に同震源でM6.0の前震／**★11月4日01:19／岩手県東部**(小国)／M6.5／浅発／**★12月21日14:47／熊本県八代海北部**／M5.5／12/26の前震?／**★12月22日22:08／八代海北部**／M5.6／**★12月26日10:42／八代海北部**／M5.9／浅発

1932
(昭和7)年

▲2月5日～／浅間山噴火／**★4月5日／鳥島近海**／M6.3／深発429km／☆4月6日／中国湖北省麻城北／M6.0／▲4月10日／チリのセロアスール火山噴

／岩手県沖／ M7.0 ／浅発／海溝型／ M5 級の前震が頻発／ 29日にM6.5の余震／**★6月1日／三陸沖**／①M6.1、②M6.6 ／浅発／**★6月3日／薩摩半島西方沖**／ M6.6 ／極浅／活断層／☆6月17日／メキシコ南部オアハカ／ M7.9 ／☀7月〜9月／新潟・山形で干害／**★7月8日／釧路沖**／ M6.0 ／**★9月23日／岩手県内陸南部**／ M5.7 ／浅発／**★9月25日／伊予灘**／ M5.8 ／深発／**★10月20日／種子島近海**／ M6.1 ／浅発／**★11月1日／北海道東方沖**／ M6.0 ／浅発／☆12月1日／チリ、タルカ／ M7.8 ／死者230

1929（昭和4）年

★1月2日01:40 ／福岡県南部大分県西部／ M5.5 ／群発／浅発／**★1月13日／千島列島**／ M7.4 ／浅発／☆1月14日／中国内蒙古畢克斉／ M6.0 ／**★2月3日／奄美大島近海**／ M6.1 ／深発／☆3月7日／米国アリューシャン列島フォックス島／ M7.8 ／**★3月9日／硫黄島近海**／ M6.1 ／浅発／**★3月19日／三陸はるか沖**／ M6.2 ／浅発／**★4月1日／三陸はるか沖**／ M6.1 ／極浅／日本海溝東側／**★4月16日／茨城県沖**／ M6.1 ／浅発／☆5月1日／イラン北部コペッ＝ダフ／ M7.3 ／死・不明者4050 ／断層地震／☀5月〜 9月／西・東日本で干害／**★5月2日／択捉島南東沖**／ M6.2 ／深発／**★5月22日／日向灘南部**／ M6.9 ／津波／浅発／プレート境界で発生／☆5月26日／カナダ西部クィーンシャーロット島南部／ M7.0 ／ M7.0 ／**★5月31日／浦河沖**／ M6.2 ／浅発／**★6月3日／三重県南東沖**／ M6.7 ／深発367km ／**★6月13日／千島列島南東沖**／ M6.5 ／極浅／▲6月16 〜 17日／北海道駒ケ岳大噴火／**★6月27日／茨城県沖**／ M6.0 ／浅発／☆同月同日／大西洋（海嶺？）／ M8.3 ／ M過大?／**★7月27日07:48 ／山梨県東部（神奈川県西部）**／ M6.3 ／浅発／内陸型／**★8月8日22:33 ／福岡県西部**／ M5.1 ／**★8月19日／与那国島近海**／ M6.3 ／浅発／**★8月29日／三陸北部沖**／ M6.5 ／極浅／**★9月28日／宗谷東方沖**／ M6.1 ／深発489km ／**★10月6日／根室半島南東沖**／ M6.2 ／浅発／☆同月同日／ハワイ州ホルアロア／ M6.5 ／☆11月18日／カナダ東海岸／ M7.2 ／死者28 ／**★11月20日14:54 ／和歌山県北西部**／ M5.8 ／浅発／直下型

1930（昭和5）年

★1月6日／択捉島付近／ M6.2 ／極浅／**★2月5日22:28 ／福岡県西部**／ M5.0 ／**★2月11日09:11 ／和歌山県北西部**／ M5.3 ／**★2月13日〜 5月31日／静岡県伊豆半島**／東方沖伊東群発／最大M5.9 ／左断層／**★3月11日／オホーツク海南部**／ M6.7 ／ 600km深発／**★3月22日17:50 ／伊豆半島東方沖**／伊東群発地震中最大／ M5.9 ／有感地震4015回／深発／伊豆半島東方沖から徐々に内陸へ進行／**★5月1日／千葉県東方沖**／ M6.3 ／浅発／銚子付近の沖合で発生／☆5月6日／イラン、サルマス／ M7.3 ／死・不明者2400 ／**★5月24日／房総半島南東沖**／ M6.3 ／深発／**★6月1日02:58 ／茨城県沿岸中北部**／ M6.5 ／浅発／プレート内部／☆7月23日／択捉島付近／ M6.6 ／浅発／☆同月同日／イタリア、ヴルチュレ／ M6.7 ／死者2070 ／▼7月26日・大分県で

日／青森県東方沖／ M6.0 ／極浅／**★3月25日／釧路沖**／ M6.3 ／浅発／**★4月2日／三重県南東沖**／ M6.5 ／ 374km深発／**★4月7日／十勝沖**／ M6.1 ／浅発／▲5月24日／北海道十勝岳噴火／死者144 ／火山泥流発生／**★5月27日／三陸北部沖**／ M6.4 ／浅発／**★6月5日／薩摩半島西方沖**／ M6.0 ／深発168km ／☆6月26日／ギリシャ、ロードス島／ M8.0 ／死者110 ／**★6月29日23:26 ／沖縄本島北西沖**／ M7.0 ／深発150km ／☆6月29日／米国カリフォルニア州サンタバーバラ／ M5.5 ／死者1 ／**★7月11日／沖縄本島北西沖**／ M7.0 ／**★同月同日／茨城県沖**／ M6.0 ／極浅／**★7月27日／遠州灘**／ M6.2 ／深発345km ／**★8月3日18:26 ／東京都東南部**／ M6.3 ／浅発／プレート境界で発生／**★8月7日／宮古島近海**／ M7.0 ／浅発／**★8月9日／奄美大島近海**／ M6.1 ／深発／**★9月5日00:37 ／十勝沖**／ M6.7 ／浅発／☆10月3日／タスマン海マッコリー島／ M7.9 ／**★同月同日／福島県東方沖**／ M6.1 ／深発／☆10月22日／米国カリフォルニア州モンテレー／ M6.1 ／☆10月26日／インドネシア、イリアンジャヤ／ M7.9 ／津波？／☆？月？日／中国黒竜江省布特哈旗／ M5

1927（昭和2）年

★1月18日／宮城県沖／ M6.3 ／浅発／☆2月3日／中国黄海／ M6.5 ／**★3月7日18:27 ／京都府北部**（北丹後）／ M7.3 ／死者2970 ／左活断層／ 2本の断層が動く／津波？／直下型／ 4/1にM6.4の余震発生／**★3月16日／青森県東方沖**／ M6.5 ／極浅／**★4月22日／十勝地方南部**／ M6.0 ／浅発／☀5月～8月／近畿・中部日本で干害／**★5月8日／広島県北部**／ M5.5 ／浅発／☆5月23日／中国甘粛省古浪（従来青海省とされていた）／ M7.9 ／死者40690 ／広域被害／断層地震／**★6月20日／北海道東方沖**／ M6.1 ／浅発／☆7月11日／イスラエル、エンゲディの死海／ M6.3 ／死・不明者400 ／**★7月13日／釧路沖**／ M6.7 ／極浅／**★7月30日／茨城県沖**／ M6.1 ／浅発／**★8月6日06:12 ／宮城県沖**／ M6.7 ／死者4 ／小津波／浅発／**★8月12日／小笠原諸島西方沖**／ M6.1 ／深発471km ／**★8月19日／八丈島東方沖**／ M6.4 ／浅発／プレート内部？／**★8月21日／八丈島東方沖**／ M6.2 ／極浅／**★8月29日／福島県はるか沖**／ M6.0 ／浅発／▼9月13日・熊本で津波／**★10月12日／釧路地方中南部**／ M6.3 ／浅発／☆10月24日／米国アラスカ州南東部／ M7.1 ／**★10月27日10:53 ／新潟県中越**（関原地方）／ M5.2 ／極浅／局地的／☆11月4日／米国カリフォルニア州ロムポック／ M7.1 ／**★12月31日／択捉島付近**／ M6.0 ／浅発

1928（昭和3）年

★2月12日／埼玉県南部／ M5.9 ／深発／☆3月9日／インド洋（九十東海嶺）／ M8.1 ／**★3月29日／鳥島近海**／ M6.8 ／深発445km ／**★4月22日／オホーツク海南部**／ M6.1 ／深発344km ／**★5月8日／択捉島付近**／ M6.2 ／極浅／**★5月21日01:29 ／東京湾（千葉県）北西部**／ M6.2 ／深発／**★5月27日**

M6.0／極浅／**★1月22日／釧路沖**／M6.2／極浅／**★2月3日／千葉県東方沖**／M6.2／浅発／▲2月15日／ロシア極東の千島ライコケ火山噴火／☆4月14日／フィリピン・ミンダナオ島ダバオ湾／M8.3／**★5月23日／日高地方中部**／M6.0／極浅／**★5月28日／オホーツク海南部**／M7.1／深発／**★5月31日／茨城県沖**／M6.1／極浅／**★5月31日／茨城県沖**／①M6.4、②M6.1／極浅／☀6月～8月／西・中部日本で干害／☆6月26日／タスマン海マッコリー島／M8.3／M過大?／**★7月1日／北海道東方沖**／M7.5／極浅／**★7月6日／北海道東方沖**／M6.2／浅発／**★7月10日／三陸はるか沖**／M6.2／深発／**★8月6日／千葉県東方沖**／M6.3／浅発／**★8月13日03:18／和歌山県中部**／M6.0／浅発／**★8月15日／茨城県沖**／M7.2／極浅／**★同月同日／関東東方沖**／M6.8／浅発／**★8月29日／大分県南部**／M6.1／極浅／**★9月18日／茨城県中北部**（友部）／M6.5／浅発／太平洋プレート内部?／☂9月30日東京・神奈川で豪雨・洪水／▲10月31日／沖縄県西表島北北東（海底火山噴火）／**★11月26日／宗谷地方北部**／M6.7／深発330km／**★12月27日／国後島付近**／M7.0／深発150km／**★12月29日／根室地方中部**／M6.2／深発230km

1925（大正14）年

★1月18日／千島列島シムシル島東方沖／M7.4／浅発／海溝型／**★1月28日／根室半島南東沖**／M6.9／極浅／**★2月3日／北海道東方沖**／①M6.2、②M6.7、③M6.3／浅発／**★2月20日／ウルップ島東方沖**／M7.0／浅発／海溝型／☆3月1日／カナダ東部ケベック州／M6.2／**★3月16日／天草灘**／M6.0／浅発／☆同月同日／中国雲南省大理・洱海／M7.0／死者5080／**★3月27日／鳥島近海**／M6.0／深発474km／**★4月20日／東海道南方沖**／M6.4／297km深発／**★同月同日／宮城県沖**／M6.2／深発／**★5月23日11:09／兵庫県**（北但馬）／M6.8／火災発生／死者428／極浅／活断層による直下型／田結付近に1.6km程の断層が地表に2本出現／**★5月27日／与那国島近海**／M6.0／極浅／**★同月同日／滋賀県南部**／M6.7／421km深発／**★6月2日／三陸北部沖**／M6.4／浅発／**★6月23日／日高地方西部**／M6.0／深発／☆6月28日／奄美大島近海／M6.4／浅発／☆同月同日／米国モンタナ州／M6.6／☆6月29日／米国カリフォルニア州サンタバーバラ／M6.8／死者13／**★7月4日04:20／鳥取県西部**（美保湾）／M5.8／**★7月7日01:46／岐阜県中西部**／M5.8／浅発／☂9月30日～関東地方豪雨・洪水／**★10月4日／オホーツク海南部**／M6.1／400km深発／**★10月20日／小笠原諸島西方沖**／M6.1／深発

1926（大正15）年

★2月3日／上川地方中部／M5.9／深発414km／**★同月同日／沖縄本島近海**／M6.0／深発／**★2月4日／浦河沖**／M6.4／深発／**★2月6日／千島列島南東沖**／M6.1／極浅／**★3月9日／根室半島南東沖**／M6.4／極浅／**★3月20**

／②05:15／M7.1／プレート境界上の海溝型／5月下旬から小前震頻発／**★6月2日／千葉県東方沖**／M6.8／浅発／**★6月7日／関東東方沖**／M6.0／深発／☆6月14日／中国四川省康定／M5.8／死・不明者1300／**★6月29日／小笠原諸島西方沖**／①M6.0／深発562km、②M6.0／深発377km／**★7月2日／与那国島近海**／M6.7／浅発／**★7月13日20:13／種子島南東沖付近**／M7.1／プレート境界上の海溝型／**★7月14日／種子島近海**／M6.5／浅発／**★7月21日／東海道南方沖**／M6.0／394km深発／**★8月12日／沖縄本島近海**／M6.7／深発／**★8月23日／福島県南東沖**／M6.0／浅発／**★9月1日11:58／南関東**(神奈川県西部)**関東大震災**／M7.9／死・不明者148861(1925年の調査では142800／全半壊20万超／全半焼20～40万戸／東京市街ほぼ焼失／被害額は当時の国家予算の3倍／横浜・小田原でも甚大／熱海で波高12m、相浜で波高9.3mの大津波（静岡）／右逆断層／日本災害史上最悪）／プレート境界上の海溝型／**★同日／伊豆大島近海**／M6.5／極浅／**★同日12:01／相模湾と東京湾付近**／M7.2／**★同日／伊豆大島近海**／M6.0／極浅／**★同日12:03／相模湾と3県境付近**／M7.3／**★同日／伊豆大島近海**／M6.4／浅発／**★同日12:17／相模湾付近?**／M6.3／**★同日／千葉県南東沖**／M6.0／浅発／**★同日12:24／神奈川県中部**／M6.4／**★同日12:40／三浦半島沿岸**／M6.6／**★同日12:48／東京湾**／M7.0／**★同日13:30／神奈川県西部**／M6.1／**★同日14:23／神奈川県西部**／M6.6／**★同日／静岡県東部**／M6.1／極浅／**★同日16:38／山梨県東部**／M6.8／**★同日／静岡県伊豆地方**／M6.6／極浅／**★9月2日11:46／房総半島沖**／M7.4／津波／浅発／**★同日／茨城・千葉県東方沖**／M6.7／極浅／**★同日／千葉県東方沖**／M6.7／浅発／**★同日／静岡県伊豆地方**／M6.5／極浅／**★同日／神奈川県西部**／M6.2／極浅／**★9月10日02:11／伊豆大島付近**／M5.9／**★同日／静岡県東部**／M6.6／極浅／**★9月17日／鳥島東方沖**／M6.5／浅発／太平洋プレートの沈み込みによる海溝型／**★9月26日／伊豆大島付近**／M6.4／極浅／**★10月4日／静岡県東部**／M6.4／浅発／**★10月5日／山梨県東部**(富士五湖)／M6.2／浅発／**★10月9日／秋田県内陸南部**／M6.1／極浅／**★11月4日／奄美大島北東沖**／M6.7／浅発／**★11月5日／東京都多摩東部**／M6.3／浅発／**★11月6日／奄美列島北東沖**／M6.9／浅発／**★11月7日／トカラ列島近海**／M6.6／浅発／**★11月18日／茨城県南部**／M6.1／浅発／**★11月19日／与那国島近海**／M6.4／浅発／**★11月23日／神奈川県東部**／M6.3／浅発／**★11月26日／与那国島近海**／M6.3／浅発／**★11月27日／日向灘南部**／M6.0／浅発／**★12月5日／高知県東部土佐湾**／M6.4／浅発／**★12月9日／奄美大島北東沖**／M6.1／浅発

1924(大正13)年

★1月15日05:50／神奈川県西部(丹沢)／M7.3／死者19／関東大震災の余震／極浅／プレート境界に発生の海溝型／極浅／**★同月同日／千葉県東方沖**／

（大正9）年

蓮東南海中／M8.0／死者5／津波？／☂8月17日・高知で河川氾濫／☆9月7日／イタリアのトスカナ／M6.4／死者171／**★9月17日／浦河沖**／M6.5／☆9月20日／ヴァヌアツのニューヘブリデス島／M8.3／**★10月18日／択捉島南東沖**／M7.1／☆12月16日20:05／中国遼寧省・寧夏海原／M8.35／死者203460／地滑りと大雪崩／全長200km以上の断層出現／M評価過大？／**★12月20日／福島県浜通り海寄り**／M6.8／太平洋プレート内部／▲12月22日／浅間？山噴火（中部・関東地方）／**★12月27日18:21／神奈川県西部箱根**／群発／M5.7

1921
（大正10）年

★4月2日／石垣島南方沖／M7.2／**★4月19日02:58／宮崎県沖**／M5.5／☂6月17日九州北部で豪雨・洪水／**★10月12日／択捉島付近**／M6.6／深発／☆11月15日／アフガニスタン東部（ヒンズークシュ）／M8.1／☆12月1日／中国黄海／M6.5／**★12月8日21:31／茨城県南西部**（竜ヶ崎）／千葉・茨城県境付近で発生／M7.0／家屋倒壊・道路亀裂／フィリピン海プレート内部／☆同月同日／コロンビア・ペルー国境付近／M7.9

1922
（大正11）年

☆1月17日／ペルー北部／M7.9／深発／**★1月23日07:05／福島県沖**／M6.5／海溝型／☆1月31日／米国カリフォルニア州エウレカ／M7.3／☆2月3日／ロシア、カムチャッカ半島／M8.5／死者あり／ハワイに遠地津波で死者6／☆3月10日／米国カリフォルニア州パークフィールド／M6.1／**★4月26日10:11／千葉県西岸**（浦賀水道）／M6.8／死者2／太平洋プレート内部／**★5月9日12:28／茨城県南西部**／M6.1／プレート内部？／**★5月16日／三陸沖**／M6.5／☀6月～9月／西・中部日本で干害／**★7月6日／宮城県沖**／M6.5／☆9月29日／中国遼東半島渤海／M6.5／**★10月25日／千島列島シンシル島東方沖**／M7.7／深発／☆11月11日13:32／チリ・アルゼンチン国境アタカマ沖／M8.5／死者800／大津波／　→　▽11月12日／チリ地震の津波／串本70cm／鮎川65cm／**★12月8日／長崎県橘湾島原**（千々石）①01:50／M6.9／②08:11／M6.5／活断層による直下型／余震1777回／死・不明者26／**★12月9日／三陸沖**／M6.8／浅発？

1923
（大正12）年

★1月14日14:51／茨城県南西部／M6.3／死者1／深発／☆1月22日／米国カリフォルニア州フンボルト郡／M7.2／☆2月3日／ロシア、カムチャッカ半島／M7.8／ハワイで津波死5／浅発／**★3月12日／三陸北部沖**／M6.4／浅発／**★3月21日／千島列島**／M6.0／深発／☆3月24日／中国四川省／M7.3／死・不明者4150／☆5月25日／イラン、カイデラクフトほか／M5.6／死・不明者2140／**★4月27日／青森県東方沖**／M6.2／浅発／☀5月～8月／近畿・中部日本で干害／**★5月26日／千葉県東方沖**／M6.2／深発／**★5月31日／茨城県沖**／M6.2／浅発／**★6月2日／茨城県沖**／①02:24／M7.3

月24日／岩手県沖／M6.6／**★11月26日14:08／兵庫県南東部**／M6.1／死者1／直下型／**★12月29日06:41／熊本県南部(天草・芦北)**／M6.1

1917
(大正6)年

☆1月20日／インドネシア・バリ島／M?・?／死・不明者1400／☆1月24日／中国安徽省霍山／M6・3／☆1月30日／ロシア、カムチャッカ半島／M8・1／**★1月31日00:40／神奈川県西部箱根群発**／M4・0／**★3月15日／三陸はるか沖**／M6・9／☆5月1日／NZケルマデク諸島／M8・6／Mは過大?／**★5月18日04:07／静岡県中部**／M6・3／静岡市に被害集中／死者2／☆5月28日／中国遼寧省鴨緑江口／M6・1／☆5月31日／米国アラスカ州／M7・9／☀6月〜7月／西日本で干害／☆6月26日／トンガ・サモア／M8・7／死・不明者多数／大津波発生／**★7月4日／沖縄本島南方沖**／M7・4／**★7月29日／三陸北部沖**／M7・3／海溝型／☆7月31日／中国雲南省琿春の大関／M6・5／死・不明者1840／☂10月1日・長野県で洪水

1918
(大正7)年

☆2月13日／中国広東省／M7・3／死者1000／☆4月21日／米国カリフォルニア州サンハシント／M6・8／死者1／☆5月20日／チリ／M7・9／**★5月26日07:30／留萌沖**／M5・8／火山性?／**★6月26日22:46／神奈川県西部**（山梨県との境）／M6・2／**★7月26日／茨城県沖**／M6・7／プレート境界上の海溝型／☆8月9日／中国河南省通許／M5・3／☆8月15日／フィリピン南部・ミンダナオ島／M8・5／死・不明者76／津波?／**★9月8日02:16／千島列島ウルップ島沖**／M8・1／死者24／ハワイに遠地津波／プレート境界上の海溝型／☆10月11日／ドミニカ共和国モナ海峡／M7・5／**★11月8日13:38／ウルップ島沖**／M7・9／津波／父島で波高50㎝／**★11月11日02:59／長野県北部大町**／①M6・1、②M6・5／活断層による直下型／震央の大町付近に被害集中／大町で15㎝の小断層／☆11月18日／インドネシア東部・バンダ海／M8・1／M過大?／☆12月4日／チリ、コピアポ／M7・8／☆12月6日／カナダ西部、ヴァンクーヴァー島／M7・0／☆12月18日／チリ中部／M7・9／M過大?／12/4と同じ?

1919
(大正8)年

☆1月1日／トンガ／M8.3／**★3月29日07:40／長野県北部**／M5.4／☆4月30日／トンガ／M8.4／津波／**★5月3日09:52／十勝沖**／M7.4／海溝型／☆5月6日／パプアニューギニア、ニューアイルランド島／M7.9／死者あり／**★6月1日／東シナ海**／M6.8／深発200km／☆6月29日／イタリア、トスカナのムゲリョ／M6.3／死・不明者100／**★8月4日／茨城県沖**／M6.7／プレート境界上の海溝型／**★11月1日08:24／広島県北部**(三次)／M5.8／三次盆地付近の群発型

1920

★2月8日／青森県東方沖／M6.7／☆6月5日13:21／中国台湾省東方沖花

大半の被害が集中／活断層による直下型／**★3月28日02:50／秋田県南部**(沼館)／M6.1／**★5月23日12:38／島根県東部**／M5.8／☆5月26日／インドネシア東部イリアンジャヤ／M7.9／津波／死者あり／☆6月25日／インドネシア西部・南スマトラ、ベンクレン／M7.6～8.1／死者多数／**★7月5日／奄美大島北西沖**／M7.0／深発200km／☂8月13日・長野で洪水／☆10月3日／トルコ、ブルドゥル／M7.0／死者3080／**★11月15日22:29／新潟県南西部**／M5.7／☆11月24日／マリアナ諸島／M8.7／M過大？／**★11月28日／奄美大島北東沖**／M6.9／プレート境界上の海溝型

1915（大正4）年

★1月6日08:26／石垣島北西沖／M7.4／深発150km／☆1月13日／イタリア中部アヴェッザーノ／M7.0／死・不明者32580／断層／**★3月1日／石垣島南方沖**／M7.4／**★3月9日／宮城県沖**／M6.8／**★3月18日03時45分／十勝沖**／M7.0／死者2／／太平洋プレートの沈み込みによる海溝型／☆5月1日／ロシア、千島列島シンシル島東方沖／M8.1／海溝型／**★6月5日／三陸北部沖**／M6.7／▲6月6日？山噴火(中部地方)／**★6月20日01:01／山梨県南東部**／M5.9／相模湾沿岸で強震／☆6月23日／米国カリフォルニア州インペリアルヴァレー／M6.3／**★7月14日21:13／鹿児島県北東部**(吉松)／M5.0／☆8月1日／ロシア、サハリン近海／M7.8／深発／☆9月23日／エリトリア・アスマラ／M?.?／☆10月2日／米国ネヴァダ州プレザントヴァレー／M7.8／断層出現／**★10月3日／三陸沖**／M6.9／☆10月3日／米国ネヴァダ州プレザントヴァレー／M7.1／**★10月9日／東海道南方沖**／M6.9／200km深発／**★11月1日16:24／宮城県**(三陸南部)**東方沖**／M7.5／岩手・宮城両県の沿岸に小津波／海溝型／**★11月16日10:38／房総半島**／12日から群発／M6.0／当地域では約51.5年周期でM6.9以上の地震が発生（2008年7月の地震もこの周期に当たる）／**★11月18日／福島県東方沖**／M7.0／海溝型／**★12月7日／十勝沖**／M6.5

1916（大正5）年

☆1月1日／パプアニューギニア、ニューアイルランド島／M7.9／☆1月13日／インドネシア東部・イリアンジャヤ／M8.1／**★1月25日／オホーツク海南部**／M6.9／深発250km／**★2月1日／種子島南東沖**／M7.4／海溝型／☆2月21日／米国ノースカロライナ州ウェインズヴィル／M5.2／**★2月22日18:12／群馬県西部**(浅間山北麓)／M6.2／**★3月6日18:12／大分県北東部**／M6.1／**★3月18日／十勝沖**／M6.6／**★3月26日／石垣島近海**／M6.5／☆4月5日／中国黄海／M5.3／**★4月21日／八丈島東方沖**／小笠原海溝付近で発生／海溝型かプレート内部かは不明／M7.1／☂6月26日中国で洪水／**★7月17日／三陸はるか沖**／M6.8／**★8月6日07:52／愛媛県沿岸**／M5.7／**★8月28日／根室半島**(福島県の説も)**南東沖**／M6.8／**★9月15日16:01／房総半島南東沖**／M6.8／☆10月18日／米国アラバマ州アイアンデイル／M5.1／**★11**

（明治44）年

★2月18日05:14／宮崎県南東平野部／M5.6／☆同月同日／タジキスタンのサレズ／M7.4／死・不明者90／**★同月同日23:45／滋賀県東部**／M5.5／**★2月23日／沖縄本島北西沖**／M7.0／**★3月24日／与那国島近海**／M6.8／☆6月7日／メキシコ首都圏・ハリスコ州／M7.8／死・不明者370／メキシコシティ被害／**★6月15日23:26／奄美大島沖の喜界島で大規模深発**／M8.0／死・不明者12／深発／津波／☆7月1日／米国カリフォルニア州カラベラス断層／M6.5／☆7月12日／フィリピン、ミンダナオ島／M7.8／☆8月16日／カロリン諸島／M8.1／**★8月22日07:48／熊本県阿蘇郡**／M5.7／☆9月6日09:54／ロシア、サハリン南方沖／M7.1／深発／**★11月8日／千葉県南東沖／M6.5**／**★11月21日／日本海中部**／M6.6／深発／▲12月3日／?山噴火

1912（明治45）年

☆2月27日／エリトリア、アスマラ／M?.?／☆3月14日／インドネシア／M8.5／死・不明者112／**★4月18日16:37／宮城県沖**／M5.8／☆5月23日／ミャンマー、タイのタウングー／M8.0／断層／死者あり／▲6月6日／米国アラスカ州ノヴァルプタ火山噴火／**★6月8日13:41／青森県東方沖**／M6.6／**★6月29日／鹿児島県西部**／M5.7／**▲?月?日浅間山?噴火**（関東・中部）／☆7月7日／米国アラスカ州パクストン／M7.2／**★7月16日07:46／群馬県南西部**／M5.7／☆7月24日／ペルー、エクアドル／M8.1／死・不明者多数／**★7月25日／東海道南方沖**／M6.6／深発450km／☆8月9日／トルコのサロス=マルマラ／M7.4／死・不明者1670／M7.8／**★8月17日23:22／長野県東部**／M5.1／☆11月19日／メキシコ、アカムベイほか／M7.8／死・不明者多数／断層／**★12月9日／岩手県沖**／M6.6

1913（大正2年）

★2月20日17:58／浦河日高沖／M6.9／**★3月4日／奄美大島近海**／M6.6／深発150km／☆3月14日／インドネシア、サンギヘ島／M8.3／死・不明者多数／土石流?で村が埋没／☆4月3日／中国江蘇省鎮江／M5.5／**★4月13日15:40／日向灘南部**／M6.8／**★6月29日17:23／鹿児島県西部**（串木野）／M5.7／**★6月30日16:45／鹿児島県西部**（串木野）／M5.9／**★8月1日07:06／日高沖**／M5.7／☆8月6日／ペルーのチュキバンバ／M7.8／死者あり／**★10月11日／三陸はるか沖**／M6.9／☆10月14日／ヴァヌアツ、ニューヘブリデス諸島／M8.1／☆11月4日／ペルー、アバンカイ／M?.?／死・不明者150／**★12月15日11:02／東京湾**／M6.0／☆12月21日／中国雲南省峨山／M7.0／死・不明者1390

1914（大正3）年

★▲1月10日〜12日18:28／鹿児島県中部／桜島噴火中の地震／M7.1／死・不明者41／鹿児島市に被害集中／溶岩流／小津波／☆1月30日／アルゼンチン、サンルイス州／M8.2／M過大?／**★2月7日／三陸北部沖**／M6.8／**★3月15日04:59／秋田県内陸南部**（仙北）／M7.1／死・不明者94／仙北郡に

室北部／深発150km／M6.9

1908（明治41）年

★1月15日／福島県北東沖／M6.9／☆3月26日／メキシコのチラパなど／M8.1／M過大？／**★4月16日12:27／鹿児島県中部**／M4.0／**★5月3日／根室半島南東沖**／M6.5／**★5月13日／新島・神津島近海**／M6.0／☆5月15日／米国アラスカ湾／M7.0／☆12月12日／ペルー中部沿岸／M7.0／**★12月28日17:08／山梨県東部**／M5.8／☆同月同日／イタリアのシチリア島メッシーナ／M7.1／死・不明者93380

1909（明治42）年

☆1月23日／イランのシラコル／M7.3／死・不明者6130／☆2月22日／フィジー／M7.9／**★3月11日／種子島近海**／M6.5／**★3月13日／房総半島南東沖**①08:19／M6.5／小津波／②23:29／M7.5／小津波／プレート内部／**★3月18日／鳥島近海**／M6.7／450km深発／☆5月16日／米国ノースダコタ州／M5.5／☆5月26日／米国イリノイ州アウロラ／M5.1／▲5月28日／？山噴火（中部地方）／☀6月～8月／紀伊半島・愛知・岐阜で干害／**★7月3日05:54／東京湾**／M6.1／☂7月9日千葉で湖沼氾濫／☆7月30日／メキシコの太平洋岸アカプルコなど／M7.8／**★8月14日15:31／滋賀県北東部**／江濃（姉川）地震／M6.8／死者41／直下型／琵琶湖北東岸の10km×7kmの範囲に被害集中／姉川河口付近湖底が10mほど沈下／**★8月24日12:50／滋賀県東部**（余震）／M5.9／**★8月29日19:27／沖縄本島付近**／M6.2／死者2／**★9月11日／奄美大島近海**／M6.6／深発／**★9月17日04:39／北海道日高沖**／M6.8／死者1／☂9月26日・九州北部で水害／☆9月27日／米国インディアナ州／M5.1／**★11月10日15:13／宮崎県南西部**／フィリピン海プレート内部／深発150km／M7.6／死者2

1910（明治43）年

☆1月8日／中国黄海／M6・8／**★2月13日／東海道南方沖**／M7・3／深発350km／☆4月12日09：22／中国台湾省北東沖／M7・7／死者20／深発200km／☆5月4日／コスタリカのカルタゴ／M6・4／死・不明者700／**★5月22日／根室半島南東沖**／M7・1／**★6月9日／鳥島近海**／M6・7／深発／☆6月16日／ヴァヌアツ、ニューヘブリデス諸島／M8・6／津波／Mは過大／**★7月24日15:49／北海道胆振西部付近**／▲この約7時間後（翌7月25日）有珠山噴火／M5・1／火山性／☆8月5日／米国オレゴン州／M6・8／☂9月2日・豪雨・洪水／**★9月8日11：50／北海道留萌沖**／M5・3／☆9月9日／米国アリューシャン列島ラット島／M7・0／**★9月26日19：26／茨城県沖**／M5・9／☆11月9日／ヴァヌアツ、ニューヘブリデス諸島／M7・9／6月の地震の最大余震？

1911

☆1月3日／カザフスタン南部アルマトゥイ／M8.0／死・不明者450／断層／

11月6日／中国台湾省雲林斗六／M6.1／死・不明者145／**★12月28日／鳥島近海**／M6.7／深発／12月▲?山噴火

1905（明治38）年

☆1月?日／インドネシア北部／スラウェシ（セレベス）島／M8.3／☆4月4日／インド北部（カシミール）カングラ／M8.0／死・不明者16480／広域被害／Mが過大?／**★6月2日／瀬戸内海安芸灘**／①14:39／M7.25／②19:55／M7.2／死者11／プレート内部スラブ内地震／**★6月7日14:39／伊豆大島**／M5.8／**★7月7日／福島県北東沖**／M7.1／海溝型／☆7月9日／モンゴルのフブスグル／M8.4／**★7月23日17:26／新潟県南西部（安塚）**／M8.2／☆同月同日／モンゴル北部ブルナ／M8.2／遊牧民が長大な地割れを目撃／320kmにわたってボルナ断層が活動／**★9月1日／宗谷東方沖**／M7.0／250km深発／☆9月8日／イタリア、カラブリア／M7.9／死・不明者557／☆9月29日／中国黄海／M5.6／**★12月23日11:37／宮城県沖**／M5.9

1906（明治39）年

★1月21日22:49／三重県南東沖／M7.6／350km深発／☆1月31日／コロンビア・エクアドル沖／M8.8／死・不明者840／大津波／エクアドルでも大被害?／震源域の長さ500kmに及ぶ／**★2月23日18:49／房総半島南方沖**／M6.3／**★2月24日09:14／東京湾**／M6.4／**★3月13日22:27／日向灘北部**／M6.4／☆3月17日／中国台湾省嘉義梅山／M6.8／死・不明者1260／断層／☆4月18日／米国カリフォルニア州サンフランシスコ／M8.0／死・不明者2430／大火で都心三分の二が焼失／サンアンドレアス断層が450kmにわたり活動／**★4月20日21:48／岐阜県飛騨**／M4.9／**★4月21日04:38／岐阜県飛騨**／M5.9／連続震動／**★5月5日08:09／和歌山県中南部**／M6.2／☆7月12日／米国ニューメキシコ州／震度7／☂7月16日・長野で洪水／☆8月17日／米国アリューシャン列島ラット島／M8.3／☆同月同日／チリ中部沿岸ヴァルパライソとペルー／M8.2／死・不明者5990／**★9月8日／房総半島南東沖**／M7.0／**★10月12日09:56(10:04?)／秋田県内陸北部**／M5.6／☆11月15日／米国ニューメキシコ州／震度7／☆12月23日／中国新疆瑪納斯西南／M8.0／死・不明者285

1907（明治40）年

☆1月4日／インドネシアのスマトラ島／M7.8／死・不明者400／☆1月14日／ジャマイカ、キングストンのポートロイヤル／M6.5／死・不明者1180／☆4月15日／メキシコ州ゲレロ／M7.7／**★3月10日22:03／熊本県北部**／M5.4／**★3月26日／日本海中部**／M6.7／深発350km／▲3月28日／ロシア、カムチャッカ半島クスダフ火山噴火／**★7月6日00:46／国後島付近、根室海峡**／M6.7／深発100km／☂7月15日静岡で河川増水／☂8月24日全国で颱風・洪水被害／☆10月21日／タジキスタン・ウズベキスタン／M7.7／死・不明者12750／**★12月2日22:53／岩手県沖**／M6.7／**★12月23日10:13／根**

（資料）二〇世紀以降の世界大地震年表

1901（明治34）年

★1月14日07:41／十勝沖／M6.8／☆3月3日／米国カリフォルニア州パークフィールド／M6.4／**★4月6日／択捉島南東沖**／M7.3／海溝型／**★6月15日18:34／三陸（岩手・宮城）県沖**／M7.0／津波発生、宮城県沿岸で被害／プレート境界で発生した海溝型／**★6月24日16:02／奄美大島沖**／M7.5／小津波／**★8月9日18:23／青森県東方沖**／M7.2／死・不明者18／津波／☆同月同日／ニューカレドニア、ローヤルティ諸島／M8.4／**★8月10日03:33／青森県東方沖**／M7.4／宮古で60cmの津波／海溝型／**★9月30日19:19／岩手県沿岸**／M6.9／津波？／☆12月18日／トルコのアイバリク／M5.9／☆12月31日／米国アラスカ州クックインレット／M7.1

1902（明治35）年

★1月18日／青森県東方沖／M6.7／**★1月30日23:01／青森県東部**／M7.0／死者1／太平洋プレート内部／**★3月25日14:35／茨城県南部**／M5.6／☆4月19日／グァテマラのケツァルテナンゴ／M7.5／死・不明者1880／▲5月2日／西インド諸島ペレー火山噴火／火砕流で二十世紀最大の被害／**★同月同日／三陸沖**／M7.0／**★5月8日／種子島南東沖**／M6.6／**★5月25日20:29／山梨県東部**／M5.4／**★5月28日18:01／釧路沖**／M6.5／**▲8月7～9日／東京の伊豆鳥島噴火**／死者125／全島民死亡／☂全国で洪水・風水害／☆8月22日／中国新疆阿図什（キルギスタン）付近（キルギス・ウィグル）天山山系地方／M8.1／死・不明者2700以上／断層／巨大な地割れ／▲10月24日／グァテマラ、サンタマリア火山噴火／**★12月11日05:06／鹿児島県南方沖**／M5.3／☆12月16日／ウズベキスタン東部アンディズハン／M6.4／死・不明者4010

1903（明治36）年

★2月3日／三重県南東沖／M6.5／深発／☆2月?日／インドネシア南部ジャワ西部沖／M8.1／**★3月21日19:36／伊予灘**／M6.2／☆4月28日／トルコ東部マラズギルト／M7.0／死・不明者3270／☆5月28日／トルコのヴァルギニスなど／M5.6／死・不明者1000／**★7月6日13:55／三重県北部**／M5.7／☂7月7日～東北・四国地方で豪雨・洪水／**★8月10日13:40／長野県西部（平湯）**／M5.5／☆8月11日／ギリシャ南部キセラ／M8.1／死・不明者多数／**★10月11日01:41／宮崎県沖日向灘南部**／M6.2

1904（明治37）年

★3月18日22:42／根室沖／M6.8／死者1／☆3月21日／米国メイン州南東部／M5.1／☆4月28日／中国黄海／M5.3／**★5月8日04:23／新潟県南部**／M6.1／**★6月6日島根県東部①03:40／②11:51**／M5.8／**★6月7日／日本海中部**／M7.2／深発350km／**★7月1日22:27／根室沖**／M6.8／死者1／☂7月11日静岡で豪雨・洪水／☀7月～9月／西日本・東海で干害／☆8月11日／ギリシャのサモス／M6.2／死者4／**★8月25日／種子島南東沖**／M7.4／海溝型／☆8月27日／米国アラスカ州フェアバンクス／M7.3／☆

（資料）二〇世紀以降の世界大地震年表

■日本を含む世界の大地震年表（1901年から現在までの記録を掲載）参考資料として「理科年表」（丸善／2011年版／第85冊）、またWikipediaより'12.03.23～／『地震活動総説』（宇津徳治：東京大学出版会：1999年12月）／『日本災異志』（小鹿島果・編、一八九四年）などから構成した。なお、地名は分りやすい現在の表記で表示した。

◆日本を含む地域を震源とする地震＝★／マグニチュードM5.0以上／または死・不明者10人以上／又は死者・行方不明者100人以上、のいずれか1つでも該当するもの／群発地震や無震帯で起こった地震など、特筆すべき地震／日本の場合には「大(地)震」(『日本災異志』1914年刊と『日本の天災・地変』1938年刊の年表、『理科年表』2012年版）によった。

◆また、**海外の大地震＝☆**とし、発生年月日の不明或いは記録が不明確なものも、できる限り収録した。地震の型も海溝型、プレート境界型などをわかる範囲で記入した。

＊地震発生時刻は、現在わかる範囲で、また時刻不明のものは凡その時間で表示。

＊死者・行方不明者数は原則として『理科年表』『日本災異志』『日本の天災・地変』のデータの平均を記入。不明のものは無記入にした。またデータによって数字がまちまちなので、厳密なものではないことをお断りしておく。

＊火山の噴火や爆発には▲をマークにしてある。

＊**津波**については、▽をマークにしてあるが、地震の有無は未確認のものも含まれる。

＊参考データの**洪水・豪雨＝☂**を、**旱魃・干害＝☀**を、のマークを使用した。

＊震源深度は記録0kmが極浅、～70kmまでが浅発、それ以上を深発（地震）と表記。また、深発地震で深度140km以上のものは深度を表記。

＊発生は年月日の明確でないものがあるが、その年、或いはその月に地震があったという記録があるものはその月か年の末尾にすべて収録した。

＊従来の年表にはほとんど入れられていない北アメリカ大陸の地震の記録データも極力集めて収録した。同大陸には地震がないとの俗説があるが、それは全くの誤解であり、約半分以上の州でM5･0以上の地震が起きている。

特に大きな地震は日本国内に限れば、おおよそ百年に一度くらいの頻度なので、本来地震を調べようとすれば少なくとも五百年ほど前まで遡ったデータを作るべきであるが、当時の資料が一般的に乏しいのと、本書ではページの関係で、ここでは特に二〇世紀以降に限定して、集めうるだけの世界の地震記録を集めてある。これだけでも地球全体でその表面が絶えず動いていることが明らかになるだろう。ご了承頂きたい。（編集部）

編集部あとがき

二〇一一年十月中旬に北海道函館市で開かれた日本地震学会では、「地震予知連絡会議」の名称の変更をした方がいいのではないかという議論が沸騰した。元東大地震研究所の佃為成準教授は「難しいが、この50年の間に地震研究は着実に進歩している」と語り、「何年もの研究の積み重ねをバトンタッチして百年単位で続けないと結果は出ない」と発言した。それに対し東大大学院理学系研究科で地震を研究しているアメリカのロバート・ゲラー教授は「予知という言葉は単に国の予算を取るための名目で、本気の予知研究はこれまではほとんどなかった」と批判した。

一九六二年、地震学者のブループリントからスタートした地震予知計画。半世紀に費やされた研究費は三千億円。だが一九九五年の阪神淡路大震災も二〇一一年の東日本東北大震災も予知できなかったことで、抜本的な改革を迫られている。日本地震学会の会長で東大地震研究所の加藤照之教授は「一般人は、いつ、どこで、どの程度の規模で地震が発生するのか、避難行動に直結できるような予測をしてほしいというが、まだ理論として確立しない段階のものをもとに出来ている地震情報を（提示し）、住民に問わないといけない。（要するに）専門家側から正確に現在の科学的な知見を伝えるということだ」と発言した。

だがこれは、結局「今後4年以内に70%の確率で首都直下型大地震が起こりうる」、或いは「今後30年では98%の確率で起こりうる」というような数学的な確率しか言えず、単純に言えば一般の住民にとっては現在の生活に、ほとんど何の役にも立たない情報であり、とうてい「予知」とは言い難い。阪神淡路大震災も東日本大震災も何の教訓にもなっていない現状を、違う言い方で表現しているだけである。そのために「地震予知」は予知できると連想させるとして、学会内の地震予知検討委員会の名称変更を迫られるまでになっている。

＊

一方、海外ではイタリアで3百人の犠牲者を出したラクイラ地震の前に、現地の自治体が群発地震を軽視して「大地震になることはないから大丈夫」と根拠のない安全宣言を出していたため、これが犠牲者を出した。すると役所はその責任を予知できなかった地震学者たちに転嫁した。彼らは役所から刑事告訴され、地方裁判所は求刑の禁固5年より重い禁固7年の実刑を言い渡した。これに対して学者たちは控訴の方針だという。

この判決には、地震の専門家や科学者から自分の考え、学説を自由に発表できなければ、科学の研究は出来ないという批判が出ていたという。しかし不思議なことに群発地震と並行して、地震発生の1週間ほど前に個人の立場で地震研究をしている国立研究所の技師が、「地中からラドンガスが排出されており、この地域で大地震が起きる危険性が高い」として住民に周知する活動を始めていたことは余り重視されていない。

この研究者の情報で住民の間で急速に不安が広まったため、国の防災当局はこの予知について「科学的な根拠がない」と否定し、地元の自治体もこの技師に対してこうした情報を広めるのをやめるように命じたという。国の委員会は「地中からのラドンガスの排出量で地震の予知が可能だとは科学的に証明されていない」として、住民の不安を打ち消すために、より強い表現で「近く大地震が発生する可能性は低い」との情報を流し、誤解を招く結果になったともいう。だがラドンガスの排出が大地震を皮肉にも予知した結果となり、防災当局が出した「安全宣言」は間違った情報を流したということになってしまった。これは科学者の責任というより、それを勝手に解釈して「安全宣言」までしてしまった役所の責任というべきであろう。現に被災者には「予知が当たらないことも承知していた」ということをインタヴューで答えている人がいるほどである。「科学的に証明されていない」ことが真実でないとはいえないのである。

一方スペインでは、昨年五月に南東部の地方都市ロルカを襲ったマグニチュード5・1の地震が、長年の地下水くみ上げに伴う地盤沈下が引き起こした可能性が高い、というカナダやスペインの調査チームの研究結果が十月二二日付の英国での科学雑誌に発表され、話題になっている。この地震は極めて浅い2～4㎞の深度で動いた断層が被害を拡大したといわれる（「東京新聞」二〇一二年十月二二日朝刊）。

地震は二〇一一年五月一一日に発生し、倒壊した建物による百人以上の負傷者や9人の死者が出て、スペインでは一九五六年以来の被害規模とされる。調査チームは同地方南部の盆地下の帯水層の地下水位が一九六〇年代から約250mも低下したことから、南側の地盤沈下で毎年歪みが溜まり、北側の地盤が上に来る逆断層型の地震が深度の浅い所で起きたと結論づけたとされる。

コンピュータによる解析を行った調査チームは、局地的な地盤沈下が地殻に異常なゆがみを生んでいることを確かめ、「地震が発生しやすい場所で地中に人工的な変化を与えると想定外の影響を誘発する」とし、高圧の水を地中に送り込む新型天然（シェール）ガスの採掘や、二酸化炭素を地中に貯留するような新たな技術に注意を呼び掛けているという。

日本でも秋田県などでのシェール採掘が話題になっている昨今、自然の地震ばかりでなく、巨大なダムなど、人為的な作業が引き起こす地震についても検証が行われなければならない時代になっている。

翻って日本では、国の研究作業が地球物理学のみで宏観現象などの検証はいまだに行われず、袋小路に入っているのに対して、民間ではさまざまな地震予知の取り組みがなされ、インターネットには各地で行われている調査のことが多数発表されている。いずれにせよ今までの国家主導の「地震予知」が機能していない現在、国の専門家や研究者が無視し続けてきた宏観現象の地道な解析や過去のデータに遡った研究が再度必要だろう。
本書がそうした先人の知恵を集めて、地震に興味のある多くの読者の関心をさらに高めて注意を促すきっかけになれば幸いである。この企画は世界初の地震予知に成功した中国の事例と、故・弘原海清氏の『前兆証言1519!』に触発され、また民間で独自の研究をされている方々からの多岐にわたる多数の情報の積み重ねによって完成した。また、編者がかつて在籍した出版社で、『地震なまず』を書かれた武者金吉先生の孫にあたる人が同僚であることを知り、直接彼から武者先生の話を聞いたことも、本書編集の意欲をかきたてられるもとになった。併せてこうした関係者の方々にこの場をかりて感謝を申し上げたい。

二〇一三年八月

『計測機器を使わない　地震予測ハンドブック』
編集委員会 代表　大西　旦

月／第三書館
大地震の前兆と予知／佃為成／1995 年 04 月／朝日新聞社
地震予知がわかる本／力武常次監修／力武・井野・相田／1995 年 05 月／オーム社
兵庫県南部地震はなぜ発生したか／正村史朗／1995 年 05 月／新風社
imidas Special Issue イミダス特別編集 日本列島地震アトラス／1995 年 05 月／集英社
活断層と地震／金子史朗／1995 年 08 月／中公文庫／中央公論社
前兆証言 1519！／弘原海清・編／1995 年 09 月／普及版 1996 年 5 月／東京出版
来るべき巨大地震／木村政昭／1995 年 11 月／悠飛社
雲と地震予知の話／呂大炯著／原書 1984 年／鳥山英雄監修／柳修彰訳／1990 年 06 月／凱風社
大地震は予知できる／戴峰／タスクフォース1編／1996 年 07 月／グリーンアロー出版社
活断層と地震／金子史朗／中公文庫／1995 年 08 月18日／中央公論社
日本の危険地帯—地震と津波—／力武常次／新潮選書／1996 年 05 月／新潮社
大地震　驚くべき地震予知法／小林亮／1996 年 09 月／騎虎書房
災害予知と防災の知恵／小川豊／1996 年 07 月／山海堂
前兆証言 1519!／1995 年 09 月／普及版 1996 年 06 月／弘原海清編／／東京出版
小松左京の大震災 '95／小松左京／1996 年 06 月／毎日新聞社／「大震災' 95」と改題／2012 年 02 月／河出文庫／
巨大地震の予知と防災／京都大学防災研究所編／1996 年 09 月／創元社
中世の災害予兆／笹本正治／歴史文化ライブラリー／1996 年 11 月／吉川弘文館
最新・地震予知学／早川正士／ノンブック／1996 年 11 月／祥伝社
地震予知と災害／萩原尊禮／理科年表読本／1997 年 03 月／丸善
地震の前、なぜ動物は騒ぐのか／池谷元伺／NHK ブックス／1998 年 02 月／日本放送出版協会
予知と前兆……地震「宏観異常現象」の科学／力武常次／1998 年 09 月／近未来社
大地震の前兆現象／弘原海清／夢新書／1998 年 11 月／河出書房新社
古代・中世の超技術 38／小峯龍男／ブルーバックス／1999 年 08 月／講談社
地震活動総説／宇津徳治／1999 年 12 月／東京大学出版会
中国震例 1989 − 91／陳棊群編／張肇城・鄭大林・徐京貨／2000 年 11 月／地震出版社（中国）
地震列島日本の謎を探る／日本地質学会編／2000 年 03 月／東京書籍
地震は妖怪　騙された学者たち／島村英紀／+α新書／2000 年 08 月／講談社
大地の躍動を見る／山下輝夫編／ジュニア新書／2000 年 10 月／岩波書店
中国震例（1989 − 1991）／張肇城編／2000 年 11 月／地震出版社（中国）
地震予知研究の新展開／長尾年恭／2001 年 02 月／近未来社
山が消えた　残土・産廃墟戦争／佐久間充／岩波新書／2002 年 06 月／岩波書店
珠江三角州地震活動及預測研究／魏柏林他編／2002 年 06 月／地震出版社（中国）
地震がわかる／AERAMook／No.84／2002 年 11 月／朝日新聞社／
中国震例 1997 〜 99／彭婭玲・陳棊群＝共編／陳棋福・鄭大林・高栄勝／2003 年 03 月／地震出版社（中国）
カマキリは大雪を知っていた／酒井與喜夫／人間選書／2003 年 10 月／農山漁村文化協会／
月刊地球号外 No.46／総特集・地震予知／予測科学の最前線と社会への適用／2004 年 06 月／海洋出版
華北地区強地震短期前兆特征与預測方法研究／中国地震局監測預報司編／2005 年 06 月／地震出版社（中国）
巨大地震と地震雲／「週刊現代」特別取材班編／2005 年 08 月／講談社
日本の活断層地図・関東甲信越／中田高・今泉俊文共同監修／2005 年 10 月／人文社
雪国を襲った大地震　新潟県中越地震に学ぶ／恒文社新潟支社編／2005 年 11 月／恒文社
スロー地震とは何か／川崎一朗／NHK ブックス／2006 年 03 月／日本放送出版協会
地震と雲／白木妙子／ソラ仲間・画像提供／2007 年 04 月／ソラと星出版
地震予知の科学／日本地震学会地震予知検討委員会編／2007 年 05 月／東京大学出版会
火山噴火— 予知と減災を考える／鎌田浩毅／岩波新書／2007 年 09 月／岩波書店
地震の日本史——大地は何を語るのか／寒川旭／中公新書／2007 年 11 月／中央公論新社
なぜ起こる？　巨大地震のメカニズム／木村政昭監修／2008 年 10 月／技術評論社
地震予報のできる時代へ／森谷武男／2009 年 11 月／青灯社
ニュートン別冊ムック／「次」にひかえる M9 超巨大地震／2011 年 07 月／ニュートンプレス
地図で見る神戸の変遷／2011 年 08 月／日本地図センター
中越から東日本へ／中越防災安全推進機構・新潟日報社編／2011 年 10 月／新潟日報事業社
雑誌・地理／2011 年 12 月号／特集・東日本大震災 地震と津波・地盤災害／古今書院
地震の前兆 150／別冊宝島編集部・編／宝島文庫／2012 年 01 月／宝島社
山はどうしてできるのか／藤岡換太郎／2012 年 01 月／ブルーバックス／講談社
地震と火山の日本を生きのびる知恵／鎌田浩毅／2012 年 03 月／メディアファクトリー
地震予知と噴火予知／井田喜朗／ちくま学芸文庫／2012 年 06 月／筑摩書房
季刊 SORA 夏号／Vol.16／特集·巨大地震／2012 年 08 月／ウェザーニューズ
古代日本の超技術・改訂新版／志村史夫／ブルーバックス／2012 年 12 月／講談社

（その他）

おばけずき　鏡花怪異小品集／泉鏡花／東雅夫・編／平凡社／2012 年 06 月／平凡社ライブラリー

【出典及び参考文献】

アサヒグラフ特別号・大震災全記／1923·10·28／1933·03.18／(完全復刻) 2011.11.20／朝日新聞社
日本災異志／小鹿島果・編／1894年01月／1973年11月復刊／思文閣
日本の天災・地変（上・下）／東京府社会課編／1938年03月／1975年12月復刊／原書房
日本の気象資料(日)～(火)／中央気象台・海上気象台編／1939年02月／1976年06月復刊／原書房
鯰のざれごと／今村明恒／1941年10月／三省堂
大地震の前兆に関する資料／今村明恒／震災予防協会・那須信治編／1977年4月／古今書院
地震なまず／武者金吉／1956年／東洋図書／1995年12月明石書店復刊
魚と地震／末広恭雄／1957年08月／新潮社
地震学／中村左衛門太郎／1954年／1967年07月増補版／内田老鶴圃新社
神戸市鶴甲山土砂採取計画及び設備概要／1962年／神戸市港湾総局
魚の風物詩／末広恭雄／1971年07月／雷鳥社
地震予知／力武常次／中公新書／1974年10月／中央公論社
地震を探る／力武常次・山崎良雄／1975年12月／東海大学出版会
中国の大地震 予知と対策／中国国家計画委員会地質局／原書1974年／星野亨司訳／1976年11月／徳間書店
地震予知論入門／力武常次／共立全書／1976年07月／共立出版
ナマズ地震感知法／末広恭雄／ノンブック／1976年08月／祥伝社
歴史地震／宇佐美龍夫／イルカぶっくす／1976年12月／海洋出版
歴史津波／羽鳥徳太郎／イルカぶっくす／1977年05月／海洋出版
大地震展——もしM8が起こったら／朝日新聞東京本社企画部／展示会パンフレット／1977年07月
地震と火山の災害史／伊藤和明著／1977年10月／同文書院
動物は地震を予知するか／力武常次／ブルーバックス／1978年01月／講談社
古地図が教える地震危険地帯／守屋喜久夫／1978年08月／日刊工業新聞社
動物は地震を予知する／H·トリブッチ／原書／1978年／渡辺正訳1985年04月／朝日新聞社
動物が地震を知らせた／中国科学院編／原書1977年02月／現代中国科学研究会訳／1979年05月／長崎出版
中国と地震／尾池和夫／東方選書／1979年05月／東方書店
地震　その時私は…／櫻井恵美子・池田博子／1979年05月／至誠堂
地震の科学／地震学会／カラーブックス／1979年09月／保育社
宏観現象と地震／安徽省地震局編／原書1978年／力武常次監修／杉充胤訳／1979年11月／共立出版
海城地震／蒋凡編／原書1978年／力武常次監修／杉充胤訳／1979年12月／共立出版
天災を予知する生物学／リティネツキー／原書1980年／金光不二夫訳／1983年07月／文一総合出版
これが地震雲だ／鍵田忠三郎／1980年08月／中日新聞社
地震予知(特)／力武・乗富・藤田・水野・山崎・木下・浜野・本蔵／1980年12月／学会誌刊行センター
日本各地の地震危険度／力武常次／1981年04月／サイエンス社
地震雲による—地震予知ガイドブックとその予知例集／佐々木洋治／1981年01月／櫟社
地震の前兆現象　その1／地震予知総合研究振興会／1982年03月／
日本の地震予知／茂木清夫／1982年11月／サイエンス社
大地震前兆集／亀井義次編／トクマブックス／1983年03月／徳間書店
地震の社会史／北原糸子／1983年三一書房刊／2000年08月・講談社学術文庫
地震と建築／大崎順彦／岩波新書／1983年08月／岩波書店
電磁波とは何か／後藤尚久／ブルーバックス／1984年03月／講談社
災害予知ことわざ事典／大後美保編／1985年05月／東京堂出版
中国の地震予知／尾池和夫／NHKブックス／1985年12月／日本放送出版協会
地震の確率／力武常次／ネスコブックス／1986年01月／ネスコ
地震のはなし／浜野一彦／1986年04月／鹿島出版会
24万人の屍　ドキュメント唐山地震／銭鋼／原書1986年／孫国震・芦川和美共訳／1988年09月／日中出版
地震予知　どこまで可能か／浜田和郎／1986年05月／森北出版
地震前兆現象　予知のためのデータベース／力武常次／1986年11月／東京大学出版会／
検証　地震予知／三木晴男／1987年03月／思文閣出版
レーザホログラフィと地震予知／竹本修三／1987年10月／共立出版
地震発生のしくみと予知／尾池和夫／1989年06月／古今書院
地震予知の先駆者今村明恒の生涯／山下文男／1989年09月／青磁社
地球=誕生と進化の謎／松井孝典／講談社現代新書／1990年06月／講談社
地震考古学／寒川旭／中公新書／1992年10月／中央公論社
大地震は近づいているか／溝上恵／プリマーブックス／1992年08月／筑摩書房
地震／和達清夫／1933年11月／鐵塔書院／1993年03月・中公文庫／中央公論社
甦る断層…テクトニクスと地震の予知／金折裕司／1993年07月／近未来社
自然災害を読む／小島圭二／自然景観の読み方7／1993年09月／岩波書店
噴火と地震の科学／木村政昭／1993年09月／論争社
地震はどこに起こるのか／島村英紀／ブルーバックス／1993年12月／講談社
これから起こること／木村政昭／プレイブックス／1994年04月／青春出版社
創造の地震科学　鯰の戯言／長谷川周作／1994年09月／近代文芸社
地震　発生・災害・予知[第二版]／浅田敏／1995年03月／東京大学出版会
震度7が残した108の教訓／荒尾和彦／1995年04月／小学館
月刊SINRA／阪神大震災を予感した人々／1995年04月号／新潮社／
宇宙と地震のメカニズム／中松義郎／1995年03月／泰流社
大地震で壊れた家壊れなかった家／川井聡写真／1995年04

編集代表：大西　旦（おおにし　あきら）
1943年東京都目黒区生まれ。出版社勤務を経てフリー編集者となる。在社中は児童雑誌、少女漫画雑誌、地名事典、文庫、小説、実用医学の書籍などの編集に従事。フリーになって以後の仕事にチェコの作家ヤロスラフ・ハシェクのユーモア・ノンフィクション『プラハ冗談党レポート』（栗栖継・訳／トランスビュー刊／2012年6月）がある。現在三一書房編集部顧問。『あぶない地名　災害地名ハンドブック』（小川　豊・著／2012年）を担当。

計測機器を使わない
地震予測ハンドブック

2013年9月1日　第1版第1刷発行

著　　者　三一書房編集部
発 行 者　小番　伊佐夫
発 行 所　株式会社 三一書房
〒101-0051 東京都千代田区神田神保町 3-1-6
Tel：03-6268-9714
Mail：info@31shobo.com
URL：http：//31shobo.com/

編集協力　大西　旦
装　　丁　野本　卓司
D T P　東京キララ社
印刷・製本　シナノ印刷株式会社

ISBN978-4-380-13010-6